Inhalt

* (Erläuterung S. 5)

Lebensräume und Lebensformen

Projekte mit Meeresorganismen

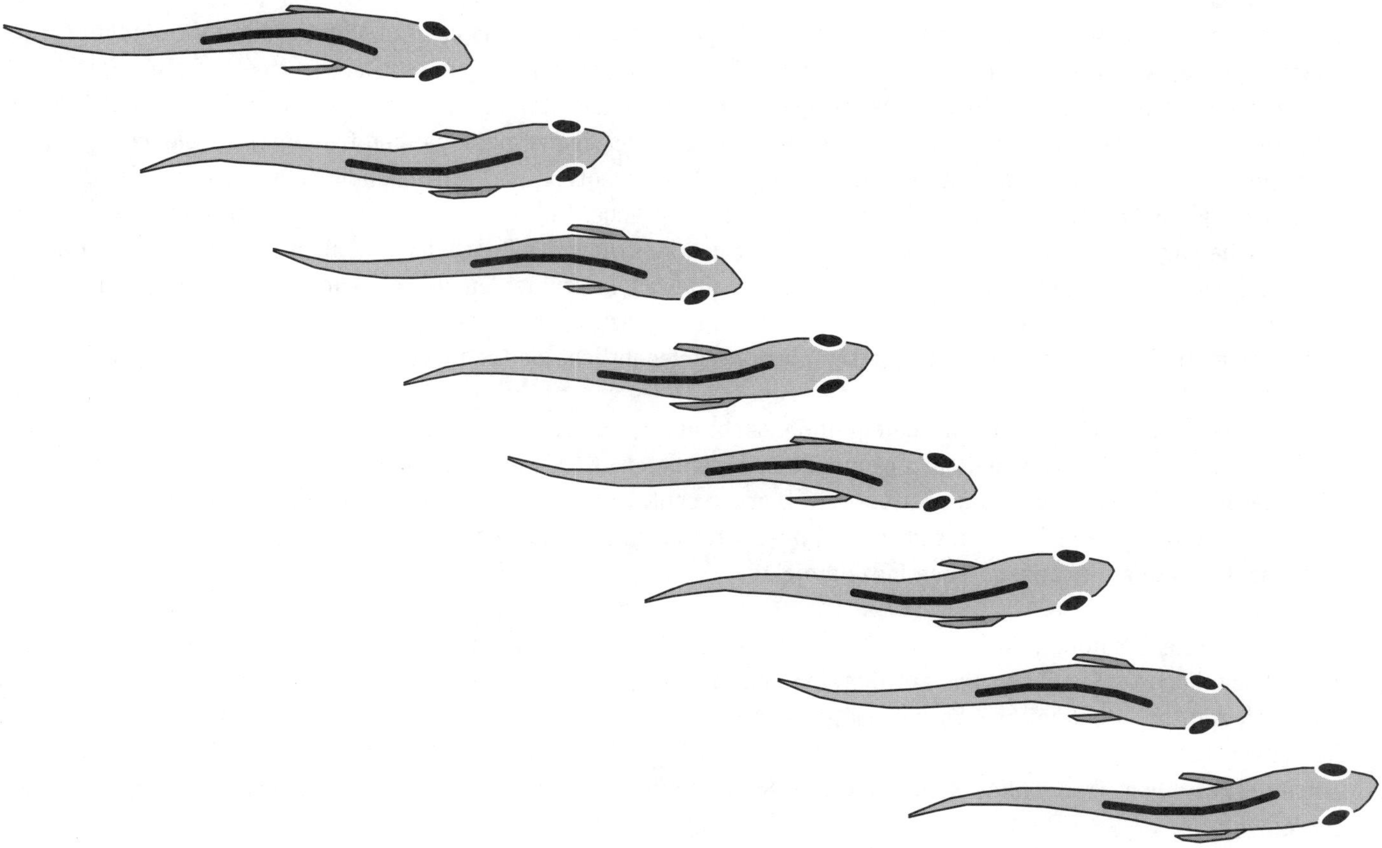

Vorwort

Obwohl im Weltmaßstab betrachtet die meisten größten Städte an einer Küste liegen und somit ein sehr großer Teil der Weltbevölkerung zumindest im mittelbaren Kontakt zum Meer lebt, sind hierzulande der Küstenraum zwar ebenfalls Lebens-, aber eben auch Erlebnisraum, den man wegen seiner kontrastreichen Andersartigkeit in Freizeit und Urlaub besonders gerne aufsucht. Nicht nur Einzelpersonen und Familien halten sich hier bevorzugt auf – er ist ebenso ein häufiges Ziel von Exkursionen, Klassenfahrten oder sonstigen Aktivitäten: Unsere Meeresküste sind zweifellos ein außerschulischer Lernort par excellence.

Die Thematik Meer ist in den Curricula (fast) aller Schulformen verankert. Sie stellt somit von der Grundschule (Sachkunde) bis zur gymnasialen Oberstufe (Gy 12) ein wichtiges unterrichtliches Aufgabenfeld dar. Auf der anderen Seite zeigt die genauere Inspektion der verfügbaren Unterrichtsmaterialien, dass diese meereskundlichen Themensegmente bislang nur recht selektiv und kaum schuladressiert im interdisziplinären Ansatz umgesetzt wurden. Dieses Vakuum versuchen wir mit dem hier vorgelegten Materialienband zu füllen. Eines unserer zentralen Anliegen ist zudem die handlungsorientierte Zugehensweise: Außer der notwendigen Hintergrundinformation bieten die einzelnen Themenblätter dieses Bandes daher viele praxisorientierte und vor allem -erprobte Anregungen zur Erkundung der Küstenlebensräume sowie ihrer pflanzlichen und tierischen Bewohner.

Dieser Materialienband versteht sich ausdrücklich als Ergänzung zu unserem im gleichen Hause erschienenen Buch (Kremer/Gosselck/Janke, *Erlebnis Küste. Naturkundliche Streifzüge an Nord- und Ostsee*, Quelle & Meyer Verlag, Wiebelsheim 2012). Die hier zusammengeführte inhaltliche Substanz möchte den Lehrerinnen und Lehrern aller Schulformen die unterrichtliche sowie geländepraktische Behandlung ausgewählter Themen(komplexe) des Erlebnisraumes Meeresküste erleichtern. Die einzelnen Informations- und Arbeitsblätter thematisieren schulrelevante Sachverhalte zu Botanik (Flora), Zoologie (Fauna) und Ökologie mariner Organismen, greifen aber auch Aspekte der Geomorphologie und Geologie auf. Sie verknüpfen somit spannende Facetten der Küstenbiotope mit solchen der Küstengeotope und instrumentalisieren so auch die im modernen Unterrichtsgeschehen oft verlangten fächerübergreifenden Stränge. Fallweise können die einzelnen Anregungen auch aussichtsreiche Projekte für studentische Exkursionen mit dem Anspruch des forschenden Lernens sein. Dieser Materialienband bietet also mit seinem spezifischen Themenspektrum analog zum Feldführer *Erlebnis Küste* in jedem Fall einen ganzheitlichen Zugang zum angesprochenen Natur- und Erlebnisraum und ergänzt damit die darin behandelten inhaltlichen Schwerpunkte. Bezugsraum sind wiederum Nord- und Ostsee(küste) – gelegentliche Seitenblicke auf benachbarte Naturräume natürlich nicht ausgeschlossen.

Alle hier zum Mit- und Nachvollzug angeregten Beobachtungen, Experimente, Erkundungen, Untersuchungen oder sonstigen Formen des aktiven Erlebens und Mittuns mit ihren besonderen „hands on"-Qualitäten berücksichtigen selbstverständlich alle relevanten Belange von Arten-, Natur- bzw. Umweltschutz. Sie sind gefahrlos durchführbar und hinterlassen auch keine Problemabfälle. Die schon in unserem oben benannten Buch zur Beherzigung dringend empfohlene Beobachtungsethik durchzieht auch die hier angebotenen Einzelprojekte.

Wir danken Helena Borghoff, Kristina und Fred Dörschel, Dr. Ulrike Schaksmeier und Detlef Schnick für ihre kritisch-konstruktiven Anmerkungen. Sie haben uns auf die eine oder andere Problemzone im Manuskriptstadium hingewiesen und damit erheblich zur Abrundung unseres Vorhabens beigetragen.

Zu danken haben wir auch unserem Verleger, Herrn Gerhard Stahl, für die Anregung zu diesem Projekt, sowie unseren beiden Lektorinnen, Frau Nadine Karner und Frau Sigrid Koppenhöfer, für die äußerst angenehme Zusammenarbeit bei der Umsetzung.

Viele spannende Erlebnisse und überraschende Erkenntnisse mit allerhand unvermuteten Aha-Effekten für Ihre Lerngruppe(n) wünschen Ihnen

Bruno P. Kremer und Fritz Gosselck

Erkunden, erfahren, experimentieren

Die in diesem Materialienband zusammengeführten Angebote sind bewährte, großenteils aber neu entwickelte und erprobte Projektanregungen für den Unterricht zuhause oder unterwegs und auf jeden Fall für praktische Erkundungen im Freiland am außerschulischen Lernort Meeresküste. Sie sind zwar in erster Linie schul- und unterrichtsorientiert, eignen sich aber auch für andere Lerngruppen, die beispielsweise im Rahmen der Erwachsenenbildung (einschließlich Lehrerfortbildung) am Meer unterwegs sind. Auch studentische Exkursionen könnten aus dieser Projektkollektion die eine oder andere Anregung übernehmen. Nicht zuletzt gehören selbstverständlich auch Familien zur Adressatengruppe. In diesem Fall wäre der Begriff Lehrperson schlicht durch die Funktionseinheit „Eltern" zu ersetzen.

Mitunter reicht es, wenn die Lehrperson die für die SuS (oder andere Adressaten) gedachten Informations- und Arbeitsblätter aushändigt und mit deren Inhalt ein erläuterndes Unterrichtsgespräch entwickelt, aber oftmals ist auch der praktisch-experimentelle Zugang mit „learning by doing" angesagt. Obwohl wir in diesem Themenangebot keinen gigantischen Material- oder Geräteaufwand betreiben, benötigen die vorgeschlagenen Projekte eben doch das eine oder andere technische Hilfsmittel, und das sollte rechtzeitig zur Hand sein. Also:

Im Vorfeld planen und rechtzeitig vorbereiten

Die einzelnen Versuchsvorschläge benennen die benötigten Materialien möglichst exakt. Zur konkreten Vorbereitung eines interessanten Programms für eine Exkursion, eine Klassenfahrt oder gar einen mehrtägigen Aufenthalt in einem Schullandheim an der Küste muss man die gesamte benötigte Materiallogistik daher schon im zeitlichen Vorfeld planerisch komplett berücksichtigen – mit verzweifelten Improvisationen vor Ort gelingen die Anregungen nämlich nicht. Die jeweiligen Lerngruppen können anteilig schon in diese Planungsphase einbezogen werden, denn fallweise ist etwas zu basteln (beispielsweise ein Selbstbau-Aräometer) oder zu werkeln (wie bei der Schlauchwaage) oder bereitzustellen (Gläser, Latten, Schnüre, Stöcke, Tüten u.a.). Bedenken Sie auch, dass der genussvolle Weg der Erkenntnis fast immer (zumindest) eine brauchbare Stereolupe (Binokular) sowie (mindestens) ein Mikroskop sowie kleine Petrischalen bzw. Objektträger/Deckgläser voraussetzt, die man im Aktions- oder Zielgebiet nicht unbedingt als Basisausstattung erwarten darf. Denken Sie bei Ihrer Materialliste auch immer an Signalpfeife, Taschenlampe, Fernglas, Skizzenbuch (Feldbuch), Kartenmaterial (durch GPS-Handy nicht zu ersetzen), Kompass und und...

Anregungen, Ideen und Informationen – seitenweise

Das Meer und seine Küsten sind ein bemerkenswert vielfältiges und themenreiches Lebensraumgefüge, mit dem man zweifellos umfängliche Bibliotheken anfüllen könnte und tatsächlich bestückt hat. Aus der Fülle der Fakten und Forschungsergebnisse haben wir einige überwiegend handlungsorientierten Einzelthemen ausgewählt, die im weitesten Sinne (auch) schulrelevant sind und in jedem Fall die Kompetenzschulung von Lerngruppen unterschiedlicher Leistungsniveaus unterstützen können. Die angebotenen Aufgaben- und Informationspäckchen betreffen den Lebensraum als Ganzes (1.1 bis 1.10), richten den Blick auf einige landeskundlich wichtigen Aspekte von Nord- und Ostsee (2.1 bis 2.22), greifen einige besondere Lebensräume und Lebensraumgefüge heraus (3.1 bis 3.6) und schlagen Einzelprojekte mit ausgesuchten Meeresorganismen vor (4.1 bis 4.31). Insgesamt umfasst das hier unterbreitete Angebot damit rund 70 Themen von unterschiedlichen Anspruchniveaus.

In der Kopfleiste sind die einzelnen Blätter außer ihrer dekadische Nummerierung genauer kategorisiert. Die verwendeten Symbole geben an

Adressatengruppe

S Aufgaben- und/oder Informationsblatt für die Schülerinnen und Schüler

L Informationsblatt für die Lehrerinnen und Lehrer

Anforderungsprofil

★ einfache Aufgabenstellung, auch für die Grundschule geeignet

★★ etwas höhere Anforderung

★★★ Aufgabenstellung im gehobenen Anspruchsniveau für leistungsstärkere Lerngruppen

★★★★ anspruchsvolle Aufgabenstellung

Die Aufgabe impliziert im Wesentlichen eine Reproduktionsleistung

Die Aufgabenlösung erfordert eine Transferleistung

Die Entscheidung über die Machbarkeit des betreffenden Projektvorschlags treffen letztlich die Lehrpersonen. Das betrifft selbstverständlich insbesondere die (erlebnis)pädagogische Arbeit mit Integrations- bzw. Inklusionsgruppen.

Aktionsort

Projekt für den Klassen- oder Schulungsraum (Indoor-Projekt)

Freiland- oder Outdoor-Projekt (außerschulischer Lernort)

Alle hier versammelten Anregungen und Projektvorschläge lassen Binnendifferenzierungen sowie Modifikationen zu, wenn sie der jeweiligen Lehr- bzw. Anleitungsperson im Blick auf die Lern- bzw. Aktionsgruppe sinnvoll erscheinen.

Was sitzt denn da?

An der Küste und im Watt begegnen wir einer Vielzahl von Arten, die es so in den Biotopen des Festlandes nicht gibt, aber in diesem Naturraum einen wesentlichen Erlebnisinhalt bilden. Nun sind Lehrpersonen zwar hochtrainierte und kenntnisreiche Mitmenschen, aber alles wissen können auch sie nicht. Damit Sie nun nicht ständig den Offenbarungseid leisten müssen („weiß ich auch nicht …"), empfiehlt sich die Mitnahme brauchbarer Bestimmungsliteratur, in der zumindest die häufigeren Arten abgebildet sind. Niemand wird es Ihnen verdenken, wenn Sie nicht auf Anhieb sagen können, ob an der Wasserlinie gerade ein Alpenstrandläufer im Schlichtkleid oder ein Sanderling unterwegs ist, oder wie der hübsche Vogel mit den langen roten Beinen heißt, der sich so malerisch auf einem Zaunpfahl niedergelassen hat. Kurzes Nachschlagen und Vergleichen bereinigt das Problem und ist ein Gewinn für alle Beteiligten. Natürlich kann man auch mit laminierten Farbkopien aus Bestimmungsbüchern arbeiten. Die sind für den Einsatz im Gelände leichter und eventuell ungleich handlicher.

Mit Sicherheit Erfahrung sammeln

Aktionsort der in dieser Materialiensammlung vorgeschlagenen Kleinprojekte ist – wann immer es möglich oder sinnvoll ist – das freie Gelände an der Küste – hinter, auf und vor dem Deich. Natürlich sind Strand und Watt ein besonders spannender und geradezu einzigartiger Erfahrungsraum, aber sie bergen auch einige objektive Gefahren, die Lehrende und Lernende kennen müssen, um Probleme zu vermeiden:

- Niemals alleine bzw. auf eigene Faust eine Wattwanderung in unbekanntem Terrain unternehmen, sondern immer einen autorisierten Wattführer einbeziehen
- Mit einer Lerngruppe höchstens 200–300 m in das Deichvorland gehen und dabei unbedingt Schlickbereiche meiden: Eine 20-Personen-Gruppe, die ein Schlickwatt durchpflügt, hinterlässt ein ökologisches Chaos.
- Die Zonenregelungen für die Nationalparke beachten – außer Brut- und Rastgebieten darf man auch andere besondere Bereiche ganzjährig nicht betreten. Dafür haben Sie und Ihre Gruppe bestimmt Verständnis.
- Alle für das Watt geplanten Aktivitäten bei ablaufendem Wasser und spätestens etwa 2 h vor Niedrigwasser beginnen.

- Im Watt barfuß laufen ist zweifellos eine interessante Erfahrung, die an einer scharfkantigen Großmuschel oder verstecktem Zivilisationsmüll geschlitzte Fußsohle auch: Außer auf witterungsangepasste Kleidung bei den Mitgliedern der Lerngruppe auch auf taugliches Gehwerk (Stiefel, waschbare Sneakers o.ä.) achten.
- Nicht bei Sturm, Nebel oder heraufziehendem Gewitter ins Watt gehen. Bei Gewitterstimmung sind Sie mit Ihrer Lerngruppe der höchste Geländepunkt und somit der wahrscheinlichste Ansatzpunkt für den zündenden Funken...
- Regionalen Wetterbericht bzw. Seewetterbericht hören oder per Internet abfragen (www.bsh.de, www.windfinder.com).
- Etwaige Geräte oder andere Hilfsmittel (Feldbuch für Notizen, Kameras, Sammelgeräte, Gläser, Schalen etc.) im Rucksack transportieren. Umhängetaschen rutschen beim ersten Bücken von der Schulter und kontaktieren unliebsam den Wattboden...
- Als Untersuchungsgebiete nur geschützte, gering exponierte Küstengewässer auswählen Untersuchungen an der Außenküste nur bei ruhiger See durchführen.
- An Gezeitenküsten ist die genaue Kenntnis der Gezeiten Voraussetzung für alle Arbeiten – daher vorher den Tidenkalender befragen.
- Besondere Vorsicht ist an Steilufern oder Kliffküsten geboten: Von Steilwänden möglichst soviel Abstand halten, wie sie hoch sind.

Leitlinien der Aktions- und Beobachtungsethik

- Interessante Funde und aufregende Beobachtungen sind an der Küste immer auch von der Strandlinie aus möglich. Man muss also nicht direkt in sensible Biotope eindringen, um am Geschehen direkt teilzuhaben – weder alleine, noch mit einer größeren Gruppe.
- Ein gutes Fernglas (besser noch: Spektiv) und eine Kamera mit brauchbarer Zoom-Optik helfen zudem, die größeren Distanzen wirksam zu überwinden. Nur so kann ein wirksamer und nachhaltiger Naturschutz funktionieren.
- Oberster Grundsatz bei jeglichem Tun: Alle Aktionen immer am Wohl der Tiere und Pflanzen orientieren!
- Von Vogelansammlungen oder Robben auf Wattflächen mindestens 300 m Abstand halten, um die Tiere nicht aufzuscheuchen.
- Grundsätzlich nicht in Hochwasserruheplätze bzw. Brutgebiete wie Salzwiesen eindringen oder diese durchqueren.
- Keine illegalen Trampelpfade durch Dünen benutzen und erst recht keine neuen anlegen.
- Es versteht sich, dass wir keine Tiere töten oder unnötig beunruhigen.
- Alle aus dem Lebensraum für die kurzfristige Beobachtung (als vorübergehende „Untersuchungshäftlinge") entnommenen Tiere unbedingt wieder in ihren Biotop zurückgeben.
- Steine im Watt nur halb anheben, betont vorsichtig wieder zurück legen und keinesfalls umgedreht liegen lassen – die darunter lebenden Tiere geraten sonst in enorme Stresssituationen.
- Was uns der Spülsaum zu Füßen legt, darf man aufsammeln und mitnehmen. Abreißen oder Abpflücken ist dagegen völlig tabu.
- Ansonsten gilt nahezu uneingeschränkt der für amerikanische Nationalparks entwickelte und dort bewundernswerterweise weithin praktizierte Grundsatz: „Leave nothing but your footprints, take nothing but your pictures".

Wissenswert für Wattforscher: Kleine Gerätekunde

In den vergangenen 50 Jahren konnten die Geräte und Methoden der Meereskunde eine enorme Entwicklung verzeichnen, die besonders dem Forschungsgebiet Meer als Rohstoff- und Energielieferanten zu verdanken ist. Diese überwiegend recht aufwändige Technologie ist jedoch nicht unser direktes Thema. Wir begnügen uns vielmehr mit den einfachen und schon von den Pionieren wie Victor Hensen, Johannes Müller oder Ernst Haeckel verwendeten Geräten der Meeresbiologie, die wir ohne Schiff und Fahrzeug vom Strand aus einsetzen können. Die folgende Übersicht listet daher nur Arbeitsgeräte und Methoden auf, die zum Fang (Sammeln) und zur Beobachtung von Pflanzen und Tieren des Flachwasserbereichs (bis 1 m Wassertiefe) der Nord- und Ostsee gebräuchlich sind.

Verschiedene Institutionen, die professionelle meeresbiologische Kurse anbieten, verfügen über gut ausgestattete Nasslabore und Kühleinrichtungen, ferner Durchlüftungstechnik und Mikroskope sowie meist auch über ein eigenes Schiff – beispielsweise die Biologische Anstalt Helgoland (BAH) im Alfred-Wegener-Institut mit Standorten u.a. auf Helgoland und auf Sylt (www.awi-bremerhaven.de). Wir gehen hier vielmehr überwiegend von Exkursionen am Strand aus. Auch einige private Einrichtungen bieten empfehlenswerte meeresbiologische Kurse an (beispielsweise www.ifmb.com). Erlebnisreiche Aktivitäten vor

Ort gehören auch zum spezifischen Angebot der Naturschutzorganisationen (u.a. NABU, Schutzstation Wattenmeer, Verein Jordsand u.a.) oder der Nationalparkämter mit ihren Außenstellen sowie der Kurverwaltungen in den Küstenorten. Detaillierte und aktuelle Informationen erhält man über das Internet oder aus der Tagespresse.

Zu unserer Basisausstattung gehören vor allem Kescher und Schieber. Damit werden Tiere und Pflanzen des Flachwasserbereichs vor Ort gefangen (gesammelt) und betrachtet, eventuell auch für die kurzeitige Hälterung in Kleinaquarien mitgenommen, die in einigen Schulungsräumen vorhanden sind. Weitere übliche und mit Erfolg einzusetzende Gerätschaften sind:

- Dredge: Bei Wassertiefen > 1 m vom Schiff (Schlauchboot mit Außenborder) aus einzusetzen. Es werde Tiere gefangen, die auf der Oberfläche oder leicht eingegraben leben. Maschenweite des Netzes ca.1 cm.

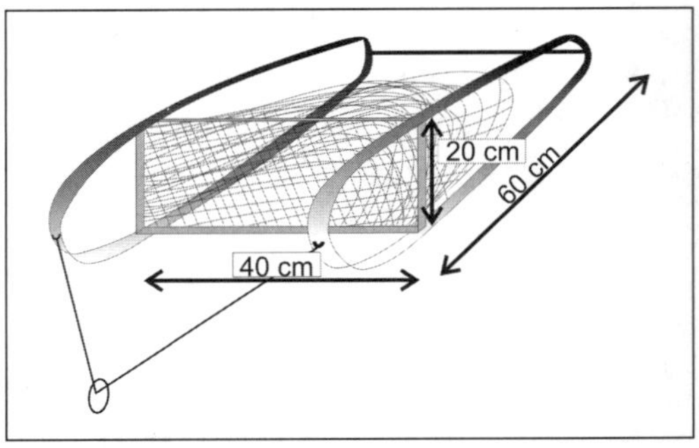

- Bodengreifer nach Ekmann-Birge: Zum Ausstich einer definierten Fläche und Tiefe. Die Geräte sind käuflich zu erwerben. Eine einfache Alternative zu dem teuren Bodengreifer sind Stechrohre (Plasterohr Durchmesser 6–10 cm, Länge 30 cm).

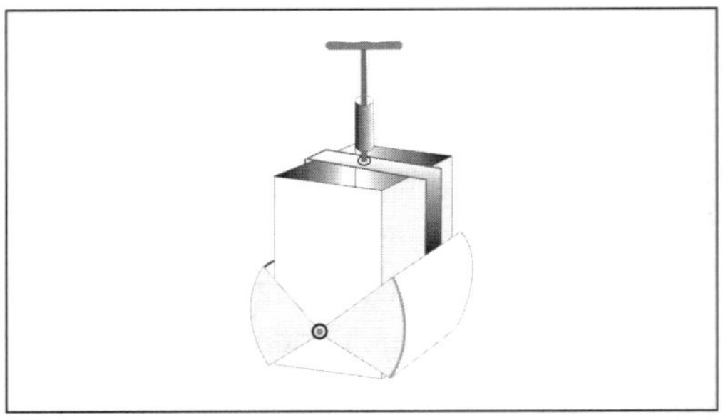

- Schiebehamen: Einzusetzen bei Wassertiefen bis 0,5 m. Funktion wie Dredge. Maschenweite 1 cm. Können in einer Schlosserei aus Bewährungseisen hergestellt werden. Ösen oder Löcher für die Befestigung des Netzes vorsehen

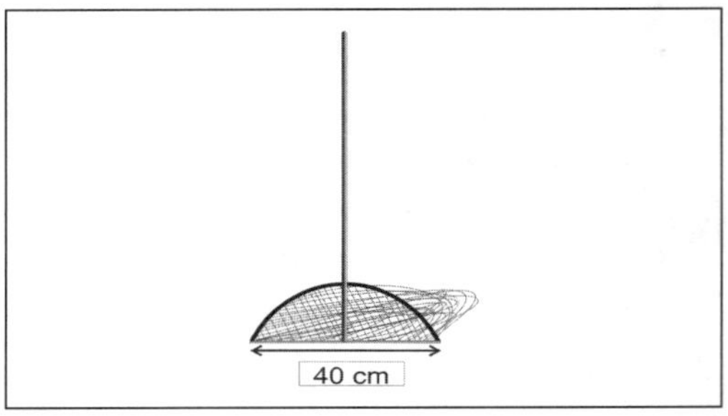

- Pfahlkratzer: Zum Abkratzen von Aufwuchsarten (Miesmuscheln, Seepocken, Polypen, Algen u.a.). Einfach herzustellen aus einer Gartenhacke (Bügelzughacke), die mit einem Netzbeutel aus feiner Gaze (1–2 mm) versehen wird.

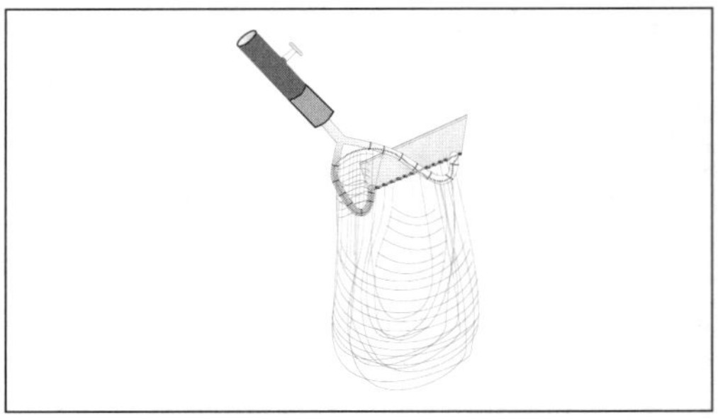

- Sieb: Zum Ausspülen des Sandes bei Infaunaproben. Einfach aus Holz selber oder aus Metall vom Schlosser herzustellen. Siebgröße abhängig von der Aufgabenstellung von 0,5–2 mm Maschenweite (Nirosta-Siebgaze verwenden). Geradezu unschätzbare Dienste leistet unter anderem auch ein Kunststoff-Küchensieb von etwa 20 cm Durchmesser

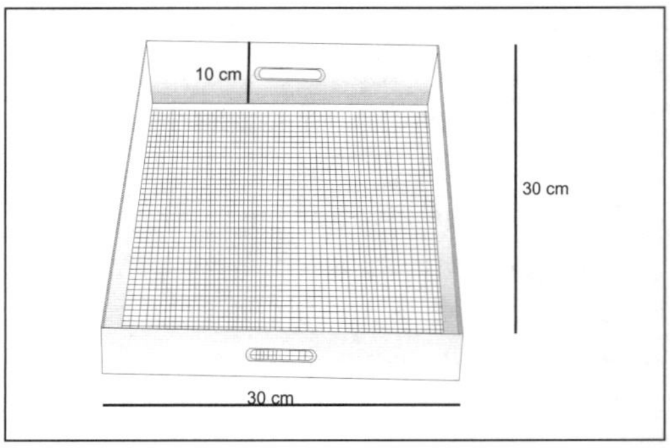

Nebenmeere des Atlantischen Ozeans: Nord- und Ostsee

Rund 71 Prozent der Erdoberfläche bedecken die Weltmeere Indischer, Pazifischer und Atlantischer Ozean sowie deren Nebenmeere. Damit bezeichnet man Buchten unterschiedlicher Größen, die sich weit in die Kontinente erstrecken und so vom Ozean zwar abgetrennt sind, aber eindeutig mit ihm im Wasseraustausch stehen. Dieser Wasseraustausch zwischen Nebenmeer und Ozean hängt von der Tiefe und von der Breite (also von der Austauschfläche) der schmalsten Verbindung zwischen beiden Wasserkörpern ab. Nebenmeere enthalten Salzwasser, das jedoch nicht dem Salzgehalt der Ozeane entsprechen muss. Nord- und Ostsee sind Nebenmeere des Atlantischen Ozeans. Die Nordsee steht über eine 450 km breite Öffnung zwischen Schottland und Norwegen mit dem Nordatlantik in Verbindung. Der Ärmelkanal zwischen Frankreich und England ist jedoch nur 35 km breit.
Die Ostsee ist über die Nordsee ebenfalls mit dem Atlantik verbunden. Der Wasseraustausch ist auf schmale und flache Verbindungen zwischen den dänischen Inseln Fünen und Seeland sowie dem Festland (Skandinavien und Jütland) beschränkt. Der Salzwassereinstrom in die Ostsee ist damit sehr begrenzt. Dagegen fließt Süßwasser aus zahlreichen Flüssen in die Ostsee und verdünnt das Salzwasser zu Brackwasser. Die Ostsee ist ein Brackwassermeer.

Nord- und Ostsee (kursiv: Inseln, fett: Regionen der Nord- und Ostsee)

Das Süßwasser fließt aus einem Einzugsgebiet in die Ostsee, das eine Fläche von über 1 Mio km² einnimmt. Die größten Flüsse sind Newa (Russland), Weichsel (Polen), Düna (Lettland), Memel (Litauen), Oder (Polen/Deutschland) und Kemijoki (Finnland).

Tiefengliederung des Meeres

Ebenso wie das Festland zeigt auch der Meeresboden unterschiedliche Höhenlagen, auch wenn man wegen der Wasserbedeckung davon nichts sehen kann. Die Abbildung zeigt dir als schematischen Längsschnitt durch die Erdkruste, in welchen Tiefen sich der Meeresboden unter der Wasseroberfläche befindet. Für die einzelnen Meeresboden- und Freiwasserregionen hat man in der Ozeanografie besondere Bezeichnungen eingeführt. Sie orientieren sich einerseits an der Entfernung von der Küstenlinie und andererseits an der Meerestiefe.

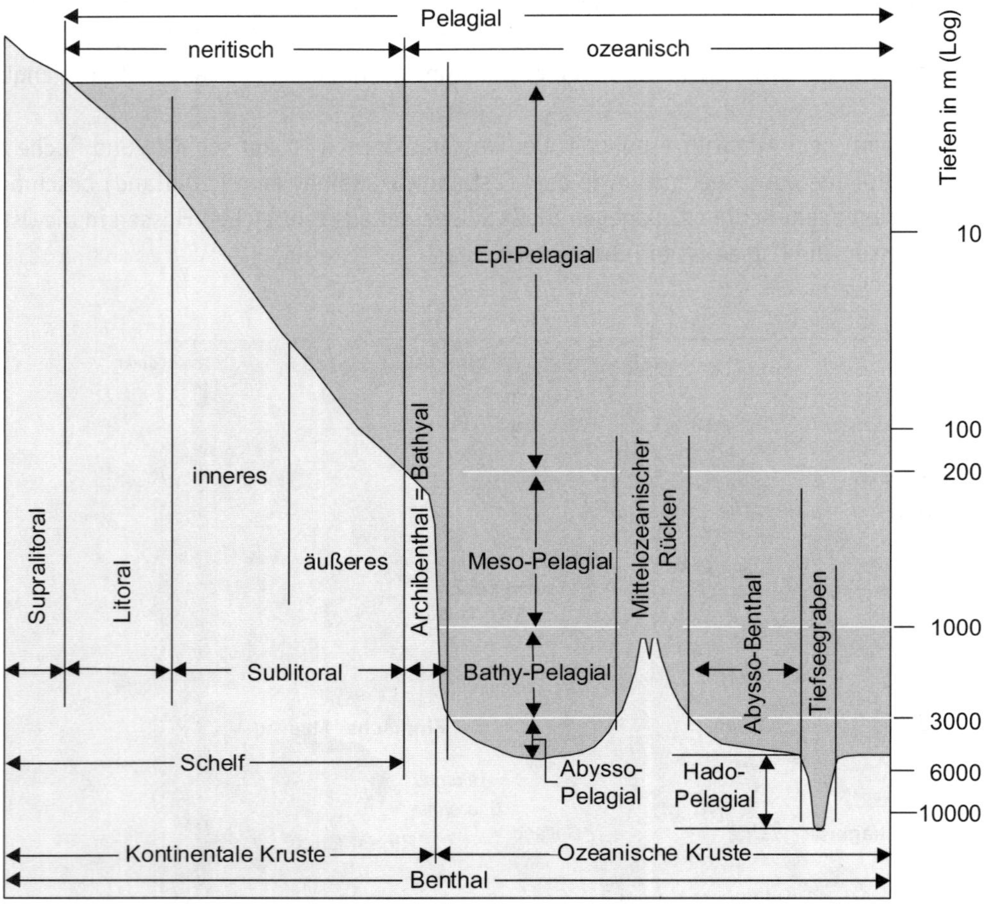

Beachte, dass die Vertikalachse dieser Grafik dekadisch-logarithmisch in Zehnersprüngen unterteilt ist: Der dargestellte Meeresraum zwischen 0 und 10 m ($0–10^1$ m) erscheint im Bild deswegen genau so hoch wie der anschließende Tiefengürtel zwischen 10 und 100 ($10^1–10^2$ m). Die bis auf knapp über 11 000 m hinabreichenden Tiefseegräben fallen daher ebenso wenig auf wie die gewaltigen untermeerischen Meeresrücken, die stellenweise bis auf etwa 1000 m unter den Meeresspiegel aufragen.

Aufgaben

1. **Wie lang müsste die Grafik bei gleicher Vertikalausdehnung der obersten 10 m sein, wenn man sie maßstäblich und nicht logarithmisch angelegt hätte?**
2. **Ermittle mit deinem Schulatlas den Verlauf des Schelfrandes vor den europäischen Meeresküsten.**
3. **Informiere dich im Atlas auch über auffällige Reliefstrukturen des Meeresbodens und die Lage der Tiefseegräben. Notiere Beispiele.**

Basisinformation Tiefengliederung

Erfahrungsgemäß fallen die Sandstrände der Nordseeinseln oder die weiten bei Ebbe trocken liegenden Wattengebiete zur Seeseite relativ flach ab. Würde man das Wasser komplett abziehen, hätte man eine weite, flache Ebene vor sich. Nur rund um Helgoland und weiter nördlich bei der Doggerbank würde sich eine hügelige Aufbeulung zeigen. Ansonsten ist die südliche Nordsee meist nur 25–30 m tief. Auf der Linie Schottland–Südnorwegen liegt der Meeresboden rund 200 m tief. Dann folgt allerdings ein recht abrupter Übergang: Am Schelfrand, der Schulterkante des Kontinentalsockels, bricht der Schelf auf wenigen Kilometern Horizontalabstand mit steiler Flanke auf die über 3000 m Wassertiefe des Nordatlantikbeckens ab. Ohne Wasserbedeckung würde sich auch diese Region vergleichsweise monoton ausbreiten. Diese Gleichförmigkeit des Tiefseebodens hielt man lange Zeit für ein weltweites Phänomen. Der deutsche Geologe Johannes Walther schrieb noch 1883 im Blick auf die vermutete Gestaltung der Meeresböden: „Man würde auf dem Meeresgrund Eisenbahnen nach allen Richtungen von Kontinent zu Kontinent legen können, ohne irgendwo auf Schwierigkeiten zu stoßen."

Untermeerische Hochgebirge

Er hätte es indessen besser wissen können, denn bereits bei der Verlegung der ersten transatlantischen Tiefseekabel von Europa (Irland) nach Nordamerika ab 1866 gab es erste Hinweise darauf, dass der Meeresboden keineswegs so langweilig flach ist, wie man bis dahin angenommen hatte. Ein etwas genaueres Bild lieferten allerdings erst die systematischen Untersuchungen des deutschen Forschungsschiffes *Meteor* in den Jahren 1925–1927: Die durch Echolotungen aufgenommenen Profile ergaben zur nicht geringen Überraschung der Ozeanographen und Geologen, dass die ozeanische Mitte offenbar ein höchst eigenartiges Bauelement der Erdkruste aufweist. Untermeerisch erstreckt sich hier ein gewaltiger Gebirgszug, Mittelatlantischer Rücken oder in der Fachsprache auch Mittelatlantisches Rift genannt.

Dieses Meeresgebirge beginnt im Arktischen Ozean mit einem noch schmalen submarinen Rücken, verläuft durch das europäische Nordmeer über Jan Mayen und Island, weiter über die Azoren und die südatlantischen Inseln São Paulo, Ascension, St. Helena und Tristan da Cunha, bis er bei der Bouvet Island am Rande des Südlichen Eismeeres in den Atlantisch-Indischen Rücken umbiegt. Dieser gigantische Gebirgszug ist mit rund 13 000 km Längenausdehnung etwa zehnmal so lang wie die Alpen. Abgesehen von den erwähnten Inseln, die seine höchsten Aufgipfelungen bilden, erhebt er sich meist um 2500 m über die angrenzenden Tiefseeböden und reicht stellenweise bis etwa 900 m unter die Oberfläche. Seine mit Abstand höchste Erhebung ist die Ponta do Pico auf der portugiesischen Azoreninsel Pico – die Bergspitze liegt 2351 m über dem Meer. Die zu Brasilien gehörende südatlantische Insel São Paulo ist mit ihren 23,5 m über dem Meer dagegen nur ein flacher felsiger Hügel.

Ein besonders auffälliges Gestaltungselement, das sich allerdings erst bei späteren Untersuchungen zeigte, ist beim Mittelatlantischen Rücken ebenso wie bei den übrigen unterdessen bekannten submarinen Gebirgen ein 25–55 km breiter Zentralspalt, der in die Firstregion des Gebirgskammes 1000–3000 m grabenartig tief eingesenkt ist. Gerade dieser Bereich zeichnet sich durch besonders junge Gesteine, häufige Erdbeben und aktiven submarinen Vulkanismus aus. Solche Befunde waren wichtige Auslöser und Beiträge zu einem Paradigmenwechsel der Geowissenschaften.

Die Erde als Frühstücksei

Das neue Bild fasst die Erdkruste als dynamischen Plattenbau auf. Schon länger bestand die Vorstellung, dass die Erde im Prinzip wie ein weich gekochtes Frühstücksei aussieht – abgeleitet aus der seismischen Tomographie durch Erdbebenwellen. Das flüssige Eigelb entspricht dem aufgeschmolzenen Erdkern mit einer äußeren Grenze in etwa 2900 km Tiefe. Daran schließt sich analog dem Eiweiß der etwas festere, aber noch plastisch verformbare Erdmantel an, der aus mehreren unterscheidbaren Schichten besteht. Die dünne Eierschale steht modellhaft für die Erdkruste. Während die Schale beim Frühstücksei erst unmittelbar vor dem Auslöffeln in Einzelteile zerlegt wird, besteht die Erdkruste gleichsam von selbst aus Teilen. Damit endet jedoch das Modell. Im Unterschied zum Ei, das sich mit einer einheitlichen Schale umgibt, besteht die irdische Kruste aus zwei recht verschiedenen Schalensorten: Die ozeanische (marine) Kruste, meist etwa 5–8 km mächtig, bildet weltweit die Meeresböden, während die 30–40 km mächtige, aber ungleich leichtere kontinentale Kruste die Kontinente einschließlich der Schelfgebiete aufbaut. Jede der zehn großen und wenigen kleinen Platten besteht aus ozeanischen und/oder kontinentalen

Krustenteilen, die gemeinsam wie ein Floß auf der äußeren Erdmantelschicht (Lithosphäre) schwimmen und in erdgeschichtlich langen Zeiträumen ihre relative Position geradezu dramatisch verändern. Noch vor etwa 400 Millionen Jahren lag das Gebiet des heutigen Mitteleuropas südlich des Äquators.

Der Mittelatlantische Rücken ist das direkte Ergebnis jüngerer Plattenbewegungen. An einer durch den lithosphärischen Mantel hinabreichenden Naht weichen die Eurasische und Nordamerikanische bzw. die Afrikanische und Südamerikanische Platte auseinander – der atlantische Tiefseeboden spreizt sich auseinander (seafloor spreading) und lässt flüssiges Magma bis zum Meeresboden aufsteigen. Diese moderne Theorie der Plattentektonik mit seitlich davon fließenden Tiefseeböden und kollidierenden Krustenteilen bestätigt glänzend die erstmals von Alfred Wegener (1880–1930) seit 1912 entwickelte Theorie von der Kontinent(al)verschiebung, die zu seiner Zeit jedoch nur wenig Verständnis fand, weil sie jegliche Vorstellungen sprengte. Eine Besonderheit des Mittelatlantischen Rückens ist, dass er sich in seinem nördlichen Abschnitt über den Meeresspiegel erhebt. Dieser Teilbereich ist Island. Nördlich von Reykjavik kann man den hier relativ schmalen Zentralgraben zwischen divergierenden Platten sogar im Gelände sehen. Er wird von einer Straßenbrücke überquert, die tatsächlich die Nordamerikanische und die Eurasische Platte miteinander verbindet.

Spitzen und Tiefseekuppen

Harry H. Hess (1906–1969) war Geologe an der Universität von Princeton in New Jersey, an der Albert Einstein seine Exilzeit zubrachte. Während des Zweiten Weltkriegs war Hess Kapitän des amerikanischen Truppentransportschiffs *USS Cape Johnson* und untersuchte während seiner Pazifikpassagen mit Hilfe einer besonders leistungsfähigen Echolotanlage die Gestalt des Meeresbodens. Dabei entdeckte er bis dahin unbekannte untermeerische Berge mit stumpfkegeligem Profil und steilen Flanken, deren Plateaus meist bei 1000 m unter dem Meeresspiegel lagen. Hess beschrieb etwa 100 dieser Berge und nannte sie 1946 Guyots, nach dem Geographen Arnold Henry Guyot (1807–1884), der in Princeton die Geowissenschaften begründet hatte.

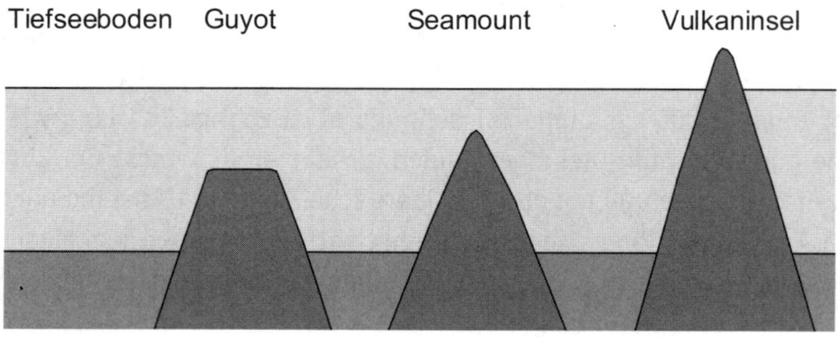

Das Profil untermeerischer Einzelberge spiegelt ihre geologische Geschichte wider.

Guyots sind alte Einzelvulkane, die sich an spreizenden Plattengrenzen entwickeln und ursprünglich die Meeresoberfläche überragten. Wenn sie mit den driftenden Platten von ihrer Magmenquelle weggeschoben werden, unterbleibt der Materialnachschub, und die relativ weichen Vulkanite werden erodiert: Aus der Vulkanspitze entsteht eine breite Abrasionsebene, die fallweise einige Dutzend Kilometer breit sein kann. Weltweit kennt man heute etwa 10000 Guyots. Einige liefern besonders eindrucksvolle Anschauungsstücke für die Richtigkeit der Plattentektonik: Sofern sie sich randnah an einem Tiefseegraben befinden, an dem ozeanische Kruste subduziert wird und in der Tiefe verschwindet, ist ihr ehemals horizontales Plateau deutlich zum Graben geneigt. Sie stehen also gleichsam auf der Kippe.

Ähnlich wie die Guyots sind auch die Seamounts an Plattenrändern entstandene untermeerische Vulkanberge, die jedoch den Meeresspiegel nicht erreichen und daher auch nicht der Abtragung durch die Brandung unterliegen. So behalten sie ihr ursprüngliches Spitzkegelprofil weitgehend bei. Seamounts kommen in allen Ozeanen vor, finden sich aber in ungewöhnlich dichter Häufung im Nordostatlantik.

Abstieg zur Unterwelt

Schon viel länger als die untermeerischen Gebirgsrücken sind ihre Gegenstücke, die Tiefseegräben, bekannt. Diese eigentümlichen Strukturelemente des Erdreliefs kennt man bereits seit den für die Ozeanographie bahnbrechenden Forschungsreisen der britischen Dampfkorvette *Challenger* (1872–1876). Heute versteht man sie ebenfalls als wichtige Komponenten der Plattentektonik: Im Bereich der Tiefseegräben wird die ozeanische Kruste gewaltsam unter die Kontinentalblöcke oder unter andere ozeanische Kruste gepresst (subduziert), was gelegentlich mit heftigen Seebeben und verheerenden Tsunamis einhergeht.

Während die untermeerischen Rücken im Sockelbereich bis über 2000 km breit sind, zeigen sich die Tiefseegräben als vergleichsweise schmale Rinnen. Der Atlantik weist mit seinen aus geologischen Gründen passiven Kontinentalrändern mit Ausnahme des kleinen, aber immerhin 9218 m tiefen Puerto-Rico-Grabens keine ausgeprägt großen Tiefseegräben auf – sie sind eher das Markenzeichen des Pazifik:

Der tiefste Meeresboden der Erde ist der knapp 2500 km lange und meist weniger als 120 km breite Marianengraben im Westpazifik. Er verläuft rund 2000 km küstenparallel vor Südostasien. Der imposante Mount Everest würde darin komplett verschwinden und wäre sogar noch von rund 2000 m Meerwasser bedeckt. Auch die mit Abstand größte Schlucht der Erde, der 350 km lange und bis 1,6 km tiefe Grand Canyon in Arizona/USA, wirkt gegen den Marianengraben geradezu mickrig.

Nachdem der deutsche Ingenieur Alexander Behm (1880–1952) kurz nach der vorletzten Jahrhundertwende das erste betriebssichere Echolot entwickelt hatte, setzte eine systematische Erforschung und Vermessung der Tiefseegräben ein. Seit 1914 galt das Emden-Tief im Philippinengraben mit 10400 m als tiefste Stelle der Erde. Später war es das 10 540 m tiefe Galathea-Tief im Philippinengraben. Dann nahm ab 1951 das Challenger-Tief seinen Rang ein – die Echolotung ergab 10 899 m, die Drahtlotung dagegen nur 10 863 m. Seit 1957 (im Internationalen Geophysikalischen Jahr) führt das nach dem sowjetischen Forschungsschiff Witjas (auch Vitiaz genannt) gelotete Witjas-Tief den Listenplatz an. Es soll 11 022 m tief sein, nach anderen Angaben sogar noch deutlich mehr (11 034 m). Hier erreicht die Erde ihren absoluten Tiefpunkt. Der Grund für die oft recht abweichenden Tiefenangaben sind die zahlreichen Fehlerquellen bei allen damals eingesetzten Lotungsverfahren.

In unmittelbarer Nähe des Challenger-Tiefs unternahmen der Schweizer Ingenieur Jacques Piccard (1922–2008) und der amerikanische Ozeanograph Don Walsh (* 1931) am 23. Januar 1960 ihren spektakulären Tauchversuch: Mit der eigens da-

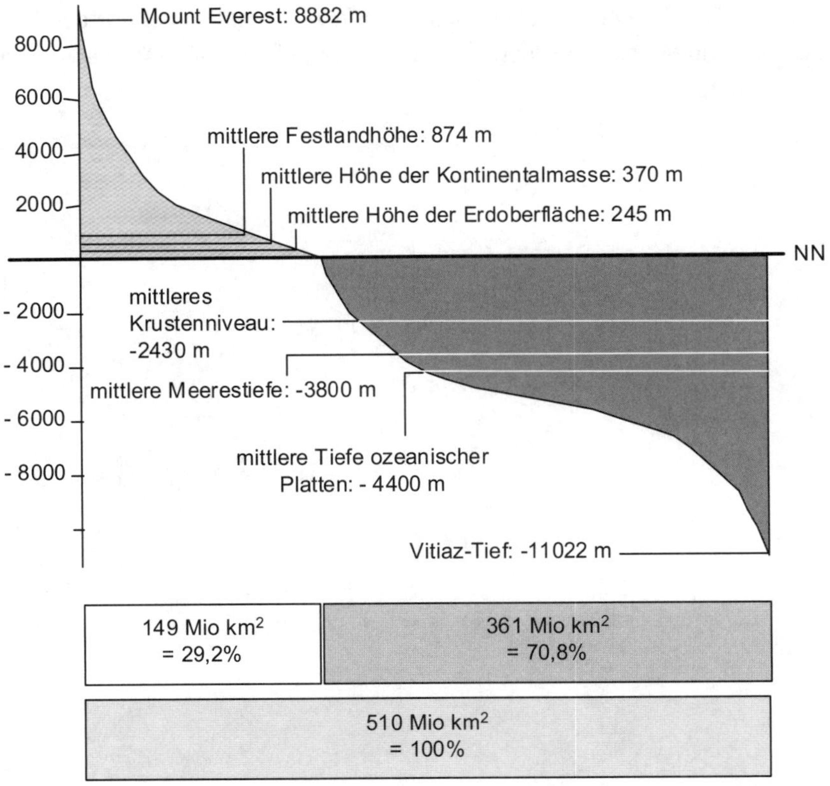

Zwischen Höhen- und Tiefen: Die Hypsographie stellt die verschiedenen Niveaus der Erdoberfläche dar.

für entwickelten Tiefseetauchkapsel (Bathysphäre bzw. Bathyscaph) „Trieste" erreichten sie bei 10916 m den Grabenboden und stellten damit einen bis heute ungebrochenen Tieftauchrekord für ein bemanntes Forschungsgerät auf. Die von ihnen aufgesuchte Stelle, ein Grabenstück in der Nähe der zu den USA gehörenden Insel Guam, ist knapp 32 km lang, nur 800 m breit und heißt seither Trieste-Tief. Die unbemannte japanische Kapsel „Kaiko" erreichte hier 1995 eine Tiefe von 10902 m. Sie ging allerdings beim Versuch einer Probennahme durch Seilbruch verloren.
Im Spätherbst 2011 überraschten aktuelle Messergebnisse mit einem neuen Tiefenrekord für das Challenger-Tief: Die Forschergruppe um Jim Gardner von der University of New Hampshire setzten einen verbesserten Tauchroboter ein, der eine Tiefe von 10994 (± 40 m) ermittelte – und damit mindestens 38 m tiefer als am Auftreffpunkt der „Trieste". Für das etwa 200 km weiter östlich gelegene HMRG-Tief stellte das Gardner-Team eine Tiefe von 10809 m fest, sowie vier bisher nicht bekannte untermeerische Gebirgsketten. Das hat eventuell politische Konsequenzen: Die USA könnten jetzt eine 200-Seemeilen-Zone rund um die Insel Guam und die nördlichen Marianeninseln als Staatsgebiet beanspruchen.

Geodäten und Geophysiker haben mit den heute verfügbaren Datensätzen zur Flächen- und Höhenverteilung ein paar aufschlussreiche Betrachtungen angestellt und in einer hypsografischen Kurve zusammengefasst und kommen zu folgenden Aussagen: Die mittlere Höhe des (heute) über dem Meeresspiegel liegenden Festlandes, das 29,2% der Erdoberfläche einnimmt, beträgt 875 m. Rechnet man die untermeerischen Schelfbereiche der Kontinentalblöcke mit ein, beträgt die mittlere Höhe der Kontinente nur noch 370 m. Gedanklich kann man das Festland einmal komplett einplanieren und mit seinen Materialmassen die Meeresböden auffüllen. Das Ergebnis wäre ein Globus mit einem Ozean, dessen Tiefe nur noch 2675 m betrüge (heutige Durchschnittstiefe 3800 m). Durch Auffüllung läge sein Spiegel 245 m über dem heutigen Niveau.

Wasserpole und Landseiten

Schulatlanten und Weltkarten rücken aus mancherlei Gründen jeweils die Festländer in den Mittelpunkt und zeigen von den einbettenden Ozeanen fast immer nur randliche Anschnitte. Betrachtet man jedoch einen gewöhnlichen Schulglobus (oder die virtuelle Erde unter www.google.earth.com) einmal so, dass einer der beiden Pole nahe der Loire-Mündung im nordwestlichen Frankreich liegt, hat man die so genannte Landhalbkugel vor Augen und sieht von der Erde diejenige Hemisphäre mit dem ausgedehntesten Festlandanteil. Dieser ist erstaunlicherweise dennoch nur zu knapp 49% Kontinentgebiet – etwas mehr als die Hälfte sind selbst aus dieser Perspektive wasserbedeckt.

Zum Vergleich empfiehlt sich eine alternative und womöglich angemessenere Ansicht: Die Wasserhalbkugel mit dem größtmöglichen ozeanischen Anteil hat ihren Pol bei den Antipodeninseln südöstlich von Neuseeland und umfasst immerhin rund 91% Meer. Hier schaut man nun wirklich fast nur ins Blaue.

Meeresgrund trifft Horizont

Hast du dir schon einmal genauer angeschaut, wie Maler in ihren Gemälden das Meer malen?
Stellen sie das Meer vom Ufer vorne bis zum Horizont hinten zunehmend heller oder gar dunkler dar? Wenn du die Frage jetzt nicht spontan beantworten kannst, achte bei deinem nächsten Besuch einmal darauf. Wie zeigen es übrigens die Bilder deines Smartphones?

Tatsächlich wird die Wasserfläche bei normalen Wetter- und Beleuchtungsverhältnissen weiter hinten meist immer dunkler. Klar, wirst du nun vielleicht denken, in Richtung Horizont ist das Meer ja auch viel tiefer als direkt am Strand und folglich auch dunkler. Mit dieser Erklärung liegst du allerdings nur dann richtig, wenn du gerade aus dem Flugzeug auf die unter dir liegende Meeresoberfläche schauen könntest. Beim Blick vom Strand aus ist das aber anders. Die Erklärung für diese Naturerscheinung ist ziemlich einfach.

Wäre die Wasseroberfläche des Meeres spiegelglatt, so könntest du nur in unmittelbarer Strandnähe auf den Grund schauen. Auf der restlichen Oberfläche würde sich der Himmel spiegeln und am Horizont sogar mit dem Himmel verschmelzen. Du könntest dann nicht genau erkennen, wo das Meer aufhört und der Himmel beginnt. Diesen Eindruck gibt der Titel dieses Blattes wieder – es ist aus gutem Grunde das Motto der deutschen Küstennationalparke.

Tage mit solchen Landschaftseindrücken gibt es tatsächlich. Aber Meere sind höchst selten spiegelglatt. Meist türmen sich mehr oder weniger hohe Wellen auf und führen zu einer unruhigen, unebenen Oberfläche. Dann wird das Meer tatsächlich immer dunkler, je näher es dem Horizont kommt.

Dunkler werdende Farben haben stets damit zu tun, dass nicht mehr das ganze einstrahlende Licht in deine Augen gelangt, sondern nur ein Teil davon. Genauso ist es auch beim Meer der Fall: Durch die Wellenberge gehen diejenigen Teile des auftreffenden Lichts verloren, die auf deren Rückseiten und in die Wellentäler einfalllen. Von dort können sie nicht mehr in deine Auge gelangen. Die Augen der Strandbesucher erreicht nur das Licht, das auf die zugewandten Seiten der Wellenberge fällt. Dies ist eben nur ein Teil des Lichts, und deswegen ist es weniger hell.

Aufgaben

1. **Wann sieht der Horizont dunkler aus als das Meer?**
2. **Gibt es einen Unterschied im Erscheinungsbild zwischen Hoch- und Niedrigwasserzeiten?**

Szenen von der sinkenden Sonne

Sonnenuntergänge am Meer haben etwas. Kaum jemand kann sich der besonderen Stimmung dieses Schauspiels entziehen. Selbst heftige Machos hat man im Anblick der versinkenden Sonne emotional einknicken sehen. Die Cocktailbar im Strandhotel erfreut mit speziellen „Sundowner"-Mixgetränken, und wenn gar noch die unverwüstliche Caprifischer-Schnulze aus den 1950ern den musikalischen Hintergrund bildet, wird es vollends gemütsbetont.

Das ergreifende Ende des Spektrums: Im vollen Mittagslicht darf man auf keinen Fall direkt in die Sonne blicken – das auf die Netzhaut der Augen fokussierte Bild hinterlässt in dieser sensiblen Zellschicht mit Sicherheit irreversible Schäden. Bei Sonnenauf- oder -untergang kann man – zumindest für ein paar „Augenblicke" – unser Zentralgestirn jedoch relativ problemlos anblinzeln. Jetzt erscheint die Sonne in einem ganz anderen Licht, nämlich in ausgesprochen warmen Orange- bis Rottönen. Im Vergleich zum am helllichten Tag in der Mittagszeit grellem Weißlicht hat also ein bemerkenswerter Farbwechsel stattgefunden.

Im Augenblick des Sonnenuntergangs ist der Weg der Sonnenstrahlen durch die irdische Lufthülle um den Faktor 35 länger als beim mittäglichen Sonnenstand im Zenit. Die Atmosphäre kann jetzt viel wirksamer das Licht brechen und gleichzeitig als Prisma wirken. Wenn der untere Rand der Sonnenscheibe für den Beobachter auf Meereshöhe gerade die Horizontlinie berührt, steht die Sonne tatsächlich bereits unter dem Horizont. Sie wird jedoch durch die atmosphärische Lichtbrechung gerade so viel angehoben, dass man sie noch für ein paar Momente über dem Horizont sieht – und gleichzeitig erfährt, wie überraschend schnell ihr Abtauchmanöver vonstatten geht. Sobald sich jedoch ihr Oberrand etwa 38 Bogenminuten (= maximaler Brechungswinkel der Atmosphäre) unterhalb der Horizontlinie befindet, ist sie faktisch wirklich untergegangen, und am Strand beginnt nun die bürgerliche Dämmerung.

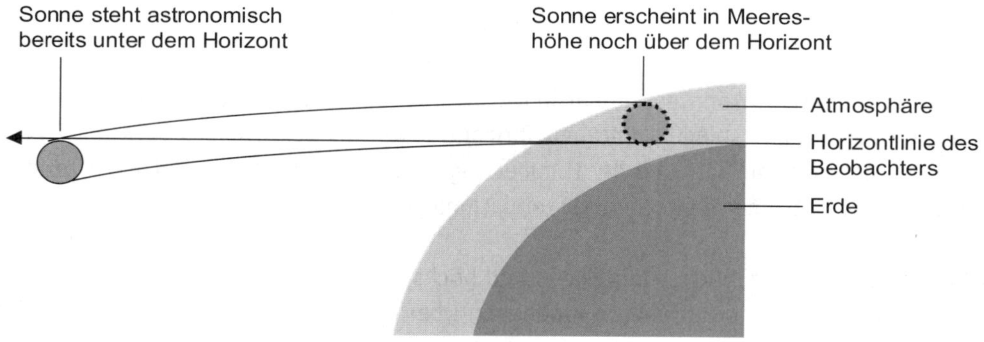

Auch zu den Randzeiten der Tageshelligkeit ist die Rayleigh-Streuung an Atmosphärenpartikeln nach wie vor wirksam. Bei tiefem Sonnenstand und daraus resultierendem längerem Lichtweg durch die Atmosphäre werden die blauen Anteile des Sonnenspektrums nach und nach gänzlich weggestreut. Den Betrachter erreichen jetzt vor allem die langwelligen Lichtstrahlen. Also bleiben beim Sonnenstand im tiefen Westen nur die gelben und roten Lichtwellenzüge übrig, die besonders malerische Sonnenuntergänge für das Fotoalbum inszenieren. Der gleiche Effekt gilt natürlich auch für den Sonnenaufgang.

Wie weit ist es bis zum Horizont?

Wenn nicht gerade eine vorgelagerte Insel den Blick verstellt oder tief hängende Wolken die Aussicht vernebeln, erscheint die konturscharf gegen den Himmel abgegrenzte Horizontlinie gigantisch weit entfernt. In welcher Entfernung sie tatsächlich verläuft, ist rechnerisch einfach zu ermitteln. Man benötigt dazu lediglich

- den Erdradius r am Beobachtungsort (6365 km)
- die Augenhöhe a des Beobachters über NN
- den Satz des Pythagoras für rechtwinklige Dreiecke mit (r+a) als Hypotenuse, r als großer und e als kleiner Kathete (vgl. Abbildung)
- einen Taschenrechner oder ein Handy mit Rechnerfunktion oder eine gewisse Genialität im Quadrieren und Radizieren unhandlicher Zahlen per Kopfrechnen.

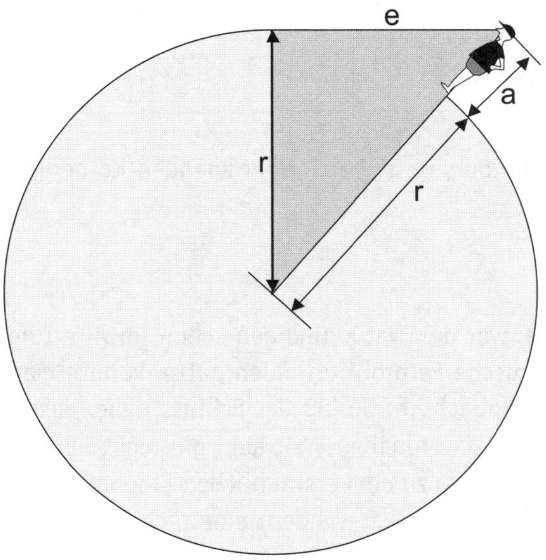

Der Satz des Pythagoras für rechtwinklige Dreiecke beliebiger Größe lautet für die Seitenbezeichnungen in der obigen Abbildung

$$e^2 + r^2 = (r + a)^2$$

An den deutschen Nord- und Ostseeküsten ist man wegen der Polabplattung der Erde etwas weniger weit vom Erdmittelpunkt entfernt als am Äquator. Nimmt man 54° nördliche Breite als durchschnittliche geografische Breitenlage unserer Küsten an, beträgt der Erdradius daher abgerundet 6365 km.

Wert a setzt sich aus der Standorthöhe über dem Meer und der Körpergröße (genauer: Augenhöhe) des Beobachters zusammen. Steht der Beobachter direkt an der Wasserlinie, entspricht a seiner Augenhöhe. Befindet er sich auf der Aussichtsplattform eines Leuchtturms, muss man die Turmhöhe hinzuzählen.

Die entsprechenden Werte setzt man in die Pythagoras-Formel ein und löst sie nach der Entfernung e auf.

Aufgabe

» **Berechne die Entfernung des Horizonts für die angegeben Situationen und trage deine Ergebnisse in die Tabelle ein.**

Wer blickt zum Horizont?	Augenhöhe (m)	Standorthöhe (m)	der Horizont ist ... km entfernt
Hund direkt am Strand	0,50	0	
Schulkind in der Sandburg	1,30	1,50	
Frau auf dem Liegehandtuch	1,60	2,00	
Mann an der Strandbar	1,90	3,50	
deine Freundin auf dem Deich	?	10,00	
Urlauber auf dem Balkon seines Zimmers mit Seeblick in der 3. Etage des Strandhotels	1,70	12,00	
Inselbesucher auf der Klippe von Helgoland	1,80	50,00	
fliegende Silbermöwe	0,05	100,00	

Die Damen mögen es nachsehen, dass ihre männlichen Begleiter wegen der durchschnittlich überragenden Körpergröße – pardon – meist den etwas weiteren Horizont haben.

Gekrümmter Horizont

Obwohl einfache Seelen früher glaubten, die Erde sei eine flache Scheibe, war den Naturkundigen schon im Altertum die Kugelgestalt der Erde vertraut. Nachdem Galileo Galilei 1610 das astronomische Fernrohr erfunden hatte, konnte man die Kugelgestalt der übrigen Planeten mit instrumenteller Hilfe sogar direkt beobachten. So lag der Schluss nahe, dass auch die Erde ein kugeliges Raumgebilde sei. Heute zeigen uns Fotografien aus dem erdnahen Weltraum die recht ebenmäßig erscheinende Krümmung der Erdoberfläche, während neuere, genaueste Messungen zu dem erstaunlichen Ergebnis kommen, dass die Erde keineswegs eine gleichförmige, an den Polen leicht abgeflachte Kugel ist, sondern eine recht unregelmäßig geformte Gestalt wie eine Kartoffel aufweist.

Kann man an der Küste mit freier Sicht auf den weit entfernten Horizont die Krümmung der Erdoberfläche auch direkt wahrnehmen? Du kannst. Bereits vor etlichen Jahrhunderten beobachteten die Hafenwachen, dass man von einem landwärts segelnden Schiff zuerst seine Mastspitzen sieht – es taucht also buchstäblich aus der Versenkung hinter dem Horizont auf.

Mit ein wenig Geometrie kann man aus dem durchschnittlichen Erdradius (r = 6376456 m) bzw. Erdumfang (40075161 m) nachrechnen, dass bei einer Sichtweite von 20 km ein Objekt in dieser Entfernung erst dann die Horizontlinie überragt, wenn es knapp 38 m hoch ist. Unter dieser Voraussetzung und bei einem angenommen 90° breiten Sehfeld siehst du den Horizont als einen Bogen von 40 km Weite.

Mit einer Peilhilfe, zum Beispiel der linealgeraden längeren Kante dieses DIN-A-4-Arbeitsblattes in 1 m Abstand vor den Augen oder besser noch einem Balkongeländer bzw. Fensterrahmen, erkennst du gerade eine leichte Wölbung, welche die waagerecht angelegte Peilkante um etwa 0,3 mm überragt. Noch besser geht es mit einer ungefähr 1 m langen Holzlatte. Dieser Wert bewegt sich zwar in verdächtiger Nähe zur Auflösungsgrenze normalsichtiger Augen, ist aber mit einigem visuellen Training leicht nachzuvollziehen.

Die Gezeiten der Nordsee

Im Vergleich zum offenen Atlantik ist die Nordsee nur ein vergleichsweise kleines Randmeer – viel zu klein, um eigene Gezeiten entwickeln zu können. Außerdem überstreicht der Kulminationspunkt des Mondes bei der Erddrehung das gesamte Nordseebecken in nur etwa 16 min. Auch dieser Zeitraum reicht nicht für die Bildung eines eigenen Flutberges. Die Tideneffekte an den Nordseeküsten sind daher Mitschwingungsgezeiten aus dem Nordatlantik.

Die aus dem Atlantik kommende Gezeitenwelle tritt als Silberrinnen- oder Shetland-Welle zwischen den Orkney- und den Shetland-Inseln in das Nordseebecken ein. Die von der Erdrotation verursachte Coriolis-Kraft lenkt sie so ab, dass sie zunächst an der ostenglischen Küste entlangläuft und erst bei der niederländischen Insel Texel auf die südliche Nordseeküste trifft. Von hier wandert sie entgegen dem Uhrzeigersinn an den West- und Ostfriesischen Inseln entlang und dann weiter nordwärts über die nordfriesisch-dänische Küste. Diese Gezeitenwelle ist somit eine typische Drehtide oder Amphidromie – ihr Drehpunkt liegt über dem östlichen Zipfel der Doggerbank auf 55° 25′ N und 05° 15′ O rund 300 km nordwestlich von Sylt. Für die komplette Runde durch das Nordseebecken von Schottland bis Südnorwegen benötigt die Gezeitenwelle rund 16 Stunden:

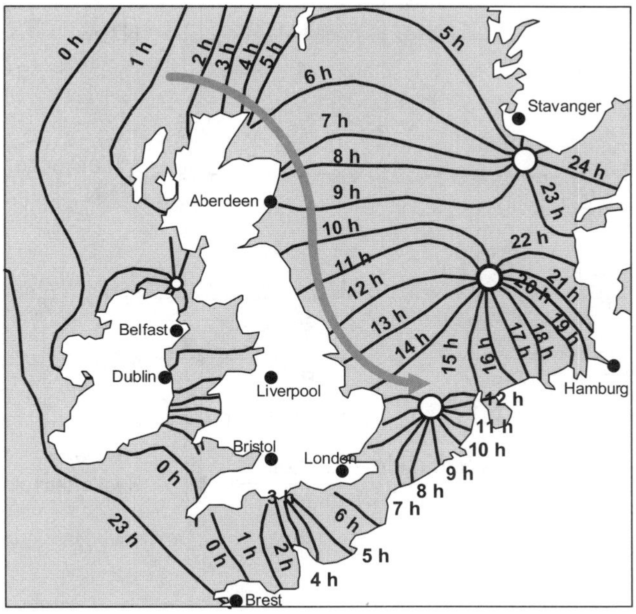

Flutstundenlinien und Amphidromien in Nordwesteuropa und Nordsee

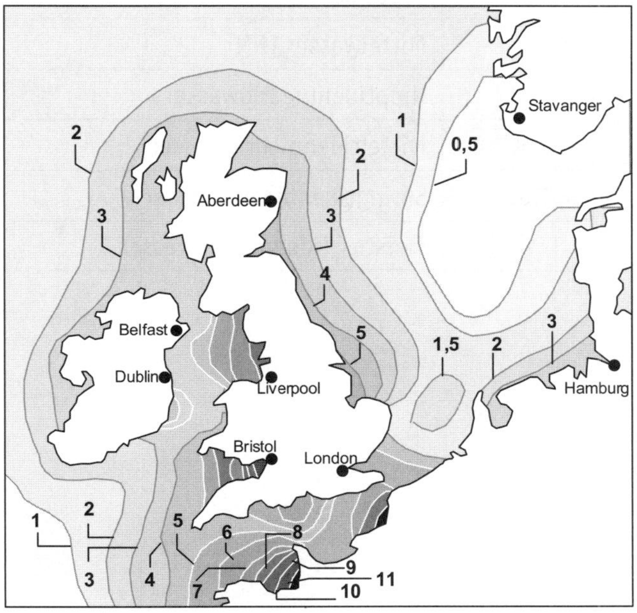

Linien gleicher Tidenhübe

Ein anderer Teil dieser Gezeitenwelle tritt als Norwegische Welle nicht zwischen den schottischen Inselgruppen, sondern erst weiter östlich der Shetland-Inseln in das Nordseebecken. Sie überlagert sich mit der Silberrinnen-Welle und bildet vor Südnorwegen (südwestlich von Stavanger) einen weiteren Drehpunkt aus. Silberrinnen- und Norwegische Welle treffen nun zeitlich so aufeinander, dass sich ihre Tidenwirkungen nahezu aufheben. An der dänischen Skagerrak-Küste liegt der Tidenhub daher nur bei wenigen Zentimetern und findet somit praktisch gar nicht statt.

Im südwestlichen Nordseebecken bildet sich noch eine dritte Amphidromie: Hier trifft die den Ärmelkanal durchrauschende Gezeitenwelle auf die Silberrinnen-Welle und wird von ihr eigenartigerweise im Gegenuhrzeigersinn abgelenkt. Ihr Drehpunkt liegt ungefähr in der Mitte der Linie Amsterdam – Ipswich.

Gezeitenwasserstände der Nordsee

Das Erscheinungsbild des Wattenmeeres und anderer Meeresküsten ist in enger Abhängigkeit von der Gezeitentätigkeit entstanden. Deren Gezeitenwasserstände lassen sich als periodische Schwingung auffassen, die man an einem landfesten Ort, beispielsweise an einem Hafenpegel, bequem ablesen oder automatisch registrieren lassen kann. Die unten stehende Grafik verdeutlicht den Ablauf der Gezeitenwasserstände und die zur genaueren Bezeichnung verwendete Tidenterminologie. Wichtig ist zu beachten, dass (im Unterschied zum bürgerlichen Sprachgebrauch) Ebbe und Flut keine Wasserstände, sondern Zeiträume innerhalb des Tidengeschehens darstellen.

Tidendeutsch

Kürzel	Bezeichnung
HThw	Höchstes Tidenhochwasser
SpThw	Springtidenhochwasser
MThw	Mitteltidenhochwasser
NThw	Nipptidenhochwasser
MW	Mittelwasser [NN]
NTnw	Nipptidenniedrigwasser
MTnw	Mitteltidenniedrigwasser
SpTnw	Springtidenniedrigwasser
NTnw	Tiefstes Tidenniedrigwasser

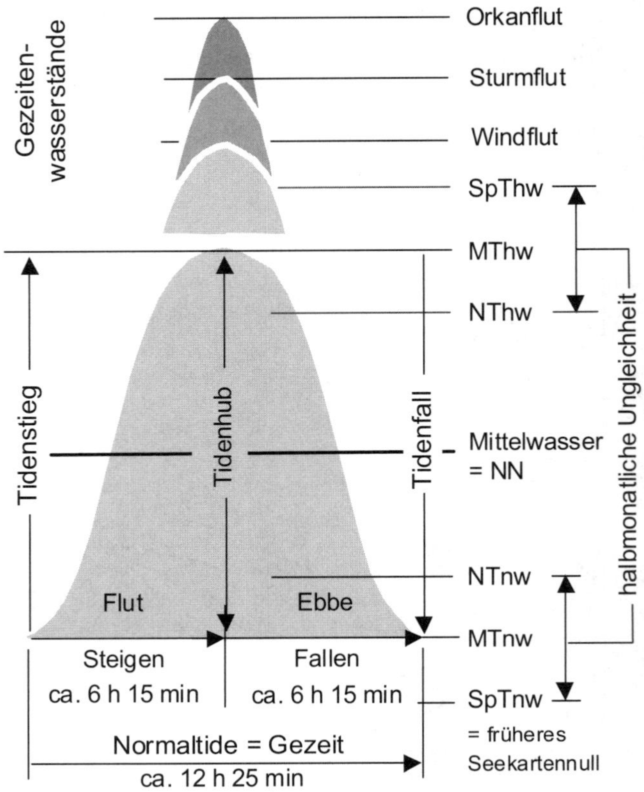

Aufgaben

1. Wo kann man die genauen Tidenzeiten für einen bestimmten Küstenort erfahren?
2. Wie bekommst du den Tidenhub an deinem Küstenort heraus?
3. Vergleiche die Hoch- und Niedrigwasserzeiten von gestern, heute und morgen. Was fällt dir auf?
4. Kann man die sich verschiebenden Eintrittszeiten aus der Grafik oben ableiten?
5. Erkläre den Unterschied zwischen Tidenstieg, Flut und Hochwasser.
6. Gibt es im Tidenablauf Zeiten, wo sich die Wasserstände sehr rasch bzw. fast unmerklich ändern?
7. Kann es sein, dass gerade Ebbe herrscht, der Strand aber dennoch überflutet ist? Erkläre.
8. Besorge dir einige ca. 40 cm lange Holzstöckchen und stecke bei auf- oder ablaufendem Wasser an einem flach und gleichmäßig abfallenden Sand- oder Mischwattstrand im Fünf-Minuten-Takt den Bereich ab, wo sich gerade die Wasserlinie befindet.
9. Halte den Tidenstieg oder Tidenfall mit einer Kamera fest, indem du beispielsweise eine Hafenmole in gleichen Zeitabständen fotografierst.

Erde, Sonne, Mond – und Gezeiten

Die Gezeiten oder (norddeutsch) Tiden (vgl. engl. *tide* = Gezeit) sind ein außerordentlich komplexes geophysikalisches Phänomen. Die dabei wirksamen Faktoren lassen sich im Rahmen der konventionellen Newton'schen Mechanik durch Gravitationswirkungen und Fliehkräfte erklären: Auf der mondzu- und -abgewandten Seite der Erde bestehen im Betrag gleiche, aber in unterschiedliche Richtungen wirkende Differenzen der Anziehungskraft des Mondes und der Fliehkraft aus der Erdrotation. Sie erzeugen im beweglichen Wasserkörper der Erde (zusätzlich auch in der Lufthülle und im Festkörper) Flutberge, unter denen sich die Erde hinwegdreht. So entstehen zwei Flutberge und zwei Ebbetäler. Zweimal täglich geraten die Kontinentküsten in einen Flutberg und zweimal in ein Ebbetal.

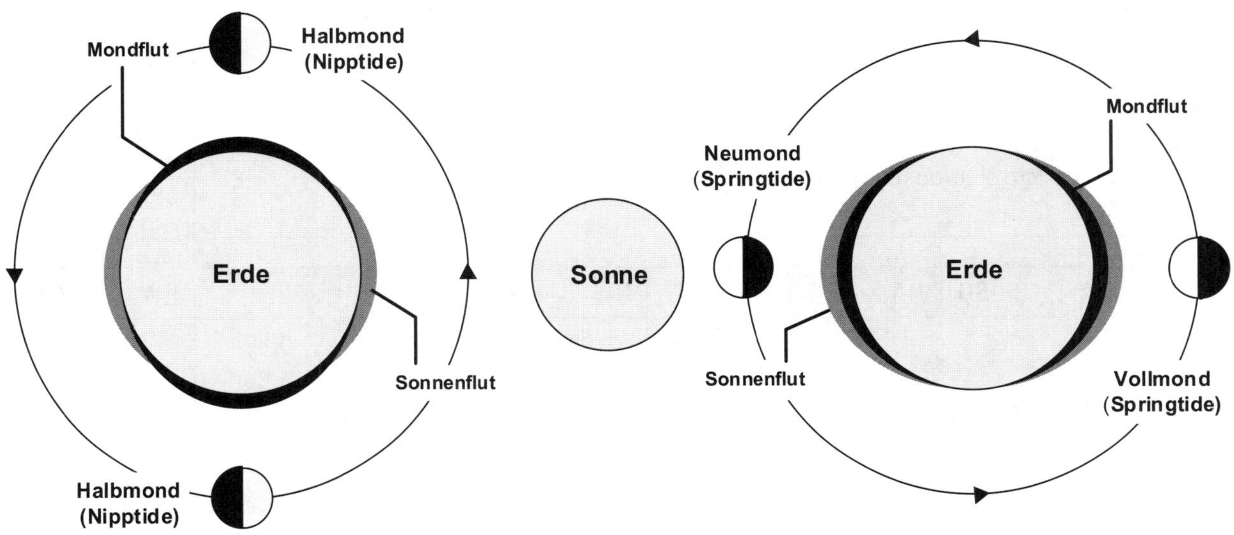

Wesentlicher Zeitgeber dieser Rhythmik ist der Mondtag, der etwa 50 min länger ist als ein Erdentag. Daraus erklärt sich auch die tägliche Versetzung der Hoch- und Niedrigwasserzeiten um etwa 50 min. Durch Interferenzen der gegenseitigen Position von Erde, Mond und Sonne ergeben sich die halbmonatlichen Ungleichheiten. Im ersten und letzten Viertel verringert der Mond den von der Sonne erzeugten Flutberg. Der Tidenhub fällt schwächer aus, es herrscht Nipptide (in der Grafik links). Bei Voll- und Neumond addieren sich die fluterzeugenden Kräfte von Mond und Sonne – es kommt zu Springtiden (oben rechts).

Aufgaben

1. **Die gegenseitige Stelle von Erde, Sonne und Mond und ihre Veränderungen lassen sich tänzerisch darstellen: Je eine Person stellt einen der Himmelskörper dar.**
2. **Die Erde dreht sich in 24 h einmal um sich selbst – tänzerisch verkürzt auf etwa 5 sec.**
3. **Der Mond umrundet die Erde einmal in 28 Tagen – tänzerisch verkürzt auf etwa 2,5 min. Er wendet dabei der sich drehenden Erde immer die gleiche Seite zu.**
4. **Bewegungen der Sonne bleiben bei diesem Himmelskörperballett unberücksichtigt.**

L INFORMATIONS-Blatt 1.10

Ergänzungsmaterial Gezeiten

Die folgende Tidentabelle, die man geeigneten Lerngruppen zum Analysieren vorlegen kann, zeigt Folgendes für den angegebenen Zeitraum:

- Die Gezeitenunterschiede gegenüber Helgoland sind auch bei eng benachbarten Küstenorten deutlich verschieden.
- Die Differenzen der Ebbe- und Flutzeiten betragen nicht einheitlich 06 h 15 min, sondern variieren von Tag zu Tag.
- Die Tidenhübe für Vor- und Nachmittag (angegeben nur für Schlüttsiel) unterscheiden sich. Das ergibt sich daraus, dass der Mond im halbtäglichen Wechsel über oder unter dem Horizont steht.

	Tidenunterschied gegen Helgoland		
HW Hochwasser **NW** Niedrigwasser **SA** Sonnenaufgang **SU** Sonnenuntergang **MA** Mondaufgang **MU** Monduntergang Zeitangaben: Gesetzliche Mitteleuropäische Sommerzeit (CEST = MESZ)	HW +1 h 31 min NW +1 h 32 min **Langeneß** 54° 37′ N 08° 33′ E	HW +2 h 02 min NW +2 h 12 min **Schlüttsiel** 54° 41′ N 08° 45′ E	HW +2 h 18 min NW +2 h 14 min **Dagebüll** 54° 44′ N 08° 41′ E

Datum	SA	SU	MA	MU	HW	NW	HW	NW	m	HW	NW
Mo 22.08.2011	06:12	20:42	23:31	16:41	07:02 19:30	01:20 13:37	07:32 20:00	01:59 14:16	0,89 3,66 0,91 3,70	07:50 20:18	02:02 14:19
Di 23.08.2011	06:14	20:39		17:01	07:51 20:27	02:02 14:29	08:21 20:57	02:41 15:08	1,09 3,62 1,10 3,62	08:39 21:15	02:44 15:11
Mi 24.08.2011	06:16	20:37	00:22	17:47	08:59 21:40	02:58 15:37	09:46 22:10	03:37 16:16	1,23 3,64 1,19 3,61	09:46 22:28	03:40 16:19
Do 25.08.2011	06:18	20:34	01:37	18:25	10:16 22:59	04:08 16:59	10:46 23:29	04:47 17:38	1,25 3,74 1,12 3,69	11:04 23:47	04:50 17:41
Fr 26.08.2011	06:19	20:32	02:41	18:54	11:31 –	05:28 18:21	12:01 –	06:07 19:00	1,12 3,89 0,90 –	12:19 –	06:10 19:03
Sa 27.08.2011	06:21	20:30	04:04	19:18	00:12 19:19	06:45 19:28	00:42 13:07	07:24 20:07	3,81 0,89 4,02 0,64	01:00 13:25	07:27 20:10

Meeresküste: Natur-, Kultur- und Techniklandschaft

Als Küste bezeichnet man in der Landeskunde das Übergangsgebiet zwischen Festland und Meer. Die jeweilige Grenze ist meist nicht strichgenau festzulegen, weil einerseits das anbrandende Meer unentwegt die Festlandkanten benagt und damit langfristig verändert: Die Küsten sind – Weichboden- ebenso wie Felsgebiete – immer Abtragungsräume, erfahren aber auch gleichzeitig massive Materialimporte durch die Anlagerung von Feinsediment wie Schlick- und Sand. Andererseits verlagert sich die Uferlinie (Wasserlinie) aber auch kurzfristig ständig im Rhythmus der Gezeiten. In Tidegebieten ist die Küste also keine klar gezogene Trennlinie, auch wenn sie in Atlanten bzw. Kartenwerken so dargestellt ist. In der Wirklichkeit zeigt sie sich daher tatsächlich als mehr oder weniger breiter Saum – eben ein amphibischer Streifen, der gezeitenabhängig mal dem Land und Stunden später schon wieder dem Meer angehört. Seewärts reicht die Küste so weit hinaus, wie bei Niedrigwasser (MTnw: mittlere Tidenniedrigwasserlinie) Landformen auftreten. Landseitig erstreckt sie sich bis an die Grenze des Gezeiteneinflusses (MThw: mittlere Tidenhochwasserlinie).

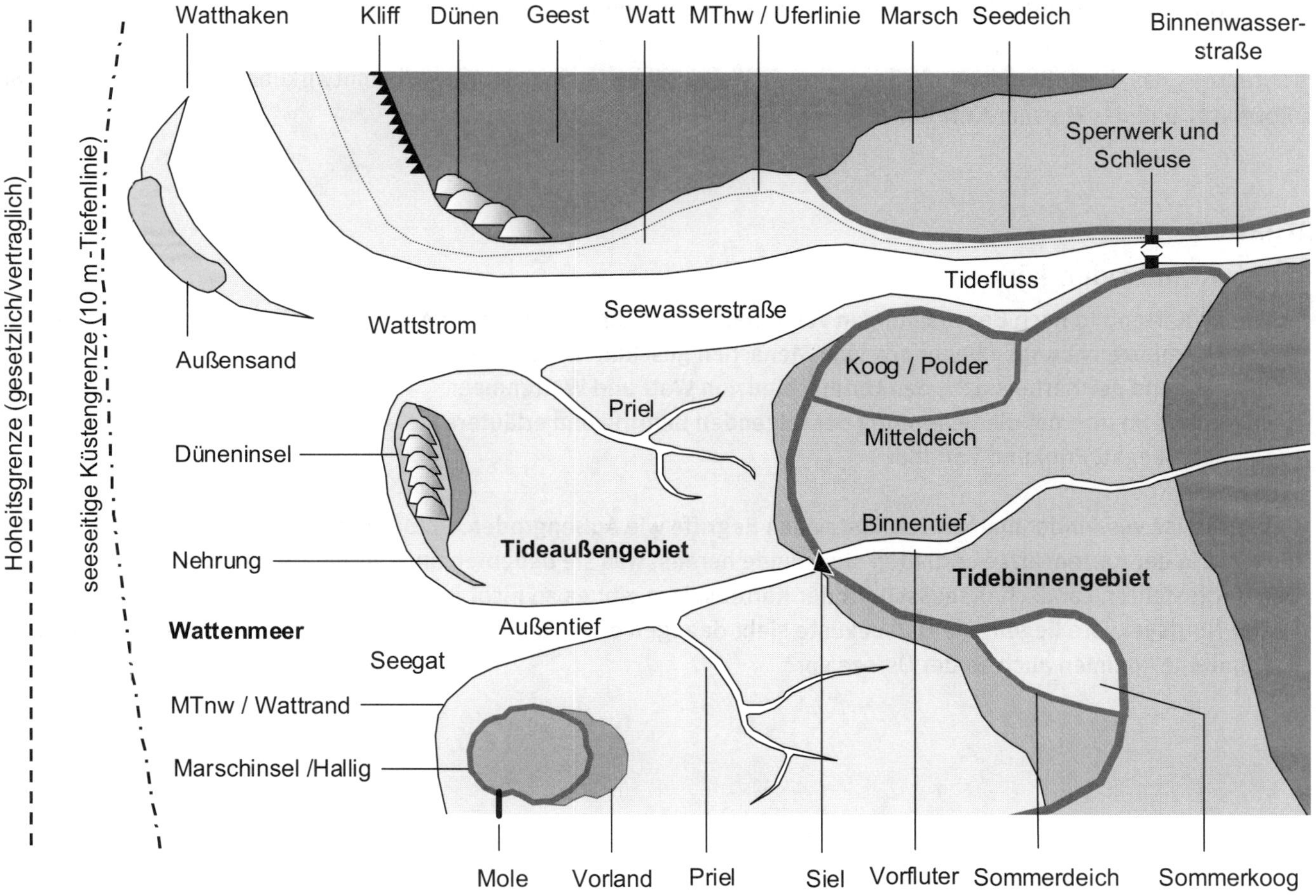

Je nach Beschaffenheit der Festlandkante (anstehender Fels oder lockeres Geschiebe) entwickeln sich unter dem Einfluss der Meeresbrandung völlig verschiedene Küstenformen. Eine gezeitengeformte Felsküste findet sich im deutschen Anteil der Nordsee nur am Beispiel der Insel Helgoland. Wesentlich ausgedehntere Felsküsten trifft man dagegen entlang des Ärmelkanals in Frankreich (Normandie, Bretagne) und in Großbritannien (Südengland, Cornwall, Wales), in Irland sowie weiter im Norden in Norwegen an. Der größte Teil der Nordseeküsten besteht aus Lockermaterial unterschiedlicher Körnung – es ist überwiegend das Erbe der letzten Eiszeiten, deren Gletscher wie ein riesiger Bulldozer unglaubliche Massen von Geröll, Schutt und Sand in das Nordseebecken geschoben haben.

Schon die steinzeitlichen Menschen haben sich gerne in Küstenregionen aufgehalten oder gar angesiedelt. Als sie mit Beginn der Bronzezeit landwirtschaftliche Kulturen begründet hatten, mussten sie allerdings die Erfahrung machen, dass Küsten ein besonders schwieriger Lebensraum sind. Allzu oft verursachten schwere Sturmfluten erhebliche Landverluste und gestalteten die Landschaft völlig um. Spätestens seit dem frühen Mittelalter setzten sich die Küstenbewohner aber mit den vorhandenen technischen Mitteln zur Wehr und versuchten, ihr Land vor dem Angriff des Meeres zu schützen. Fast überall an der Nordseeküste sieht man daher technisch errichtete Befestigungs- und Sicherungswerke: Der Mensch hat die wilde Naturlandschaft schrittweise in eine seiner Lebenssicherung dienende Kulturlandschaft und in neuerer Zeit mit noch aufwändigeren Küstenschutzvorrichtungen in eine Techniklandschaft umgewandelt.

Für das besondere Erscheinungsbild der Küste verwendet man fachsprachliche Begriffe, wie sie auch in der umseitigen Kartenskizze enthalten sind. Die wichtigsten sind:

Geest: Höher gelegenes Landgebiet aus eiszeitlichen Ablagerungen mit Ton, Sand, Kies und Geröll. Nur an wenigen Stellen reicht der Geestrand direkt bis an das Nordseeufer, so beispielsweise bei Dangast in der Jadebucht, bei Cuxhaven-Duhnen, beim nordfriesischen Schobüll nördlich von Husum sowie auf den Inseln Amrum, Föhr und Sylt.

Marsch: Schwemmland, dessen Boden aus den meist schlickig-feinkörnigen Ablagerungen des Gezeitenmeeres (Seemarsch) oder der gezeitenbeeinflussten Flussmündungen (Fluss- oder Brackmarsch) besteht. Wenn der Marschboden aus sehr feinkörnigen, tonigen Sinkstoffen besteht, spricht man auch von Klei bzw. Kleiboden (leitet sich von *kleben* ab).

Kliff: Steilufer, das durch Brandung, Strömung sowie Wellenschlag und auch unter Windmitwirkung entstand, beispielsweise das Rote Kliff und das Morsum-Kliff auf Sylt oder das Goting-Kliff auf Föhr.

Aufgaben

Kompetent mitreden können

1. **Suche im Kartenbild nach Bezeichnungen von Geländestrukturen, die Besonderheiten der Naturlandschaft darstellen.**
2. **Welche Fachbezeichnungen benennen vom Menschen geschaffene technische Strukturen?**
3. **Erkläre anhand der Kartenskizze den Unterschied von Watt und Wattenmeer.**
4. **Recherchiere im Internet die Bedeutung der folgenden Begriffe und erläutere sie einem Nichtfachmann: Außentief, Nehrung, Siel, Seegat, Priel und Vorland.**
5. **Was ist ein Koog?**
6. **Gebietsweise verwendet man an der Küste auch Begriffe wie Außengroden, Polder, Buhne, Klippe, Pricke und Vorfluter, die nicht in der Kartenskizze enthalten sind. Finde heraus, was sie bedeuten und formuliere eine kurze Erklärung.**
7. **Den dargestellten Landschaftsausschnitt der Kartenskizze gibt es so nicht in der Wirklichkeit, aber er könnte irgendwo an der Nordseeküste liegen. Die Ostseeküste sieht dagegen etwas anders aus. Welche der eingetragenen Landschaftsbestandteile kommen auch an der Ostsee vor?**

Lebensräume an der Küste

Die Küste ist zwar die Grenze zwischen Kontinent und Weltmeer, aber der Küstensaum mit seinen unterschiedlichen Landschaftseindrücken ist doch wesentlich vielgestaltiger, als es der Blick auf eine Landkarte zunächst vermuten lässt. Ob der Grenzsaum des Festlandes aus Lockermaterial besteht und damit ein Weichsubstrat bietet oder ob in einem Küstenabschnitt festes Gestein als Hartsubstrat ansteht, ist für den Küstenverlauf und seine Ufergestalt nicht gleichgültig. Auch ist zu berücksichtigen, ob das Meeresufer zum Land hin nur flach ansteigt oder ob ein Steilufer mit markanten Abstürzen vorliegt. Keine Küste gleicht demnach einer anderen. Fast immer findet man typische regionale Unterschiede, die entsprechende Küstenlandschaften bedingen.

Vielerlei Küsten – Vielfalt der Lebensräume

Die folgende Übersicht zeigt, welche unterschiedlichen Lebensräume bzw. Lebensgemeinschaften man – auch im amtlichen Sprachgebrauch beispielsweise für Naturschutzzwecke – an Nord- und Ostsee unterscheidet. Sie sind von der offenen See bis zum Festland hin geordnet. Mit Pelagial bezeichnet man die Biotope (Lebensräume) in den Freiwasserräumen, mit Benthal diejenigen im Bodenbereich.

1 Offenes Meeresgebiet
- 1.1 Pelagial
- 1.2 Benthal mit
  - 1.2.1 Schlick
  - 1.2.2 Fein- bis Mittelsand
  - 1.2.3 Grobsand, Kies und Schill
  - 1.2.4 Hartsubstrat

2 Flachwasserzone (Sublitoral, zwischen MTnw und etwa 15 m Wassertiefe)
- 2.1 Pelagial
- 2.2 Benthal mit
  - 2.2.1 Schlick (makrophytenarm)
  - 2.2.2 Schlick (makrophytenreich)
  - 2.2.3 Fein- bis Mittelsand
  - 2.2.4 Grobsand, Kies und Schill
  - 2.2.5 Hartsubstrat (makrophytenarm)
  - 2.2.6 Hartsubstrat (makrophytenreich)
  - 2.2.7 Miesmuschelbank
  - 2.2.8 Austernbank
  - 2.2.9 Röhrenwurm-Riff (*Sabellaria* sp.)

3 Watt (Eulitoral, Gezeitenzone zwischen MTnw und MThw)
- 3.1 Benthal mit Hartsubstrat
  - 3.1.1 Felswatt (mit weiterer Untergliederung)
  - 3.1.2 Geröllstrand
- 3.2 Benthal mit Weichsubstrat
  - 3.2.1 Schlickwatt
  - 3.2.2 Mischwatt
  - 3.2.3 Sandwatt, Farbstreifensandwatt und Windwatt (Ostsee)
  - 3.2.4 Sandbank
  - 3.2.5 Wattrinne / Priel
  - 3.2.6 Seegraswiese
  - 3.2.7 Quellerwatt
  - 3.2.8 Schlickgrashorst

3.2.9 Brackwasserwatt (Ästuar)
3.2.10 Untere Salzwiese (Andelrasen)
3.2.11 Obere Salzwiese (Bottenbinsenrasen, Salzgrünland)
3.2.12 Brackwasser-Röhricht
3.2.13 Brackwasser-Hochstaudenflur
3.2.14 Sandstrand
3.2.15 Strandwall
3.2.16 Strandsee

4 Landseitige Kontaktlebensräume
4.1 Küstendünen
4.1.1 Spülsaum
4.1.2 Vordüne (Primärdüne)
4.1.3 Weißdüne (Sekundärdüne)
4.1.4 Graudüne (Tertiärdüne)
4.1.5 Braundüne / Küstendünenheide
4.1.6 Dünenmoor / Feuchtheide
4.2 Fels- und Steilküste
4.2.1 Felsküste mit Sandstein
4.2.2 Felsküste mit Kreidekalk
4.2.3 Geestkliff
4.3 Tideauenwald

Aufgaben

1. Erkläre den Unterschied zwischen Pelagial und Pelagos sowie zwischen Benthal und Benthos.
2. Schau dir die oben stehende Grafik an und beschreibe, welche Küstentypen damit dargestellt werden.
3. Beschrifte die Teilbereiche der einzelnen Blockbilder mit den dekadischen Nummern aus der Übersicht.
4. Untersuche den Küstenabschnitt an deinem Aufenthaltsort an Nord- oder Ostsee. Welche der angegeben Lebensraumtypen kommen hier vor?
5. Fertige eine ungefähre Kartenskizze an, in der du die wichtigsten Lebensraumtypen einträgst.
6. Welche der in der Tabelle benannten Lebensräume bezeichnen gleichzeitig Lebensgemeinschaften?
7. Benenne für jeden an deinem Küstenabschnitt vertretenen Lebensraumtyp drei kennzeichnende Arten.
8. Recherchiere und erkläre den Begriff Schorre.
9. Welche der in der Tabelle aufgelisteten Biotope könnte man feiner unterteilen?
10. Ergänze die Übersicht um küstentypische kulturlandschaftliche Lebensräume.

Zwischen wattweich und felsenfest

Nur aus dem Kartenbild ist nicht unbedingt zuverlässig abzuleiten, wie denn die erwartete Küstenlandschaft tatsächlich aussieht. Ihr Erscheinungsbild hängt wesentlich vom Rahmen ab, den die regionale Geologie setzt: Wo anstehendes Festgestein direkt an die Wasserlinie grenzt, spricht man von Felsküste mit ihren steileren oder flacheren Klippenpartien. Da die Brandung beständig am Gestein nagt und herummodelliert, prägen die verschiedenen Erosionsformen mit Brandungshohlkehle am Klippenfuß, mit Brandungshöhlen, Brandungstoren oder einzeln stehenden Felstürmen sowie ausgedehnten Block- und Geröllfeldern das oftmals sehr malerische Bild solcher Küsten. Vor dem aufragenden Kliff breiten sich oft abgeschliffene Klippenfelder oder Felsterrassen aus. Die Geomorphologen und Ökologen sprechen in diesem Kontext von Hartboden- bzw. Hartsubstratküsten, denn dieses besondere Lebensraumangebot bestimmt nachhaltig die Ansiedlung besonderer Lebensgemeinschaften. Diese sind hier völlig anders zusammengesetzt und meist auch wesentlich vielfältiger als an einer Weichbodenküste. Die jeweils vertretene Biotop- resp. Lebensraumvielfalt ist meist wesentlich größer, als viele auf den ersten Blick vermuten.
Die beschrifteten Blockbilder vom Schüler-Arbeitsblatt geben davon einen ersten Eindruck. Noch differenzierter wird das Bild, wenn man mithilfe der Tabellenbegriffe in die Feinanalyse einsteigt.

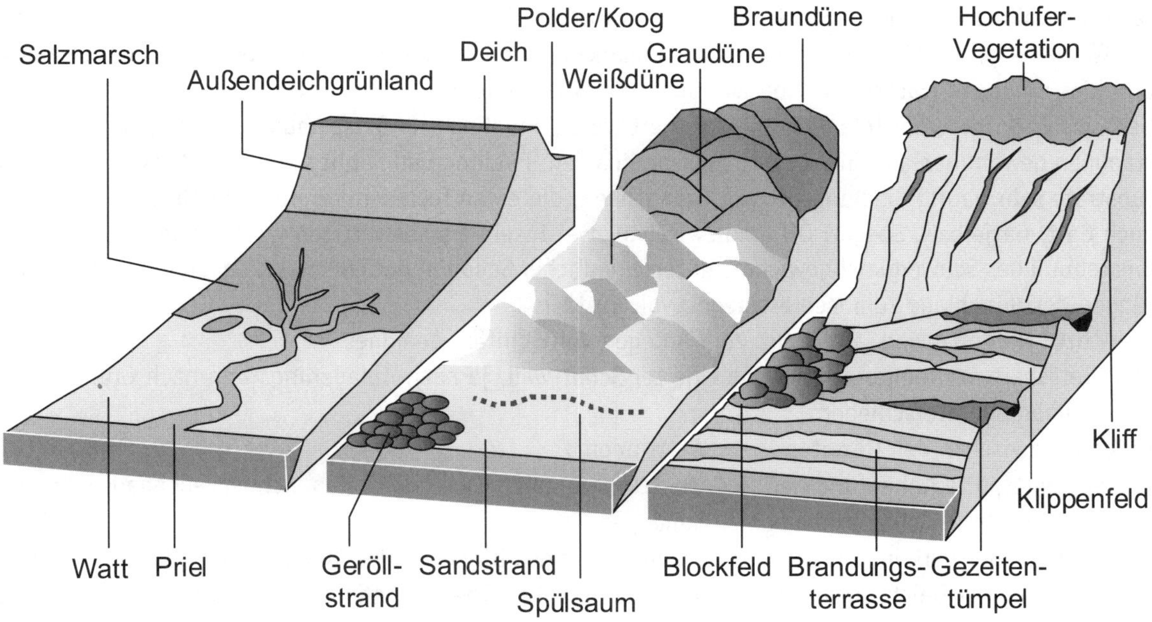

Eine Weichbodenküste besteht aus zusammengeschwemmtem Lockermaterial unterschiedlicher Herkunft. Im einfachsten Fall sind es kilometerlange und unterschiedlich breite Sand- oder Kiesansammlungen, die landwärts oft in Dünenserien übergehen (Psammoserien). Fallweise ist der Weichboden aber sehr feinkörnig und zudem schlickig. Hier können keine Dünen entstehen. Stattdessen entwickeln sich Salzwiesen oder Salzröhrichte, nach Bedeichung und landwirtschaftlicher Nutzung auch Außendeichgrünland und Marschland. Das Bild einer fast immer recht sanft modellierten Weichbodenküste ist von der eher schroffen Felsküste grundverschieden. Weichbodensubstrate weisen erwartungsgemäß auch völlig andere Lebensgemeinschaften auf.

L INFORMATIONS-Blatt 2.3

Je nach Lerngruppe kann man in diesem Kontext auch weitere küstentypische Begrifflichkeiten einführen, die interessante bzw. hervorhebenswerte Phänomene aus der natur- und/oder kulturlandschaftlichen Geomorphologie beschreiben. Die folgende Auflistung bietet dazu eine kleine Auswahl:

Abrasion	Abtragung durch Brandung, beispielsweise im Fall des Helgoländer Felswatts = Abrasionsterrasse, hier auch Schorre genannt; an der Ostsee benennt man damit auch die mit Restsedimenten bedeckten Platten vor den Steilküsten
Außensand	Bei Niedrigwasser trockenfallende Sandbank im Tideaußengebiet auf dem Watt
Bioturbation	Verwühlen eines Weichsediments (Boden) durch Lebewesen (Bodentiere), führt zur Zerstörung von Schichtungsabfolgen
Brandung	Oberflächenwellen, durch Grundberührung umgeformt in „stürzende“ und „schäumende“ Brecher (= Woge mit überbrechendem Kamm, Sturzsee)
Buhne	Quer zur Uferlinie errichtetes, lang gestrecktes Bauwerk aus Holz oder Stein zum Ablenken oder Beruhigen küstenparalleler Strömungen, auch zum Abfangen des küstenparallelen Sandtransports
Dünung	Meereswellen nach Sturm bzw. aus weit entferntem Sturmgebiet
Eustasis	Veränderung des Meeresspiegels durch Wasserzunahme; vgl. Isostasis
Flachküste	Anlandungsküste; der Strand ist der landseitige Bereich der Flachküste bis zur ersten Hauptdüne. Durch die Sandauswürfe der See entstehen Strandwälle mit flacherer Luv- und steilerer Leeseite. Die fest gepackte Luvseite ist dicht gelagert und deshalb gut begehbar. Auf dem oberen Teil des Sommerstrandes treten Winterstrandwälle aus gröberen Sanden auf. Landwärts des Strandwalles kann sich eine bei starkem Seegang mit Wasser angefüllte Strandlagune mit Rippelmarken befinden. In bestimmten Abständen können aus Sand und Kies erhabene Flächen ins Meer vorragen, die Strandhörner.
Findling	Gesteinsblock, der vom Inlandeis transportiert wurde. Findlinge im Ostseeraum sind meist aus Granit und stammen gewöhnlich aus Süd- und Mittelskandinavien. Findlinge im Sublitoral oder Eulitoral sind als Hartsubstrate sehr häufig Siedlungsort von Organismen, die einen festen Untergrund benötigen.
Gat	auch Gatt, Gatje bzw. Seegat: Öffnung zwischen zwei Inseln am seewärtigen Wattenrand
Isostasis	Einstellung des Schwergleichgewichtes unterschiedlicher Schollen der Erdkruste, dadurch bedingt Veränderungen der Höhenlage zum Meeresspiegel; vgl. Eustasis
Mole	Ufer- bzw. Hafenbauwerk aus Stein, zum Anlegen von Schiffen geeignet
Moräne	Von Gletschern verfrachteter und abgelagerter Schuttwall, je nach Ablagerungsform nach Grund-, Seiten- und Endmöräne unterschieden
Plate	Sandbank zwischen den Gezeiten- bzw. Wattrinnen
Schill	Zusammengespülte Anhäufung tierischer Hartteile vor allem Muschelschalen, Schneckengehäuse, Krebspanzer, wird über Bruchschill allmählich zu Sand
Sperrwerk	Abriegelndes Bauwerk in einem Tidefluss zum Schutz des Binnenlandes, beispielsweise Eidersperrwerk
Stöpe	Öffnung in einem Deich, auch Deichscharte genannt, kann bei drohender Überflutung des Koogs/Polders (= abgedeichtes Gebiet) mit Holzbohlenriegeln geschlossen werden
Warft, Wurt	Bewohnter und gegen Sturmflut gesicherter Erdhügel, in der ursprünglich unbedeichten Marsch aufgeworfen; regionale Bezeichnungen sind: Wurt (f) im Weser-Jade-Gebiet, Wort (f) auf der Halbinsel Eiderstedt, Warf (m) in Ostfriesland, Warft (f) in Schleswig-Holstein sowie Wierde (f) im Gebiet der Unterweser

Deiche sind aufwändige Bauwerke

Längst nicht an allen Küstenabschnitten ist das Festland gegen den Angriff der heftigen Meeresbrandung oder gar schwerer Brecher bei Sturm- und Orkanfluten von Natur aus genügend zuverlässig gesichert. Küsten sind nun einmal ein ziemlich dynamischer Raum. An Nord- und Ostsee überlagern und verstärken sich dabei mehrere Prozesse: Einerseits ist der nacheiszeitliche Anstieg des Meeresspiegels um rund 120 m zu berücksichtigen, andererseits aber auch die Landsenkung durch eine großräumige Kippbewegung des Nordseebodens: Östlich von Jütland steigt das Festland (immer noch) langsam auf, weil Skandinavien nach dem Abschmelzen der eiszeitlichen Gletscher gleichsam um rund 3000 t je m^2 entlastet wurde, während es westlich davon absinkt. Daraus und aus jüngeren Umweltveränderungen (u.a. globale Erwärmung) ergab sich bislang ein Säkularer Meeresspiegelanstieg von rund 25 cm/Jahrhundert. Alle derzeit für die deutsche Nordseeküste verfügbaren Daten sprechen allerdings für einen deutlich rascheren Anstieg im Bereich von bis zu 16 cm/25 Jahren. Der tiefste natürliche Punkt Deutschlands befindet sich in der Wilstermarsch in der Nähe von Brunsbüttel und liegt bei –3,54 m unter NN. Der Amsterdamer Flughafen Schiphol liegt auf etwa –4 m unter NN, der tiefste natürliche Punkt der Niederlande (Zuidplaspolder) bei –7 m unter NN.

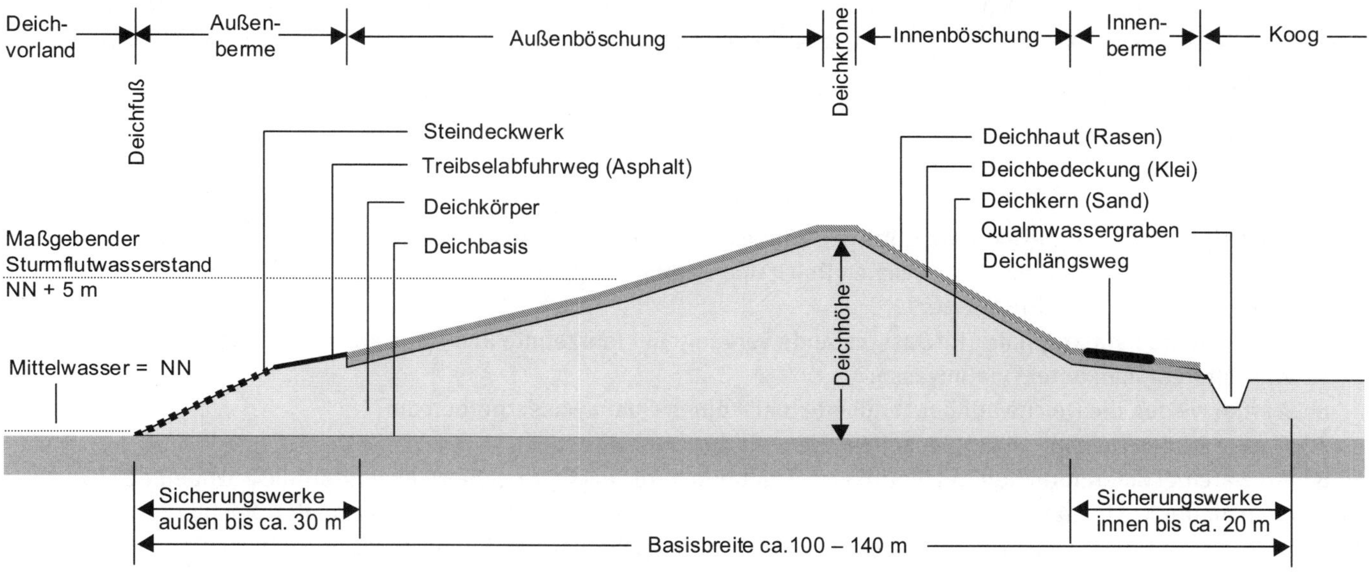

Unbewusst haben die Menschen früherer Jahrhunderte zu den großen Landverlusten beispielsweise in Nordfriesland sogar direkt beigetragen: Durch Entwässerung trocknete die hier unter dem Marschboden lagernde 1–2 m mächtige Torfschicht aus und verursachte damit eine Absenkung des ohnehin sehr tief liegenden Landes. Torfabbau für die Salzsiederei senkte das Niveau der Fluren ebenfall ab. Die Katastrophe war vorbereitet: Vor allem die „2. Marcellusflut" vom 16. Januar 1362 ist als „Grote Mandränke" und Wendepunkt in die Landschaftsgeschichte eingegangen. In Ostfriesland entstanden der Dollart, die Leybucht und der Jadebusen. In Nordfriesland ging der Hauptort Rungholt unter – der Dichter Detlev von Liliencron hat ihm in einer Ballade ein literarisches Denkmal gesetzt. Weitere schwere Sturmfluten, darunter die 1. Dionysusflut vom 9. Oktober 1373, die 1. Allerheiligenflut vom 1. November 1436 oder die 2. Allerheiligenflut vom 1. November 1532 waren enorme Schadensereignisse, welche die Flurkarten gewaltig umgestalteten. In diesen Jahrhunderten des Spätmittelalters und der Frühneuzeit entstand das Wattenmeer in seinen heutigen Abmessungen. Die Westküsten von Sylt, Amrum und Eiderstedt zeichnen ungefähr den ursprünglichen Verlauf der Küstenlinie der nordfriesischen „Uthlande" nach. Das Gebiet zwischen der heutigen Außen- und Innenküste, praktisch der gesamte Nationalpark Schleswig-Holsteinisches Wattenmeer, ist ehemaliges Festland. Obwohl die Erosion der Küste unter der stetig nagenden Wirkung des Meeres ein natürlich und dazu auch letztlich unaufhaltsamer Vorgang ist, versucht der Mensch, seinen Landbesitz zu verteidigen und verlorenes Terrain dem Meer mit technischen Mitteln auch wieder abzutrotzen.

AUFGABEN- und INFORMATIONS-Blatt 2.4

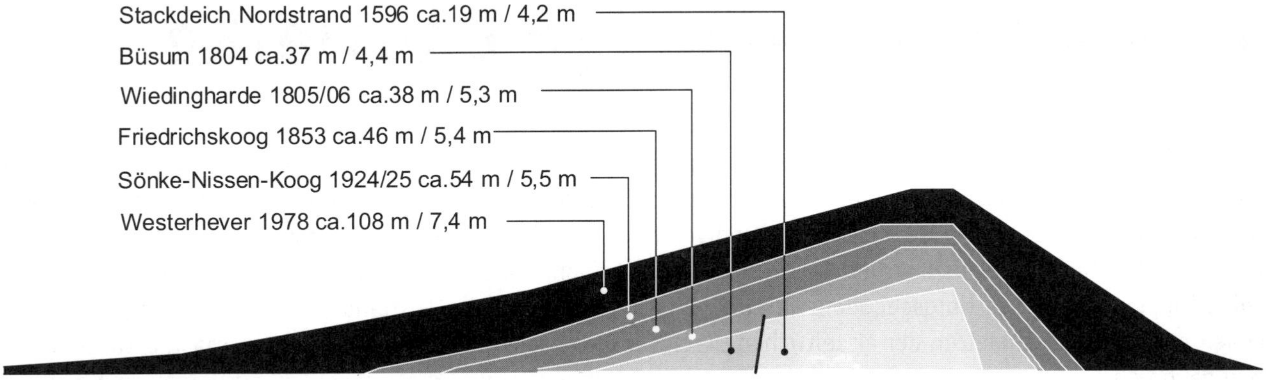

Gegen die damaligen Landverluste gab es praktisch nur ein wirksames Mittel – den Deichbau. Deiche (auch See- oder Hauptdeiche bzw. Landesschutzdeich genannt) sind künstliche dammartige Erdaufschüttungen parallel zum Küstenverlauf. Die aktuelle Deichlinie entlang der deutschen Nordseeküste misst etwa 1800 km Länge. Die Anfänge des Deichbaus lassen sich bis in das frühe Mittelalter zurückverfolgen. Ursprünglich baute man Stackdeiche, deren Seeseite aus senkrechten Pfahlreihen und Bohlenwänden bestand. Im Laufe der Zeit wurden die Deichprofile und -abmessungen entsprechend dem Kenntnisstand und den technischen Möglichkeiten immer weiter verändert, wie die Abbildung zeigt. Der heutige Landeshauptdeich weist an seiner Basis meist über 100 m Durchmesser auf. Das vom Seedeich geschützte Neuland nennt man Polder (Ostfriesland) oder Koog (Nordfriesland).

Aufgaben

1. **Informiere dich über die aktuelle Höhe des Landeshauptdeichs an deinem Aufenthaltsort.**
2. **Worin besteht der Unterschied zwischen Deich und Damm?**
3. **Erkläre den Begriff „Mittelwasser".**
4. **Recherchiere katastrophale Flutwasserstände vergangener Jahrzehnte und trage sie in das Deichprofil ein.**
5. **Was versteht man unter Qualmwasser?**
6. **Warum weisen die Deiche auf der Landseite meist einen Qualmwassergraben auf?**
7. **Warum ist das Deichprofil zur Seeseite anders als zur Landseite?**
8. **Wo wäre bei einer normalen Gezeit (lokalen Tidenhub berücksichtigen) die Hochwasserlinie anzunehmen?**
9. **Auch an der Küste gibt es Süßwasserströme (kleine Flüsse, Bäche). Wie münden sie an der Deichlinie in die Nordsee?**
10. **Deiche sind gewöhnlich begrünt und werden meist durch Schafe beweidet. Ist die Weidewirtschaft auf dem Deichgrünland sinnvoll?**
11. **Gibt es Deiche auch im Binnenland entlang der größeren Flüsse?**
12. **Stelle ein erklärendes Lexikon der wichtigsten Begriffe zusammen, die den Deichbau betreffen.**

Lichter am Horizont – Leuchttürme und Leuchtfeuer

Überall an den Mündungen vom Ems, Jade, Weser und Elbe, auf den friesischen Inseln, an vielen anderen Stellen der Nordseeküste sowie entlang der Ostseeküste stehen zahlreiche Lichtzeichen, die der Navigation dienen. Als wichtige und oft weithin sichtbare Landmarken bzw. Seezeichen helfen sie der Schifffahrt bei Tag und bei Nacht bei der eigenen Positionsbestimmung und sind damit unentbehrliche Wegweiser. Insgesamt sind an den deutschen Küstenabschnitten von Nord- und Ostsee über 300 Leuchtfeuer installiert. Viele davon sind kleinere Turmbauten in den Flussmündungen oder an Hafeneinfahrten, aber etwa drei Dutzend davon sind äußerst markante Wahrzeichen.
Leuchttürme sind aus Stein oder Stahl errichtete, oft sehr hohe Türme, die im oberen Bauteil – dem Lampenhaus bzw. der Laterne – eine starke Lichtquelle (= Leuchtfeuer) tragen.

Roter Sand ***Westerheversand*** ***Amrum*** ***Helgoland*** ***Kampen***

Die Leuchtfeuer strahlen sektorenweise ein farbiges (Sektorenfeuer) oder ein rhythmisch blinkendes Licht (Blink- oder Blitzfeuer) ab. Ein Sektorenfeuer in den Farben weiß, grün und rot verwendet beispielsweise der 41 m hohe Leuchtturm von Westerheversand. Ein Blitzfeuer mit einer Wiederholungsfrequenz von 5 s zeigt der Leuchtturm von Helgoland. Jedes Leuchtfeuer hat seine besondere Eigenart, so dass man von See aus jeden Leuchtturm individuell erkennen kann.

Die Sichtweite eines Leuchtfeuers auf See, auch Reichweite bzw. technisch Nenntragweite genannt, hängt von mehreren Faktoren ab:

- Höhe des Feuers über dem Meeresspiegel
- Leuchtkraft der Lampe und Bauart der Zusatzoptik (beispielsweise Fresnel-Linse)
- Sichtbedingungen in der Atmosphäre

Sichtbegrenzend ist natürlich vor allem die Krümmung der Erdoberfläche. Die Nenntragweite gibt man – wie in der Seefahrt üblich – in Seemeilen (sm) an. Als Seemeile hat man international den 60. Teil vom Durchschnittsabstand zwischen zwei Breitenkreisen (= 111,15 km) = 1 Bogenminute auf einem Meridian festgelegt: 1 sm misst danach 1,852 km.

S AUFGABEN-Blatt 2.5

Die (ungefähre) Sichtweite d eines Leuchtturms kann man mit verhältnismäßig einfachen Mitteln rechnerisch bestimmen. Man benötigt dazu lediglich folgende Angaben:

- h_F = Höhe des Leuchtfeuers über dem Meeresspiegel
- h_B = Augenhöhe des Beobachters über dem Meeresspiegel
- d_1 = Entfernung Leuchtfeuer – Berührungspunkt der Lichtstrahltangente mit der Erdoberfläche
- d_2 = Entfernung Leuchtfeuer – Berührungspunkt der Lichtstrahltangente mit der Erdoberfläche
- Erdradius am Beobachtungsort: für die deutsche Nord- und Ostseeküste gerundet 6365 km = 3437 sm

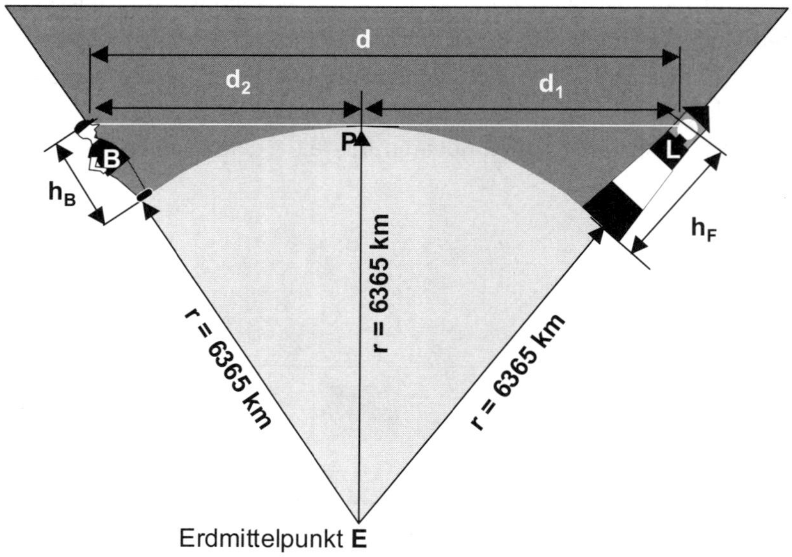

Satz des Pythagoras
für das rechtwinklige Dreieck PLE:

(1a) $d_1^2 + r^2 = (r+h_F)^2$

(1b) $d_1^2 = (r+h_F)^2 - r^2$

und für das Dreieck BPE:

(2a) $d_2^2 + r^2 = (r+h_B)^2$

(2b) $d_2^2 = (r+h_B)^2 - r^2$

aufgelöst

– für die Entfernung d_1
(Leuchtturm – Berührungspunkt P):

(3a) $d_1 = \sqrt{(r+h_F)^2 - r^2}$

– für die Entfernung d_2
(Beobachter – Berührungspunkt P)

(3b) $d_2 = \sqrt{(r+h_B)^2 - r^2}$

Die Gesamtentfernung d ergibt sich als

$d = d_1 + d_2 = \sqrt{(r+h_F)^2 - r^2} + \sqrt{r+h_B)^2 - r^2}$

Aufgaben

Mit Durchblick zum Weitblick

Für diese Übung brauchst du die Nordseekarte aus einem Schulatlas oder eine Seekarte zur Bestimmung der Entfernungen zwischen verschiedenen Leuchttürmen.

1. Erkläre die rechnerische Beziehung 1 sm = 1,852 km.
2. Suche Dir aus dem Internet die Feuerhöhe des Leuchtturms in der Nähe deines Aufenthaltsortes und einige andere markante Leuchtfeuer heraus.
3. Rechne nach Formel (1a – 3b) aus, wie weit du höchstens von diesem Leuchtturm (Leuchtfeuer) entfernt sein darfst, um ihn bei Dunkelheit gerade noch zu sehen.
4. Berechne nach den Formeln die Reichweite der Leuchtfeuer von Pellworm (Feuerhöhe 38 m) und von Büsum (Feuerhöhe 22 m) – gleiche Leuchtkraft der Feuer vorausgesetzt.
5. Drücke die Angaben in Kilometer und in Seemeilen aus.
6. Kann man vom Oberland der Insel Helgoland (53 m ü. NN) das Leuchtfeuer von Amrum sehen? Miss die Entfernung auf der Karte und rechne nach.
7. Lass dir von einem erfahrenen Skipper die Begriffe Richtfeuer, Unterfeuer und Oberfeuer erklären oder recherchiere im Internet.

Wegweiser im Wasser: Von Pricken und Tonnen

Anlässlich eines Schiffsausflugs in der Elb- oder Wesermündung, einer Fahrt zur friesischen Inselwelt, nach Helgoland oder im Halligmeer vor der schleswig-holsteinischen Küste, beim Rundgang in einem kleineren Küstenhafen oder bei sonstigen Gelegenheiten fallen bestimmt die überall im Fahrwasser verankerten Tonnen auf, die für die Schiffe einen sicheren Weg durch die schwierigen, oft nur gezeitenabhängig befahrbaren Wasserstraßen markieren. Die Wegweiser im Wasser erklären sich nicht unbedingt von selbst. Somit besteht vielfach Anlass, auch diese speziellen Zeichen einmal gesondert zu erkunden.
In Deutschland ist fast alles ganz genau geregelt. Selbstverständlich bestehen auch für sämtliche Schiffsbewegungen auf der Nord- und Ostsee oder in den Mündungen der schiffbaren Flüsse strikte Vorschriften. Sie gelten – ähnlich wie im Straßenverkehr – für die berufliche Schifffahrt ebenso wie für Sportboote. Festgelegt sind sie in der Seeschifffahrtsstraßen-Ordnung (SeeSchStrO). Diese kennt schwimmende und feste Schifffahrtszeichen, früher einfach als Seezeichen benannt. Bei den schwimmenden Schifffahrtszeichen sind vor allem zu unterscheiden

- Lateral-Zeichen zur Bezeichnung der seitlichen Fahrwassergrenzen
- Kardinal-Zeichen zur Bezeichnung von Untiefen oder anderen Schifffahrtshindernissen (Wracks, Felsriffe, Buhnen u.a.)

Im Lateralsystem werden grüne, rote und grün-rote Tonnen verwendet. Die Bezeichnung Boje für ein schwimmendes Schifffahrtszeichen ist in der Fachsprache nicht mehr üblich. In Europa und damit auch in Deutschland sind die Wasserstraßen „zu Berg betonnt“: Von See kommend sieht der Schiffsführer

- an der Steuerbordseite (in Fahrtrichtung rechts) grüne mit fortlaufend ungeraden Nummern versehene Tonnen mit spitzem Toppzeichen (oberster Aufsatz auf der Tonne),
- an der Backbordseite (in Fahrtrichtung links) rote mit fortlaufend geraden Nummern versehen Tonnen mit stumpfem Toppzeichen.

Die Tonnen können unterschiedlich geformt und eventuell in der zugehörigen Farbe befeuert (beleuchtet) sein.

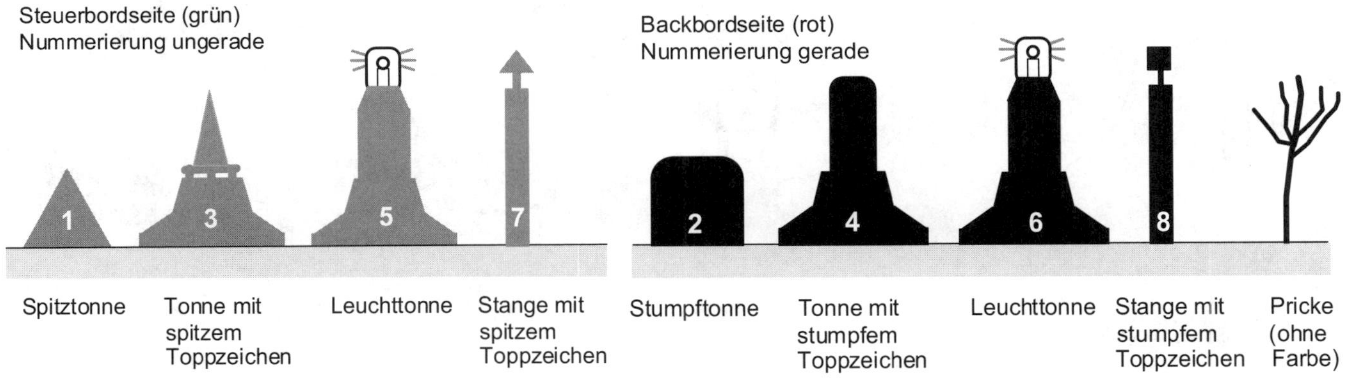

Pricken sind in den Wattboden gesteckte Stangen mit einem aufwärts weisenden Reisigbesen oder Birkenstämmchen mit Astwerk auf der Steuerbordseite (von See aus gesehen).

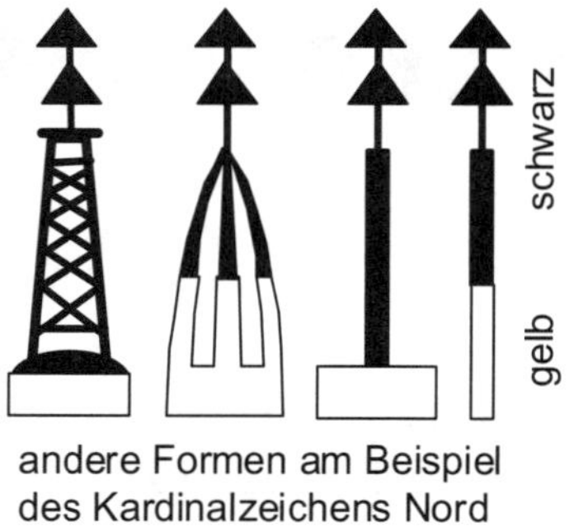

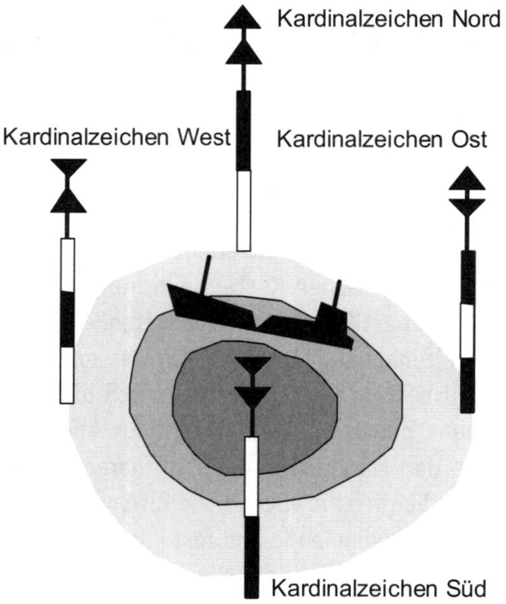

Schwarz-gelbe Kardinalzeichen stehen unmittelbar nördlich, östlich, südlich und westlich von einem Hindernis im Schifffahrtsweg.

Aufgabe

1. **Lege für das unten wartende Schiff die richtigen Tonnen aus, damit es sicher zu den anderen Schiffen im Hafen oben rechts findet.**
2. **Markiere auch den Schifffahrtsweg zwischen den Inseln oder am Leuchtturm vorbei.**

Lebensraumprofil Nordseeküste

Im Unterschied zu einer steil abfallenden Felsküste, die es innerhalb Deutschlands (von der Insel Helgoland abgesehen) an der Nordseeküste so nicht gibt, zeichnet sich die Grenzlinie Festland – Meer an der Weichbodenküste durch mancherlei Übergänge mit verschiedenen Lebensgemeinschaften aus. Das folgende Schema zeigt, wie man die Küstenlandschaft nach landschaftlichen und ökologischen Gesichtspunkten gliedert.

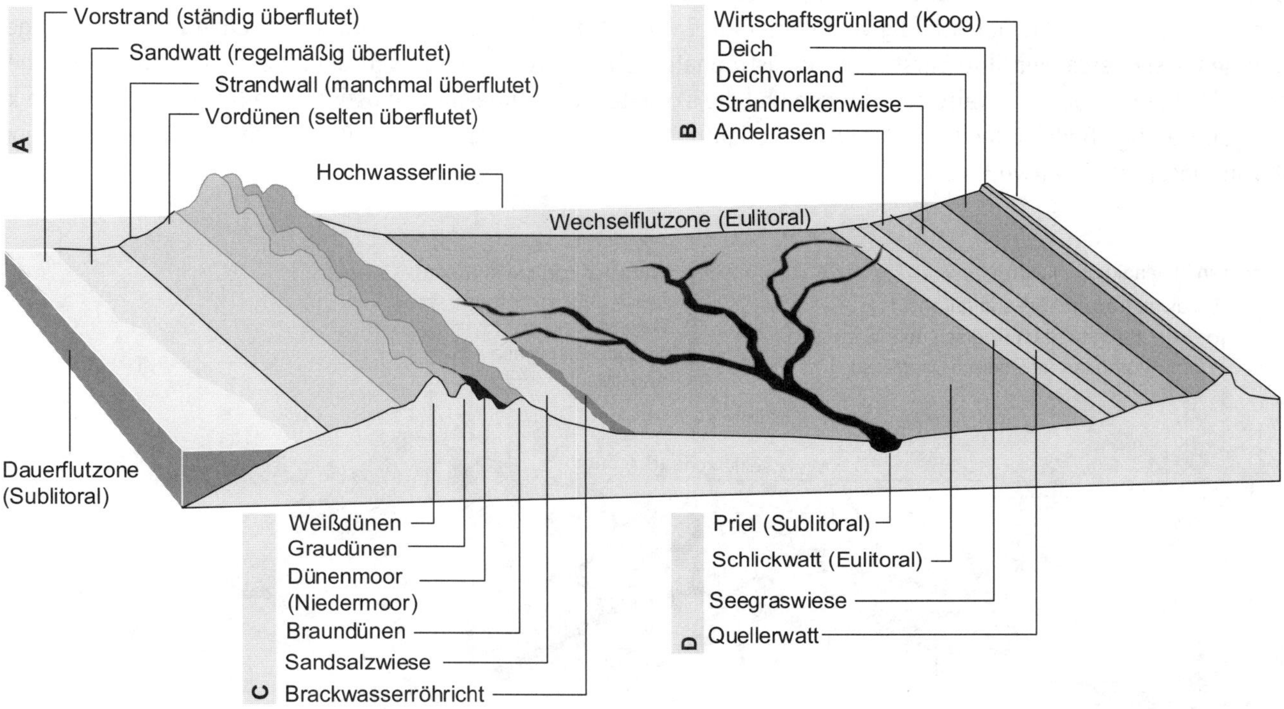

Aufgaben

1. Schaue in einem Atlas nach, wo der schematisch abgebildete Landschaftsausschnitt an der deutschen Nordseeküste liegen könnte.
2. Die Beschriftungsfelder A, B, C und D sind noch nicht ausgefüllt. Verwende dazu die Begriffe Watt, Insel, Außenküste und Innenküste.
3. Warum ist es sinnvoll, im Bereich der deutschen Nordseeküste von einer Innen- und einer Außenküste zu sprechen?
4. Recherchiere mit Hilfe eines Satellitenbildatlas oder im Internet (z.B. unter GoogleEarth), wie die schematisch abgebildete Landschaft aus der Weltraumperspektive tatsächlich aussieht.
5. Gilt die dargestellte Lebensraumfolge auch für die westfriesischen Inseln in den Niederlanden?

Basisinformation Lebensraumprofil

Der dargestellte west-ostwärts orientierte Landschaftsausschnitt könnte auf der Höhe von Sylt oder Amrum liegen. Der vom dänischen Fanø bis zum niederländischen Texel reichende Inselbogen bildet die Außenküste der südlichen Nordsee. Vergleichbare, die eigentliche Innenküsten begleitende, Schutzwälle finden sich an vielen Stellen in der Welt, beispielsweise in Gestalt der outer banks vor der Atlantikküste der USA in North und South Carolina. In den üblichen Kartendarstellungen der Schulatlanten sind sie maßstabsbedingt nicht enthalten. Die geologische Geschichte der Nordsee verlief völlig unterschiedlich: Die West- und Ostfriesischen Inseln sind Aufbauinseln, die sich in ihren Umrissen und tatsächlich auch in ihrer genauen geographischen Position ständig verändern (vgl. Informations-Blatt 2.13).Die Nordfriesischen Inseln sind dagegen Abbauformen – sie verdanken ihre Entstehung katastrophalen Orkanflutereignissen seit dem hohen Mittelalter, welche die friesischen „Uthlande“ portionsweise zerschlugen und die aktuelle Küstenlinie ständig ostwärts verlagerten. Erst durch komplexe und aufwändige Bedeichungen ist der Küstenverlauf in diesem Raum vorerst stabil. Die Entstehung der Insel Helgoland weicht von diesen Abläufen völlig ab.

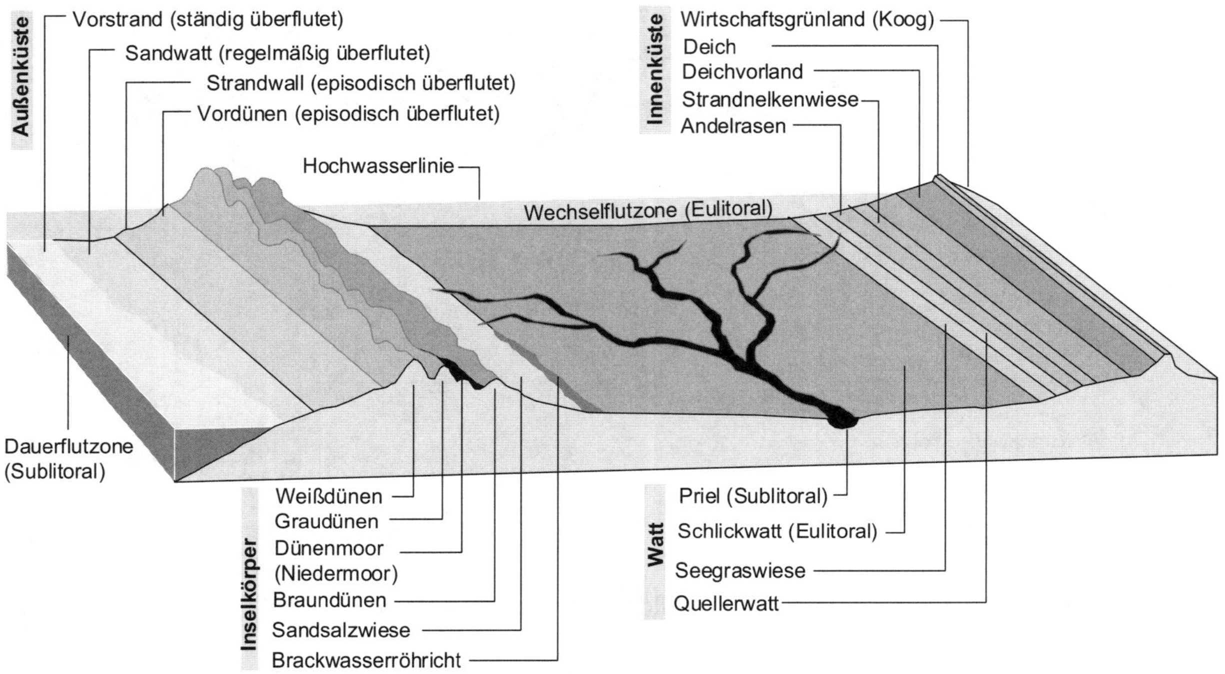

Weitere Arbeitsaufträge für die SuS bzw. Inhalte für Unterrichtsgespräche:

1. Unterschied erklären zwischen Watt und Wattenmeer
2. Wo genau verläuft die Grenze der Außen- und diejenige der Innenküste?
3. Im Lebensraumschema mit dem Lineal die (ungefähre) Grenze zwischen Sub- und Eulitoral sowie zwischen Eu- und Supralitoral einzeichnen
4. Gehören die Priele zum Eu- oder zum Sublitoral?
5. Wo befindet sich Natur-, wo Kulturlandschaft?
6. Warum sind an reinen Sandküsten Eindeichungen schwierig?

Die Halligen im Nordfriesischen Wattenmeer

Eingestreut zwischen die größeren Nordfriesischen Inseln wie Föhr und Nordstrand liegen einige kleine bis sehr kleine Inselkörper, die man an der Nordseeküste Halligen nennt. Es sind die Reste vom früheren Festland, das in schweren Sturmfluten der früheren Jahrhunderte zerschlagen wurde und großenteils unterging – beispielsweise während der berüchtigten „Ersten Mandränke" 1362. Meist liegen die Halligen nur 1–2 m über der Höhe des mittleren Hochwassers und wurden erst in jüngerer Zeit durch Steinkanten oder kleinere Sommerdeiche vor dem ständigen Angriff der Nordsee gesichert. Teilweise entstanden sie aber auch durch die erneute Anhäufung von Schlick und Sand. Die meisten Halligen sind bewohnt. Die Wohn- und Wirtschaftsgebäude befinden sich auf künstlichen Hügeln, die man Warften nennt. Bei normalen Hochwasserständen sind die Gebäude flutsicher.

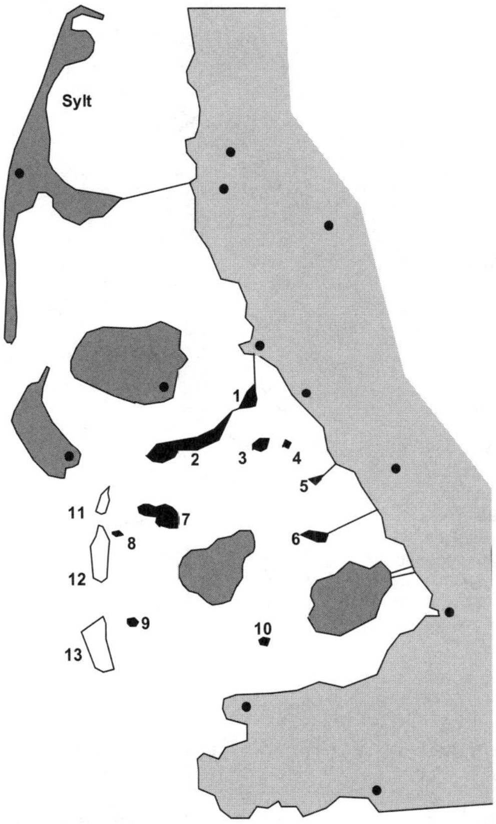

Halligen (1–10), Außensande (11–13) und Nordfriesische Inseln im Nationalpark Schleswig-Holsteinisches Wattenmeer

Aufgaben

1. **Finde mithilfe eines Atlas die Namen der Nordfriesischen Inseln (dunkelgrau), der Halligen (schwarz, nummeriert) und der größeren Außensande (weiß) heraus.**
2. **Trage in die Karte außerdem die Namen wichtigerer Insel- und Küstenorte ein (schwarze Punkte).**
3. **Wo könnte noch im frühen Mittelalter die Festlandküste verlaufen sein?**

Eine Hallig erkunden

Die Halligen im Nordfriesischen Wattenmeer sind eine weltweit einzigartige Siedlungslandschaft. Obwohl die Wohn- und Wirtschaftsgebäude auf den Warften ständigen ernsten Gefahren durch Wind, Wetter und Wasser ausgesetzt sind und sich schon oft am Rande der Katastrophe befanden, halten die Menschen hier seit vielen Generationen aus. Wenn eine Hallig bei Spring- oder Sturmflut unter Wasser geht, wird es für Mensch und Tier buchstäblich eng. Was bei Niedrigwasser wie eine größere Insel aussieht, löst sich bei Hochwasserständen in eine Anzahl Mini-Dörfer mit dicht gedrängten Gebäuden auf, die in der Nordsee zu schwimmen scheinen.
Der Besuch einer Hallig ist ein großartiges Erlebnis. Wenn etwas mehr Zeit zur Verfügung steht oder gar eine Übernachtung vorgesehen ist, bietet sich eine genauere Erkundung der einen oder anderen Warft an. Dabei kannst du eine Menge über die Lebensbedingungen auf diesen riskanten Außenposten erfahren.

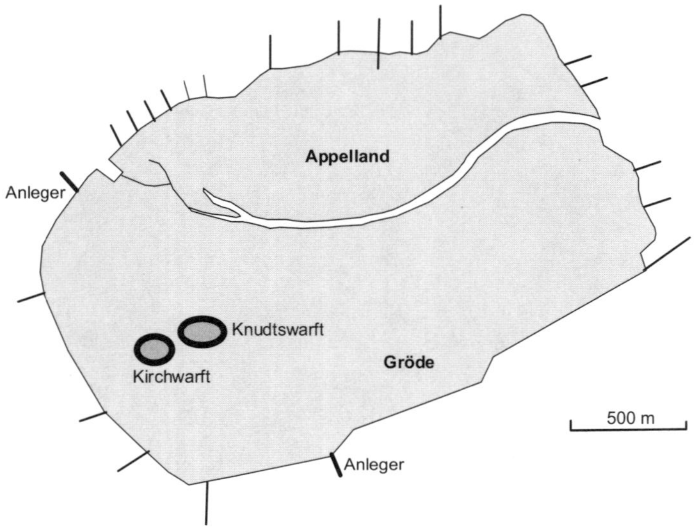

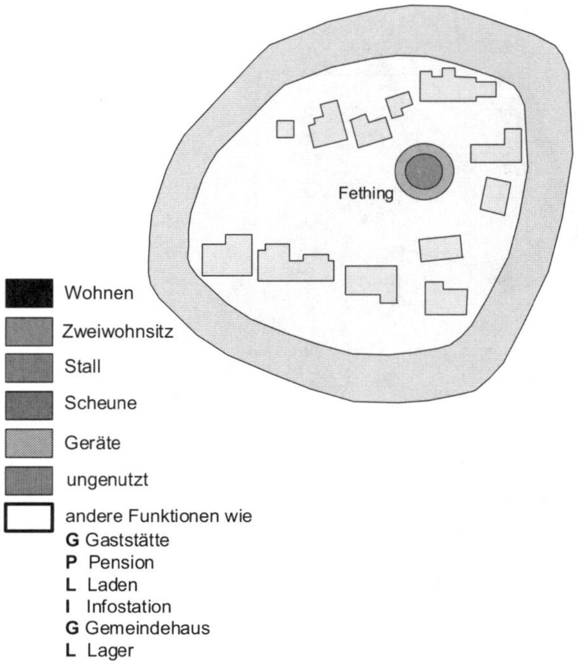

Aufgaben

1. **Manche Halligen haben nur eine, andere wenige und einige eine größere Anzahl Warften. Verschaffe dir anhand von Kartenmaterial oder im Internet einen genaueren Überblick.**
2. **Lege einen Halligplan an, wie er oben für die Doppelhallig Gröde-Appelland dargestellt ist. Trage die einzelnen Warften und ihre Namen ein.**
3. **Bei den größeren Halligen mit vielen Warften wie Hallig Hooge oder Hallig Langeneß suchst du dir eine bestimmte Warft aus, auf der du alle Häuser und sonstige wichtigen Einrichtungen (Wegeverlauf, Lage des Fethings, Lage der Gärten) möglichst genau kartierst.**
4. **Oben links siehst du einen Grobplan der Backenswarft auf Hallig Hooge. So ähnlich könnte auch die Skizze deines Warftplans aussehen.**
5. **Beim genauen Betrachten der einzelnen Hallighäuser ist meist deren Funktion (Wohnhaus, Landwirtschaft, Kombination aus beiden o.a.) zu erkennen. Markiere in den Hausumrissen die von dir oder deiner Arbeitsgruppe festgestellten Nutzungen, beispielsweise mit den vorgeschlagenen Flächenfüllungen oder verschiedenen Farben.**
6. **Orientiere dich über die Wasser- und Stromversorgung, traditionelle (Fischerei) oder neuere (Gastronomie) Erwerbstätigkeit, Einkaufsmöglichkeiten und Abfallentsorgung.**
7. **Sollte man auf den Halligen Windkraft- oder Solaranlagen zur Stromgewinnungen errichten?**

Basisinformation Halligen

Meeresspiegelanstieg und Landsenkung seit der letzten Eiszeit (Weichsel-Kaltzeit) führten (auch) im nordfriesischen Küstenraum zu massiven Landverlusten. Sedimentverlagerungen durch die Gezeitenströme ließen inmitten der nordfriesischen Inselwelt (Sylt, Amrum, Föhr, Pellworm und Nordstrand) stellenweise erneut kleine Festlandgebilde aus besonders feinkörnigem Material (Marschland) aufwachsen. Diese jungen Sedimentaufschüttungen nennt man Halligen, abgeleitet von niederdeutsch *hol* = niedrig (vgl. Holland). Bei jeder Springflut (in der Zeit von Neu- bzw. Vollmond) geht das Halligland im Tidenrhythmus unter. Dennoch sind die Halligen besiedelt: Die Wohn- und Wirtschaftsgebäude sowie sonstige Bauten (Schule, Kirche) stehen auf aufgeschütteten Hügeln (= Warften), und sind dort bei normalen Flutwasserständen geschützt. Halligen stellen somit weltweit eine der eigenartigsten Siedlungsformen dar. Die friesischen Inseln sind dagegen – durch Dünenbildungen bzw. Deich geschützt – normalerweise überflutungsfrei.
Die Halligen sind ebenso wie die Inseln nicht Bestandteil des Nationalparks Schleswig-Holsteinisches Wattenmeer. Jedoch gehören sie seit 2005 der UNESCO-Biosphärenregion „Schleswig-Holsteinisches Wattenmeer und Halligen" und seit 2009 dem UNESCO-Welterbe Wattenmeer an. Im Biosphärenreservat wie auch im Welterbegebiet, das von der dänischen Grenze bis zur Elbmündung reicht, hat die Natur Vorrang, wobei der Mensch naturverträglich und damit nur eingeschränkt wirtschaften darf.

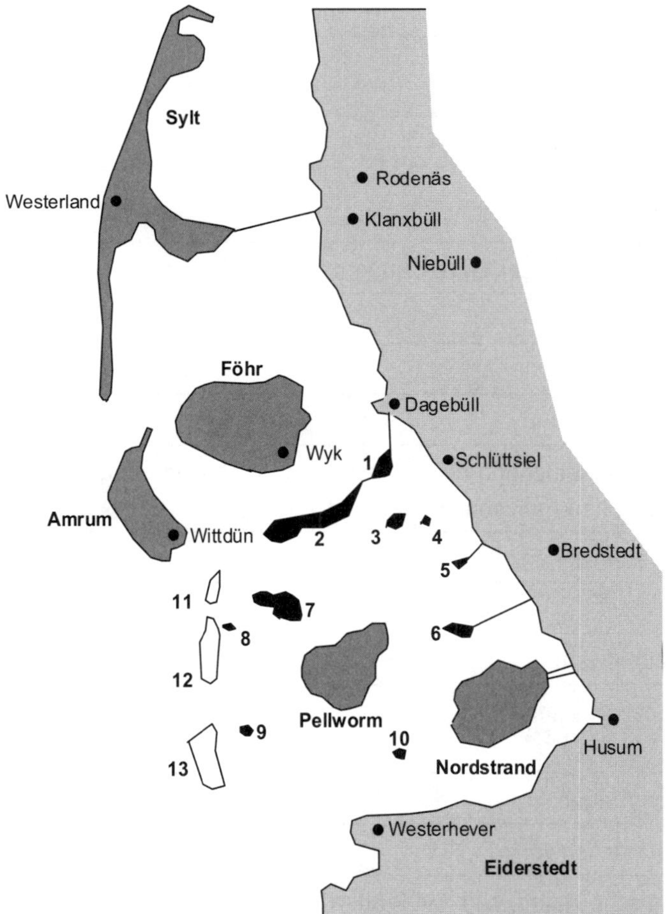

1 Oland
2 Langeneß
3 Gröde-Appelland
4 Habel
5 Hamburger Hallig
6 Nordstrandischmoor
7 Hooge
8 Norderoog
9 Süderoog
10 Südfall

11 Japsand
12 Norderoogsand
13 Süderoogsand

Die heutigen Halligen im Überblick:

Nr.	Hallig	Anzahl Warften	Einwohner	Fläche km²	Bemerkung
1	Oland	1	30	0,96	Lorendamm nach Dagebüll
2	Langeneß	16	110	9,56	Lorendamm über Oland nach Dagebüll
3	Gröde	2	17	2,77	zusammen mit Hallig Appelland
4	Habel	1	–		Naturschutzgebiet, Zutritt nur mit Genehmigung
5	Hamburger Hallig	1	–	1,10	Straßendamm zum Sönke-Nissen-Koog
6	Nordstrandischmoor	4	18	1,75	Lorendamm zum Beltringharder Koog
7	Hooge	10	120	5,74	einzige bedeichte Hallig
8	Norderoog	1	–	0,09	die Warft besteht aus einer Pfahlkonstruktion
9	Süderoog	1	2	0,60	Naturschutzgebiet, Zutritt nur mit Genehmigung
10	Südfall	1	–	0,50	Naturschutzgebiet, Zutritt nur mit Genehmigung
		38	**297**	**23,14**	

Langli	einzige noch bestehende dänische Hallig

Frühere Halligen:

Nordtoft	ehemalige Hallig in der Wiedingharde, verschwand mit der Eindeichung des Gotteskoogs 1566
Ockholm	eingedeicht 1515
Fahretoft	eingedeicht 1686
Dagebüll	eingedeicht 1703
Galmsbüll	ehemals nördlichste deutsche Hallig, ging nach Eindeichung des Marienkoogs durch Änderung der Strömung verloren; seit 1939 ist ihr Standort in den Galmsbüllkoog einbezogen
Waygaard	wurde 1682 in den Christian-Albrechts-Koog einbezogen
Appelland	wuchs mit Hallig Gröde zusammen
Hingstneß	lag zwischen Oland und Gröde, 1711 letztmals erwähnt
Nordmarsch Butwehl	wuchsen bis 1869 zur heutigen Hallig Langeneß zusammen
Südhörn	lag östlich von Habel, wurde von der Flut abgetragen
Trentham	lag südlich von Nordstrandischmoor, um 1590 verschwunden
Jordsand	nördlich des Hindenburgdamms gelegene dänische Hallig, seit 1999 überflutet und nur noch als Sandbank erkennbar
Mandø	1937 mit Seedeich befestigt und seither keine Hallig mehr

Das Leben auf einer Hallig

Die Halligen im Nordfriesischen Wattenmeer stellen eine weltweit einzigartige Siedlungsform dar. Der größte Teil einer Hallig liegt unter dem Springtidenhochwasser (SpThw). Die Hallighäuser befinden sich auf künstlich aufgeschütteten, meist kreisrunden Hügeln – man nennt sie Warften (in manchen Regionen auch Wurten) und werden so von normalen Flutwasserständen nicht erreicht. Nur bei extremen Hochwassern kann die Flut bis an die Krone des Ringdeichs reichen, der die Warfthäuser umgibt. Die einzelnen Warften tragen auf den Halligen jeweils besondere Namen. Auf Hallig Gröde gibt es nur die Kirchwarft (mit Schule und Kirche) und die Knudtswarft. Hallig Oland ist eine Dorfwarft mit 16 Wohnhäusern, Kirche, Schule und Gemeindehaus. Auf Hallig Langeneß gibt es 20 Warften, von denen 18 bewohnt sind.
Heute werden alle Halligen mit Strom- und Trinkwasserleitungen vom Festland versorgt. In früheren Zeiten waren die Halligbewohner völlig auf sich selbst gestellt. Vor allem die Trinkwasserversorgung war sehr schwierig. Die Abbildung unten zeigt, wie die traditionelle Wasserversorgung einer Hallig aussah:

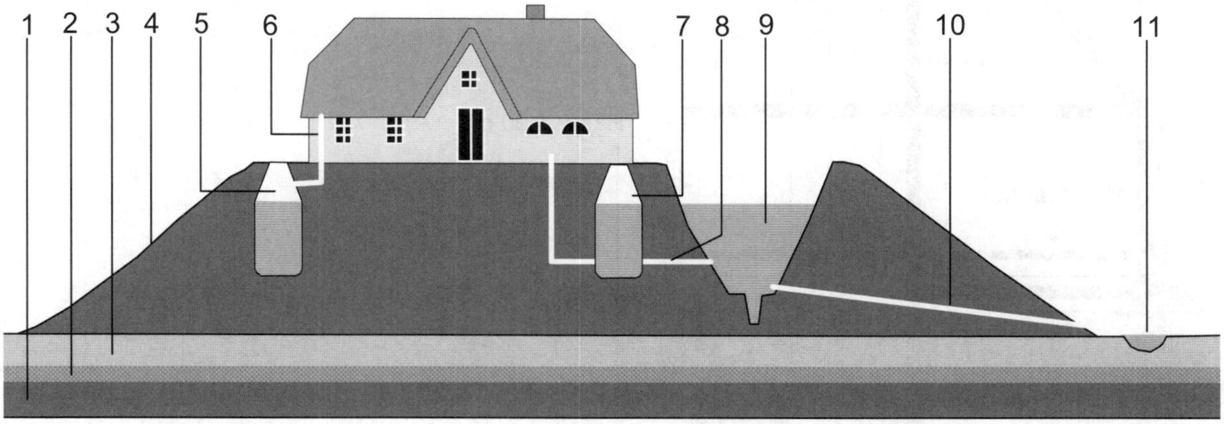

***Leben auf einer Warft:** 1 ältere Marschablagerungen, 2 Salztorf, 3 ältere und jüngere Halligablagerungen, 4 Warftkörper, 5 Auffangbehälter (= Sood) für Trinkwasser, 6 Regenwasserableitung vom Dach, 7 Sood für Tränkwasser, 8 Zuleitung von Tränkwasser zum Stall, 9 Süßwasserteich (Fething), 10 verschließbares Ablaufrohr, 11 Wassergraben*

Bearbeite/beantworte die folgende Fragen:

1. Was versteht man unter einer Warft?
2. Wie heißen die Warften auf Hallig Hooge?
3. Wo ungefähr liegt der Wasserstand bei normalem Hochwasser und bei einer Springflut? Zeichne die Flutwasserlinie in die Abbildung ein.
4. Wo liegt sie bei einer Springsturm- oder Springorkanflut?
5. Warum ist die traditionelle Wasserversorgung auf einer Hallig schwierig?
6. Worin besteht der Unterschied zwischen Trink- und Tränkwasser?
7. Wie funktioniert die Wassergewinnung?
8. Warum hat der Fething ein Ablaufrohr zum nächsten Wassergraben am Fuß der Warft?
9. Warum besitzt der Fething an seinem unteren Ende noch eine kleine Vertiefung (man nennt sie Kuling)?
10. Wie würdest du die Wasserversorgung der Halligbewohner nach langer sommerlicher Trockenheit sichern, bevor es eine feste Trinkwasserleitung zum Festland gab?

S AUFGABEN-Blatt 2.12

In den schweren Sturmfluten vergangener Jahrzehnte und Jahrhunderte sind zahlreiche Halligen zerstört worden und untergegangen – so beispielsweise die Peterswarft auf Nordmarsch-Langeneß im Jahre 1888. Andere, die näher an der Festlandküste lagen, wurden nach Eindeichung zum Bestandteil eines Koogs. Bei anderen hat man nach überstandenen Flutschäden die Halliggebäude auf den Warften immer wieder repariert oder neu erbaut. Nach der schweren Sturmflut am 16./17. Februar 1962 entschied man sich dafür, die Halligen nicht einfach aufzugeben, sondern durch umfangreiche Baumaßnahmen besser zu sichern. So wurden die Warften erhöht und fallweise mit einem Ringdeich versehen. Die zerstörten Hallighäuser erhielten ein von außen unsichtbares Beton-Skelett, das mehr als 3 m tief in den Warftkörper hinabreicht und deshalb auch bei heftigen Sturmflutwellen so gut wie unangreifbar ist. Im ersten Stock erhielten die im traditionellen Stil neu erbauten Hallighäuser einen Schutzraum – er befindet sich über 4 m über den höchsten bisher gemessenen Sturmflutwasserständen.

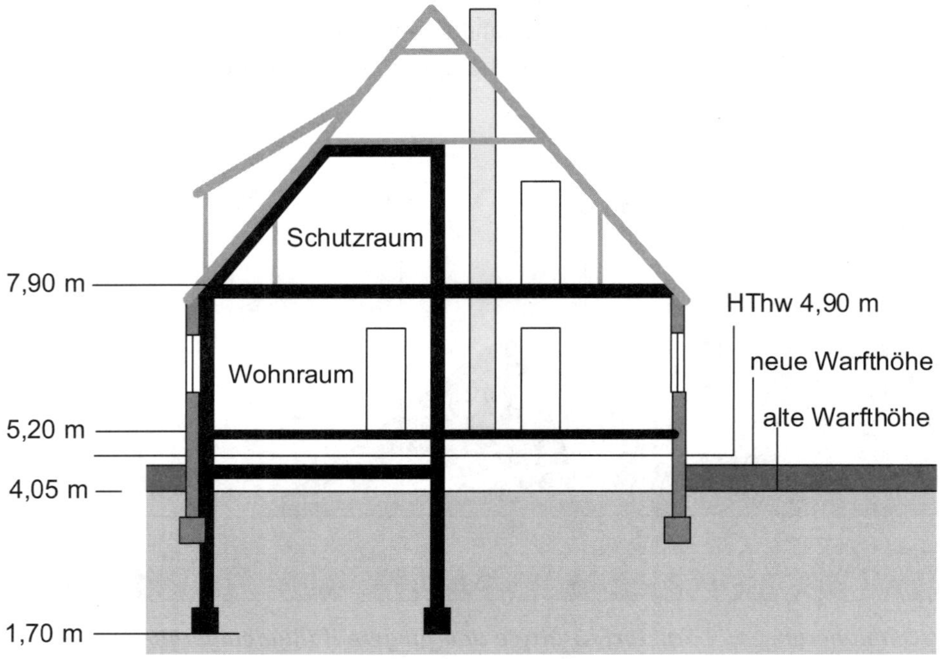

Querschnitt durch ein nach 1962 erbautes Hallighaus: Die schwarz dargestellten Bauteile bestehen aus Beton. HThw bedeutet das höchste bisher festgestellte Tidenhochwasser.

Aufgaben

1. **Die Warften mit den Hallighäusern sind ringsum von Salzwiesen umgeben. Erkläre.**
2. **Informiere dich in einem Fachbuch oder im Internet über die Warften der verschiedenen Halligen.**
3. **Zeichne anhand deiner Recherchen den Grundriss einer Hallig (beispielsweise von Hallig Gröde) mit einer Warft. Berücksichtige dabei die Lage von Fething, Wohn- und Wirtschaftsgebäuden.**
4. **Wo bleiben die Weidetiere auf den Salzwiesen bei einem sommerlichen Springtidenhochwasser?**
5. **Suche im Internet nach Luftbildern der Halligen, wenn durch Springsturmflut „Land unter" herrscht.**
6. **Warum haben die bewohnten Halligen heute mit Asphalt befestigte Fahrwege?**

Küsten sind dynamisch

Im Unterschied zu den Nordfriesischen Inseln bestehen die Inselkörper Ostfrieslands nicht aus eiszeitlichen Geschieben bzw. Geestkernen, sondern seeseitig aus Dünen und landseitig aus Marsch. Alle Inseln sind somit das gemeinsame Werk von Gezeitenströmen, Seegang, Wind und Pflanzendecke. Auch wenn es ihre kettenartige Aufreihung nahe legt – sie sind keine Reste einer langen, von Seegats geöffneten Nehrung, sondern gingen allmählich aus Strandwall-Serien des ursprünglichen Festlandrandes hervor.

Mobile Einheiten

Wie alle Inseln sind auch die Inselkörper von Borkum bis Mellum nur Gebilde auf Zeit und somit in Umriss oder Ausdehnung keineswegs dauerhaft festgelegt. Der von Westen nach Osten entlang der Außenküste verlaufende Tidestrom leistet beachtliche Anlieferungen von Lockermaterial mit strikt ostwärts gerichteter Verlagerung. An ihrer Westseite werden die Inseln daher ständig benagt, während sie im Osten im Strömungsschatten in die Länge wachsen. Im Ergebnis ergibt sich daraus auch in überschaubaren Zeiten eine beträchtliche Versetzung: Wangerooge schob sich so in nur drei Jahrhunderten um seine gesamte Länge nach Osten, Juist immerhin um annähernd 5 km (vgl. Abbildung). Wenn keine alten Flur- oder Inselkarten zur Verfügung stehen, kann man die Lage des Inselkörpers anhand der noch nachweisbaren Reste der früheren Inselkirchen rekonstruieren.

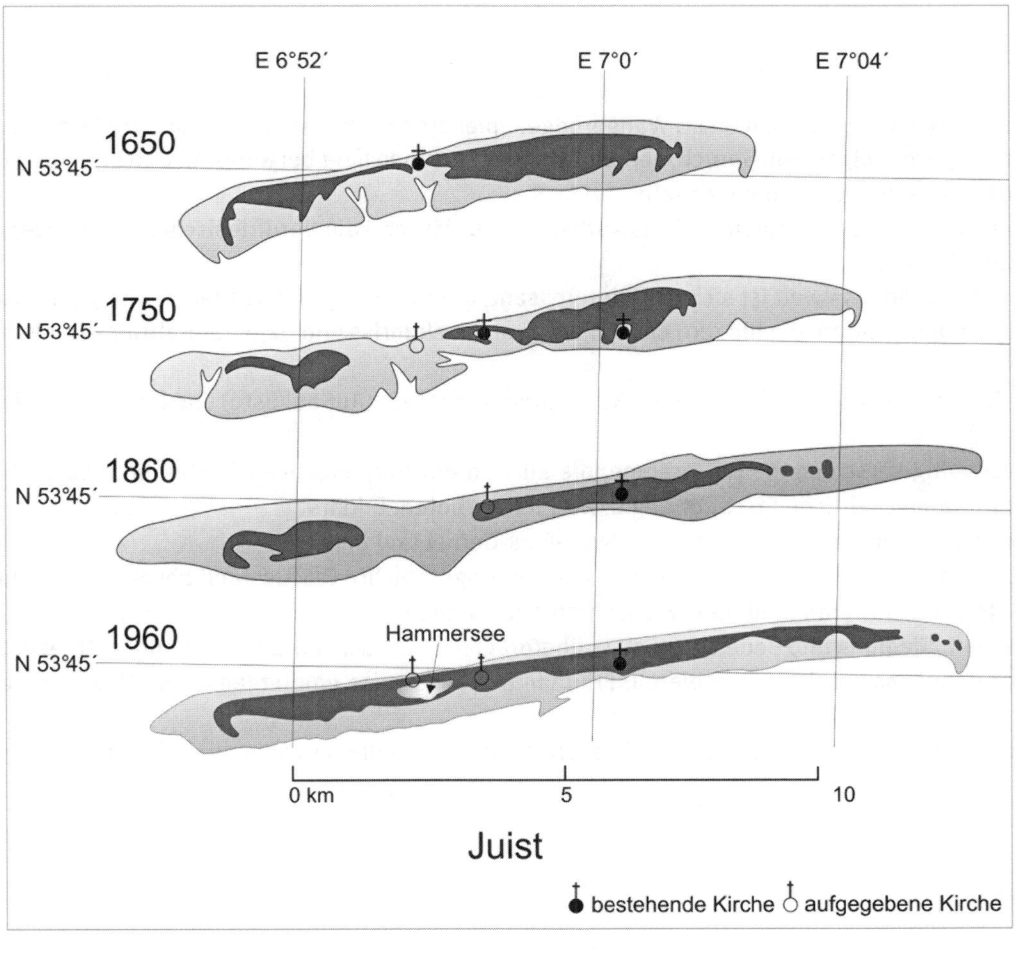

Außerdem haben die Ostfriesischen Inseln während des letzten Jahrtausends auch eine beachtliche Südversetzung vollzogen – Juist beispielsweise um mehr als 1 km. Die Inselkörper sind damit gleichsam auf ehemaligen Festlandboden gekrochen, stellenweise bei Niedrigwasser im seewärtigen Sandwatt ablesbar an den Torfpaketen der früheren Geest-Randmoore.

Tiefe Einschnitte

Auch die wie tiefe Kerben in die ostfriesische Küstenlinie eingeschnitzten Meeresbuchten gehen auf das Konto Küstendynamik: Dollart, Leybucht und Jadebusen sind allesamt das Ergebnis katastrophaler Sturmfluten früherer Jahrhunderte. Die damals noch eher zaghaften Bedeichungsversuche konnten der Gewalt der Flutmassen nicht standhalten, so dass weite Teile des Hinterlandes untergingen.
Der Dollart im Süden des Ems-Ästuars, durch das die deutsch-niederländische Grenze verläuft, entstand in der verheerenden Marcellusflut (1362). Die Leybucht nördlich des hübschen Hafenstädtchens Greetsiel entstand bei einer schweren Sturmflut im Jahre 1374. Seit 1950 sind allerdings 80% des damals verlorenen Gebietes wieder bedeicht. Von der Harlebucht östlich von Esens, die tief in die Geest einschnitt, ist heute fast nichts mehr zu sehen – die bedeichte Festlandküste im Rücken von Langeoog, Spiekeroog und Wangerooge zeigt sich (wieder) als gerade, durchlaufende Linie. Geblieben ist allerdings der im Mittelalter entstandene Jadebusen zwischen Ostfriesland und der Wesermarsch, in dem sich bei Arngast sogar eine kleine Geestkuppe befindet.

Ständiger Wandel

Ein beeindruckendes Beispiel für die relativ kurzfristige Veränderungen bietet die Insel Juist – heute etwa 17 km und meist nur weniger als 1 km breit und somit längste bzw. schmalste der Ostfriesischen Inseln. Das gleichnamige Inseldorf liegt im Unterschied zu den übrigen Inseln ungefähr in der Mitte – und das nur aus geologischen bzw. geodynamischen Gründen: Der heutige Inselkörper Juist bestand ursprünglich aus zwei getrennten Teilen, die sich erst im 19. Jahrhundert durch eine Dünenkette verbanden. Im Verknüpfungsbereich befindet sich der Hammersee mit seinen breiten Röhrichtgürteln. Die Details der ereignisreichen und sehr gut dokumentierten Inselgeschichte erläutern die Ausstellungsstücke in einem kleinen Küstenmuseum.

Aufgaben

1. **Die Namen der Ostfriesischen Inseln (von Ost nach West: Wangerooge, Spiekeroog, Langeoog, Baltrum, Norderney, Juist, Memmert, Borkum) kann man sich mit folgendem Spruch merken: Welcher Seemann liegt bei Nebel im Bett? Erfinde einen solchen Spruch für die niederländischen Wattenmeerinseln.**
2. **Die West- und Ostfriesischen Inseln bezeichnet man auch als Aufbauinseln, während die Nordfriesischen Inseln überwiegend Abbauformen darstellen. Erkläre.**
3. **Die politische Historie der friesischen Inselwelt ist sicherlich interessant, aber weitaus spannender ist ihre geologische Geschichte: Recherchiere und dokumentiere die jüngere Entwicklung von Inselumriss und -lage für Baltrum, Spiekeroog oder Wangerooge.**
4. **Wie reagierte der amtliche Küstenschutz auf die Dynamik der Küstenlinie von Inseln (Außenküste) und Innenküste? Ziehe Erkundigungen ein.**
5. **Geest und Marsch sind zwei völlig verschiedene Naturräume, die auch in der Vergangenheit höchst unterschiedliche Voraussetzungen für die kulturlandschaftliche Erschließung bzw. Nutzung boten. Erkläre.**
6. **Verschaffe dir einen Überblick über die Warftsiedlungen im Weser-Ems-Gebiet und berichte.**
7. **In welchen kleineren Regionalmuseen kann man sich über die Landschaftsgeschichte Ostfriesland besonders gut informieren? Recherchiere und stelle das Programm für eine Klassenfahrt zusammen.**
8. **Obwohl sie durch Landwirtschaft, Siedlung und Bedeichung stark überprägt ist, hat auch die Landschaft der ostfriesischen Innenküste Vieles an Naturerlebnismöglichkeiten zu bieten. Erkunde beispielsweise empfehlenswerte Vogelbeobachtungsplätze und berichte.**
9. **„Ostfriesland is as'n Pankok, de Midden is dick, un de Rand is am fettsten" sagen die Bewohner über ihr Land. Erkläre.**

Wattweiches: Sand, Schlick und Schluff

Rund Dreiviertel der Erdoberfläche sind von den Wassermassen der Ozeane bedeckt, und ein mindestens ebenso großer Anteil der Meeresböden besteht aus Lockergestein bzw. Sedimenten. Der weitaus größte Teil davon ist nicht der direkten Beprobung zugänglich. Nur im schmalen Randsaum der Gezeitenzone kann man die marinen Weichböden direkt erleben. Jedem Wattwanderer sind die Unterschiede zwischen Schlick-, Misch- und Sandwatt durch eigene Fußeindrücke vertraut. In diesem Projekt wollen wir uns mit der Sedimentnatur in den verschiedenen Wattbodentypen befassen. Dazu ist ein Wattgebiet mit verschiedenen Wattböden aufzusuchen, die man bei Ebbe gefahrlos begehen kann. Vorteilhaft wäre ein kleiner Priel in der Nähe, aus dem man Wasser für die unten vorgeschlagene Bodenanalyse entnehmen kann. Ziel unserer Untersuchung ist es, einen Eindruck von der Körnung der verschiedenen Wattböden zu gewinnen und ungefähr die Mengenanteile der einzelnen Korngrößengruppen abzuschätzen. Dazu untersuchen wir a) die Sedimentschichtung, führen b) eine vereinfachte Schlämmanalyse durch und versuchen c) die Reoxidation einer Probe aus der schwarzen Wattetage.

Benötigt werden folgende Hilfsmittel

- kleine Pflanzschaufel, Kelle oder Spachtel
- Lineal
- Stechrohre: (durchsichtige) Plastikrohre (5–15 cm Durchmesser, 20–40 cm lang); je eines für jede Schülergruppe; vorteilhaft ist es, 1 oder 2 Rohre zuvor längs aufzuschneiden – dann kann man die aus dem Wattboden gezogenen Sedimentkerne hinsichtlich ihrer Schichtung besser beurteilen
- Messzylinder (20, 50, 100, 250 und 500 mL)
- großes Becher- oder leeres Konservenglas (ca. 1 L)
- Schnur, ca. 20 m lang, alle 50 cm markiert
- Stoppuhr
- Aquarien-Belüftungspumpe mit Schlauch und Sprudelstein (nur für Versuch c)

a) Schön geschichtet: Die Etagen des Wattbodens

Bereits mit den bloßen Fingern lassen sich die Unterschiede zwischen den verschiedenen Sedimenttypen feststellen: Beim Zerreiben von Schlick- und Sandproben spürt man die unterschiedliche Bindigkeit (Klebrigkeit) des Materials. Die Bodenproben unterscheiden sich auch geruchlich: Schlickboden duftet eher leicht faulig, Sandboden dagegen kaum.

Meist sind die Wattsedimente im oberen Teil gelblich-braun, im unteren schwarz und noch tiefer grau. Die ober(st)e helle Schicht ist meist gut mit Sauerstoff versorgt und enthält verschiedene Eisenoxidhydrate mit der angenäherten Summenformel $FeO(OH)$, die unter Sauerstoffüberschuss entstehen. Deshalb nennt man diese Schicht auch Oxidationszone.

In den tieferen Schichten ist Sauerstoff meist Mangelware: Unter Sauerstoffmangel entsteht durch bakteriellen Abbau organischer Substanz (Desulfurikation von Protein-Zersetzungsprodukten durch *Desulfovibrio*) übelriechender, leicht toxischer Schwefelwasserstoff (H_2S). In dieser sauerstoffarmen Zone werden die vorhandenen dreiwertigen Fe^{3+}-Ionen zu zweiwertigen Fe^{2+}-Ionen reduziert, wobei sich schwarzes Eisensulfid (FeS) bildet. Man auch von der Reduktionszone. Daher spricht In noch tieferen Wattbodenschichten kann dieses in graues Fe-Polysulfid (FeS_2) übergehen.

Aufgaben

1. **Stelle durch Ausstechen von 20–30 cm tiefen Sedimentkernen fest, in welchen Bodentiefen die Grenze zwischen Oxidations- und Reduktionszone liegt.**
2. **Miss die Schichtdicke der betreffenden Zonen mit dem Lineal aus.**
3. **Kannst du einen Zusammenhang mit der vorherrschenden Korngröße feststellen?**

b) Etwas für Schlämmer

Etwa 100–200 mL ausgegrabenes Sediment werden in ein großes Gefäß (Becher-, Konservenglas) gegeben und mit ungefähr der gleichen Menge Wasser kräftig geschüttelt, bis alle Teilchen restlos aufgewirbelt (suspendiert) sind. Einen Teil davon gießt man sofort in einen 250-mL-Messzylinder. Nun misst man die Zeit bis zum Klarwerden des Überstandes, nachdem sich alle Teilchen abgesetzt haben. Da die größeren Teilchen zuerst sedimentieren und die ganz feinen zuletzt, zeigt das sedimentierte Material der Schlämmprobe eine einigermaßen deutliche Schichtung. Anhand der Mengenanteile lassen sich Schlick-, Misch- und Sandboden eindeutig voneinander unterscheiden. Die unten stehenden beiden Tabellen zeigen Sedimentzusammensetzung und einige Eigenschaften der verschiedenen Wattbodentypen.
Für eine wesentlich genauere Korngrößenbestimmung verwendet man spezielle Siebe mit unterschiedlichen Maschenweiten (zwischen 0,063 und 2 mm). Diese Analyse ist jedoch recht aufwändig, weshalb wir uns hier mit einem einfachen qualitativen Befund begnügen.

Bezeichnung	Schutt	Kies	Sand	Silt oder Schluff	Ton
Korngröße (mm)	> 200	200–2	2–0,063	0,063–0,002	< 0,002

	Schlickwatt	Mischwatt	Sandwatt
Korngrößenanteile	> 50% Silt und Ton	5–10% Silt und Ton	bis 90% Feinsand, < 5% Silt
Organische Substanz	5–10%	1–5%	< 1%
Wassergehalt	> 50%	etwa 30%	< 20%
Lagekonstanz	sehr groß	groß	eher gering
Porenraum	sehr klein	klein	groß

Aufgaben

4. Untersuche die ungefähre Korngrößenverteilung entlang eines Profils vom Deichfuß bis zum nächsten kleinen Priel.

5. Lege eine Schnur mit Markierungen der jeweiligen 50-cm-Abstände über einen kleinen Priel (ca. 10 m breit) und führe die gleiche einfache Schlämmanalyse von einem Prielrand bis zum anderen durch. Halte die Ergebnisse in einer Tabelle fest.

c) Angeschwärztes aufhellen

Im folgenden Versuch soll festgestellt werden, ob eine Probe aus der tiefschwarzen Reduktionszone des Wattbodens durch Sauerstoffversorgung wieder aufgehellt (reoxidiert) werden kann. Dazu schlämmst du ca. 50–100 mL schwarzen Wattboden in einem größeren Gefäß auf und lässt mithilfe einer Aquarienpumpe sowie einem Schlauch mit Sprudelstein Luft durchperlen.

Aufgabe

6. Stelle fest, wie lange es ungefähr dauert, bis das schwarze Eisensulfid wieder zu hellgelbem Eisenoxidhydrat umgesetzt wurde.

Rippelmarken: Wie Wellenschläge Furchen formen

Aus der Nähe betrachtet ist der Wattboden gar nicht so einförmig, wie er auf den ersten Blick erscheint. Überall finden sich unübersehbare Hinweise auf die Aktivitäten von Organismen. Auch Fußabdrücke von Seevögeln kreuzen den Weg durch das Watt. Bei Möwen sind drei der vier Zehen durch Schwimmhäute verbunden, beim Kormoran gar alle vier, während Strandläufer, Austernfischer und viele andere Watvögel auf drei getrennten Zehen unterwegs sind. Außerdem finden sich die wirr verlaufenden feinen Kriechlinien von Wattschnecken oder die zahlreichen Vertiefungen und aufgehäuften Sedimentstränge, die auf die Anwesenheit aktiver Tiere unterhalb der Oberfläche schließen lassen. Infauna nennt man die individuenreichen Ensembles der Sedimentwühler, Tunnelgräber, Höhlenbewohner und anderer Vertreter aus der Untergrundbewegung des Watts.

Selbst wenn es diese verschiedenen tierischen Spuren nicht gäbe, wäre das Sandwatt nur selten völlig spiegeleben. Der Normalfall ist eher ein wirres Feinrelief aus gewundenen, gebogenen und spitzwinklig verzweigten Furchen und Rücken. Das Sandwatt zeigt eben doch Profil. Wie konnten diese seltsamen Musterbildungen mit wulstigen Strukturen überhaupt entstehen?

Dem formalen Reiz der eigentümlichen Sandskulpturen kann man sich kaum entziehen. Kein Bildband über die Wattlandschaften lässt verständlicherweise Fotos der geradezu grafisch gestylten Grundmuster aus. Was sich als wattweites Bodenrelief darbietet, nennt die Fachsprache Rippelmarken oder vereinfacht Rippeln, manchmal auch Sandrippeln oder Wellenfurchen. Als Marken bezeichnete Muster sind im Unterschied zu den Spuren immer anorganischer Natur – sie entstehen offenbar ohne jede Beteiligung von Organismen.

Wenn die Beteiligung von Lebewesen als Entstehungsursache ausscheidet, muss das Phänomen rein physikalisch zu erklären sein. Nun sind komplexe Muster gewöhnlich nur im Rahmen komplexer Theorien abzuleiten, und so verhält es sich auch bei Rippeln. Zur vollständigen Erklärung der Rippelmarken bietet die Theorie bislang jedoch nur eine größere Anzahl widerstreitender Ansätze, jeder mit eindrucksvollen und für sich betrachtet wunderschönen Differentialgleichungen garniert. Die Sedimentologen sind sich nicht einmal einig in der Frage, ob die Sandrippeln einer Dünenlandschaft den gleichen Gesetzmäßigkeiten folgen wie diejenigen weiter unten in der Gezeitenzone. Bei den Dünenrippeln weht der offenbar auslösende Wind konstant aus der gleichen Richtung, während im Watt die mutmaßlich verursachenden Wellen bei den Flut- und Ebbströmen eher oszillieren.

Obwohl die mathematische Formalisierung der Problemlage durchaus ihren Reiz hat – vom angesehenen Niels-Bohr-Institut in Kopenhagen wurde sogar ein Computerprogramm zur Simulation erstaunlich echt wirkender Rippeln auf dem Rechner entwickelt – beschränken wir uns hier auf eine vereinfachende Sicht der Dinge: Rippeln entstehen nur dort, wo sich zwei Medien von stark unterschiedlicher Dichte relativ zueinander bewegen: Das kann der Wind sein, der eine zuvor spiegelglatte See kräuselt (die dabei entstehenden Miniwellen sind klassische Rippeln!) oder die Sandkörner einer unbefestigten Küsten- bzw. Wüstendüne zu Strängen und Wülsten arrangiert. Im Watt ist der Verursacher immer das im Gezeitenrhythmus verlagerte Meerwasser.

Eine weitere wichtige, beinahe schon 100 Jahre alte Grundannahme zur Erklärung der Rippeln verdanken wir der Elektroingenieurin, Mathematikerin und Erfinderin Hertha Ayrton (1854–1923). Sie begleitete ihren erkrankten Ehemann zur Kur an die britische Südküste und wunderte sich dort über die Geometrie der erstaunlichen Muster im Mischwatt. Als Experimentalphysikerin stellte sie im heimischen Labor aufschlussreiche Versuche in einer Metallwanne an, die sie auf Rundhölzern rhythmisch bewegen konnte. Ist der Wannenboden mit feinem Seesand bedeckt, bilden sich schon nach wenigen Schüttelbewegungen ganze Serien von Rippeln senkrecht zur Wellenrichtung. Um auch die Bewegung von einzelnen Partikeln genauer verfolgen zu können, verwendete Hertha Ayrton zusätzlich zum hellen Sand gemahlenen Schwarzen Pfeffer. Das Pfeffergranulat ist spezifisch leichter als Seesand und lässt die Bewegungsabläufe klarer verfolgen.

Danach spielt sich an der Grenzfläche zwischen dem einigermaßen statischen Sand und dem bewegten Medium Wasser Folgendes ab: Solange das Wasser relativ langsam und unverwirbelt (= laminar) in unvermischt übereinander liegenden Schichten strömt, bleiben die Sandkörner ortsfest in Position. Sobald sich jedoch bei größerer Fließgeschwindigkeit oder aufgrund von Unebenheiten im Untergrund Verwirbelungen bilden, wird die Strömung turbulent.

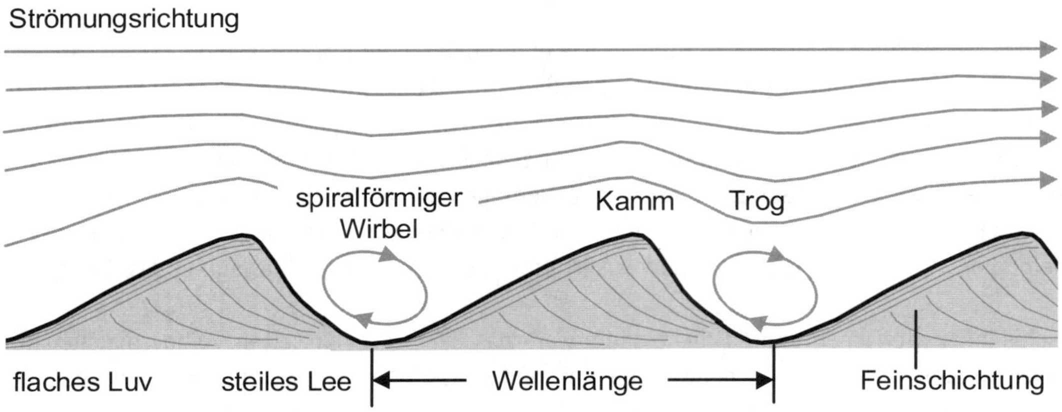

Aufbau und Form von Strömungsrippeln im Querschnitt

Vergleichbare Muster kommen in der Natur auch sonst vor. Formähnliche Reliefs findet man beispielsweise in (noch) vegetationslosen Dünen sowie in Wüsten. Das Mars-Rover-Projekt der NASA (2004) hat solche Rippelmarken auch auf unserem Nachbarplaneten nachgewiesen. Mitunter zeigen sie sich sogar in den Sandkästen windexponierter Kinderspielplätze, die längere Zeit unbenutzt blieben. Fossile Rippeln finden sich auch auf den Schichtflächen feinkörniger Sedimentgesteine jeglicher Zeitstellung, sofern diese unter Flachwasserbedingungen abgesetzt wurden: Der Sedimentationsraum Watt stellt sozusagen die Frühphase später felsenfester Hartgesteine dar. Eine gewisse Ähnlichkeit zu den Wattrippeln weisen zudem die individuellen Linien der Leistenhaut auf der Handinnenfläche auf, von denen sich Anteile kriminaltechnisch als verräterische Fingerabdrücke verwerten lassen. Sogar das aparte Streifendesign der Zebras zeigt deutliche Anklänge an ein Rippelmarkenmuster.

Aufgaben

1. **Vollziehe die Ayrton-Versuche mit feinem Vogelsand und gemahlenem Pfeffer nach, am besten in einem flachen Tablett.**
2. **Dokumentiere im Sand- oder Mischwatt verschiedene Formen von Rippelmarken mit der Kamera bei verschiedenen Lichteinfallwinkeln.**
3. **Übrigens: Das berühmte Ayrton-Experiment funktioniert auch in der Teetasse, sofern sich eine genügende Menge feinster Teeblattfragmente am Tassenboden ansammelt. Leichtes Schwenken der Tasse führt nach wenigen Manövern zu charakteristischen Oszillationsrippeln auf dem Tassenboden. Mit ganz feinen Kaffeepartikeln funktioniert die Rippelphysik ebenfalls – aus dem Kaffeesatz zu lesen hat mitunter doch einen realen Hintergrund.**

Ganz interesSand ...

Für die Technik und die Bauwirtschaft regelt DIN 4022, was unter Sand zu verstehen ist – nämlich ein körniges Lockermaterial mit Korngrößendurchmessern von 2,0 (Grobsand) bis 0,1 mm (Feinstsand). Gröberes Material gilt als Kies und noch Gröberes als Schotter, während die Materialskalierung am anderen Ende mit Schluff = Silt und Ton weitergeht. Geologisch betrachtet ist Sand ein klastisches Sediment (vom griechischen klastein = zerbrechen) und demnach ein unverfestigtes Trümmergestein, das man auch Psammit nennt. Sandkörner stehen also erkennbar am Ende einer langen Umbildung ehemaliger Festgesteine durch physikalische und chemische Verwitterung. Obwohl deren Verwitterung eigentlich eine recht komplexe Reaktionsfolge darstellt, kann man sich den Ablauf ungefähr so vorstellen: Durch schroffe Temperaturwechsel und Frostsprengwirkung zerfällt das kompakte Ausgangsgestein in immer kleinere Teile. Beim weiterem Transport greifen vergleichbare Kräfte nun an den relativ zur Masse größer gewordenen Oberflächen an, spalten die Mineralgemenge an den offen liegenden Kristallgrenzflächen und brechen nacheinander immer wieder einzelne Mineralkörner heraus. Je nach Beschaffenheit und mineralischer Zusammensetzung des Ausgangsmaterials kann die chemische Verwitterung einzelne Körner umwandeln oder gar völlig auflösen. Diesem Schicksal unterliegen beispielsweise die Feldspäte und Glimmer im verwitternden Granit. Gleiches gilt auch für die feinen Partikeln aus Calciumcarbonat ($CaCO_3$), die sich von zerriebenen Korallenbruchstücken herleiten und das auffällige grelle Weiß tropischer Strände bedingen. Die Nordseesande enthalten stattdessen unterschiedliche Anteile zertrümmerter Muschelschalen und Schneckenhäuser. Über längere Zeiträume bleiben also fast immer nur die chemisch weniger gut angreifbaren bzw. besonders harten Quarzkörner übrig. Daher besteht der weitaus größte Teil des auf der Erde vorkommenden Sandes aus recht beständigem Quarz (Siliciumdioxid).

Körner in den Dimensionsklassen des Sandes werden relativ leicht verfrachtet – von Wind, Wasser und fließendem Eis. Entsprechend unterscheidet man äolische, aquatische oder glazigene Transportwege und Materialdepots. Während des Transports geraten die Körner unentwegt aneinander und stoßen sich dabei erwartungsgemäß ihre spitzen Ecken und scharfen Kanten ab. Je länger der Transportweg ausfällt, umso eher werden die Körner gerundet – allerdings nur innerhalb bestimmter Grenzen, denn je rundlicher sie bereits sind, umso weniger sind sie durch weiteres Ankicken, Herumpoltern oder Kollidieren angreifbar. Tatsächlich reichen die üblichen Transportstrecken überhaupt nicht aus, um die besonders widerstandsfähigen Quarzkörner in nennenswerter Weise zu verrunden. Auch der tägliche Einsatz in der Eieruhr greift die Formgebung der rieselnden Sandkörner so gut wie überhaupt nicht an. Selbst die Sandkörner einer beliebigen Probe vom Strand sind daher nicht einmal angenähert so kugelrund wie Miniaturperlen, sondern immer noch genauso scharfkantig wie eine Körnerschar, die bereits die halbe Sahara durchquert hat.

Wegen der erstaunlichen Formbeständigkeit der Quarzsandkörner an Stränden, in Flusssedimenten oder in den Dünenzügen von Sandwüsten gehen die Geologen davon aus, dass die weitaus meisten Sande tatsächlich bereits mehrere Erosionszyklen durchlaufen haben. Abgelagerter Sand wird in geologisch langen Zeiträumen von anderen Sedimenten überdeckt und verdichtet sich unter Druck zu Festgestein, indem die einzelnen Körner durch einsickernde Bindemittel wie Quarz-, Kalk- oder Metalllösungen bzw. Tonteilchen miteinander verkittet werden. Das Ergebnis sind Quarz- und Kalksandsteine, Arkosen, eisenschüssige Sandsteine oder Tonsandsteine. Irgendwann geraten solche Sedimentgesteine erneut an die Oberfläche, fallen wiederum der zerbröselnden Verwitterung anheim, werden ein wenig rundlicher und landen schließlich ein weiteres Mal in einem Sedimentationsraum, wo sich ein neuer Gesteinszyklus anschließt. Selbst wenn man für einen solchen Gesamtablauf – was durchaus realistisch ist – einen Zeitraum von 250 Millionen Jahren veranschlagt, könnten manche stärker gerundete Quarzsandkörner bereits mehr als ein halbes Dutzend Erosionszyklen hinter sich und gleichsam einen respektablen Anteil der gesamten Erdgeschichte buchstäblich durchlaufen haben.

Sandkörner als Uhrwerk

Apropos laufen: Die Sanduhr mit ihrem gläsernen Doppeloval ist eines der ältesten Zeitmessinstrumente und in der christlichen Ikonographie schon seit langem ein verbreitetes Symbol für die buchstäblich verrinnende Zeit. Dieses spezielle Chronometer funktioniert aber nur deswegen so zuverlässig und unverhältnismäßig genau, weil trockener Sand zwar wie eine Flüssigkeit fließen kann, sich aber dennoch von einem flüssigen Medium in einem wichtigen Punkt unterscheidet: Lässt man eine bestimmte Flüssigkeitsmenge durch eine enge Öffnung aus einem Vorratsgefäß abfließen, hängt die Durchflussrate außer von der Temperatur direkt vom hydrostatischen Druck ab, also von der Höhe der Flüssigkeitssäule über der Öffnung. Von der Flüssigkeit laufen demnach pro Zeiteinheit immer kleinere Volumenportionen ab, weil sich mit der Verringerung des

Vorratsvolumens auch der hydrostatische Druck kontinuierlich verkleinert. Für eine angenähert exakte Zeitmessung ist eine mit Wasser oder einem anderen Lösemittel gefüllte Eieruhr also kaum tauglich.

Beim rieselnden Sand in der Sanduhr ist das völlig anders: Hier bewegt sich pro Zeiteinheit immer das gleiche Volumen von oben nach unten. Das mit einer solchen Uhr gestoppte Fünfminuten-Frühstücksei ist – was die Garzeit angeht – tatsächlich eines. Die zeitbezogen gleichen Durchflussraten beruhen auf der besonderen Art der Kraftflüsse im trockenen Sand. In einem kleinen wie in einem großen Sandhaufen liegen die einzelnen Sandkörner eben nicht lückenlos dicht an dicht, sondern bilden ein von Hohlräumen durchlöchertes Lückensystem mit zahlreichen Korngewölben und Sandkornminibrücken. Darüber werden die von oben wirkenden Druckkräfte vor allem seitlich auf die Gefäßwände der Sanduhr abgleitet wie über einen Rundbogen oder über die Strebepfeiler einer gotischen Hallenkonstruktion mit Spitzbögen. Auf den unteren Sandkörnern nahe der Öffnung lastet daher nicht die gesamte Gewichtskraft der weiter oben liegenden, sondern davon vielmehr nur ein gewisser Durchschnittswert. Dieser bleibt unabhängig von der Füllhöhe einigermaßen konstant, und nur deswegen eignet sich die gesamte Vorrichtung zur Zeitmessung.

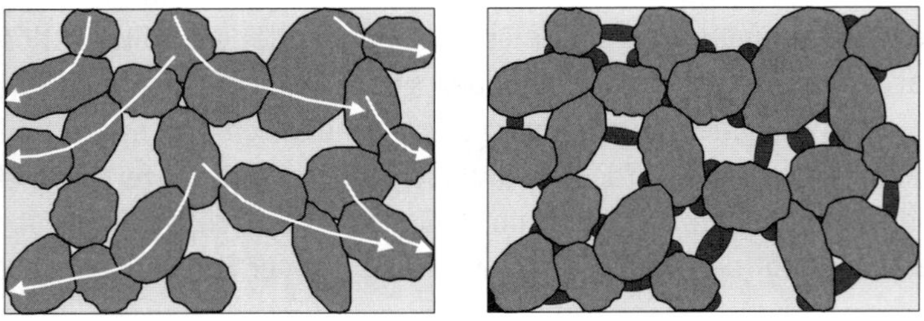

Kräfteableitung in trockenem Sand (links) und Kohäsion der Sandkörner über Wasserbrücken (rechts)

Weitere Anregungen für Projekte zur Sedimentuntersuchung:

- Bodenfauna in unterschiedlichen Wattbodenproben durch Aussieben erfassen lassen
- Verschiedene Kornfraktionen im Mikroskop betrachten und auf sonstige Bestandteile achten (Fragmente von Makroalgen und Blütenpflanzen, Kotpillen, Mikroalgen, Exuvien von Gliederfüßern u.a.)
- Probenstellen genauer beschreiben: Kommen Rippelmarken vor? Gibt es Wühlspuren von Bodentieren? Sind im Sediment Mischfärbungen zu bebachten? Wie hoch ist jeweils der Anteil von Muschelschill?
- Unter flacher Wasserbedeckung während Ebbe oder Flut einige Tropfen Kondensmilch in das Wasser geben: Wie groß ist die Strömungsgeschwindigkeit (cm/s) der Milchwolke? Wie rasch verteilt sie sich? Wird sie irgendwo von Bodentieren eingestrudelt?

Meeresspiegel zum Mitnehmen – die Schlauchwaage

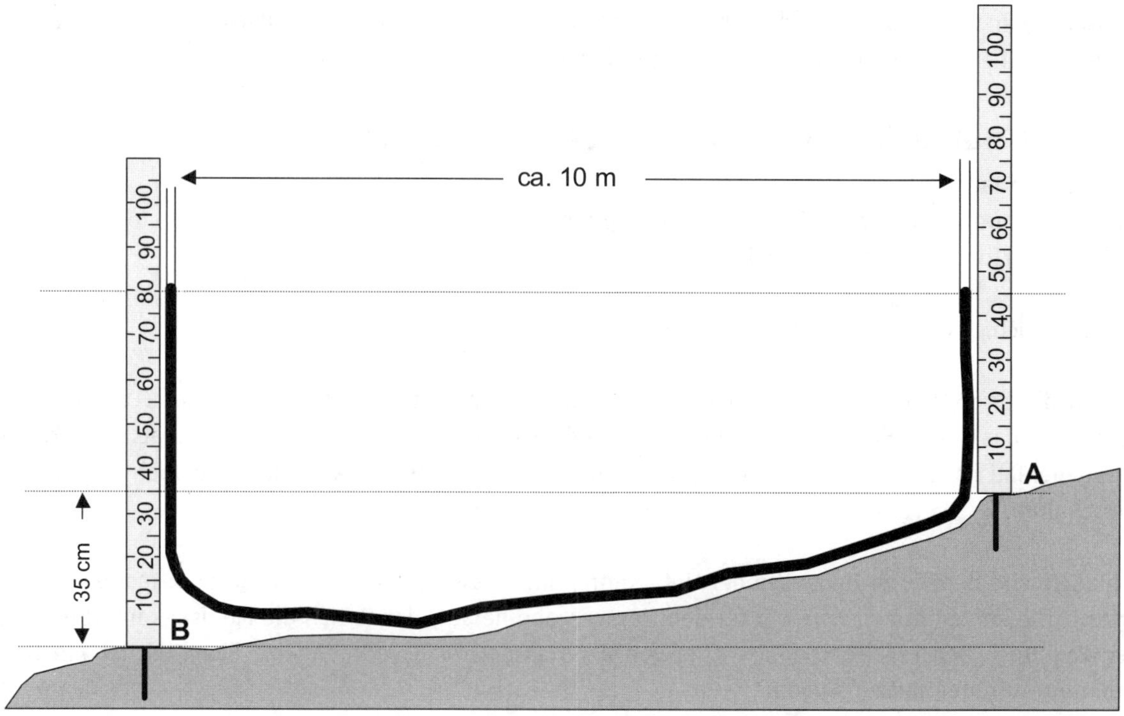

Mit der Schlauchwaage lassen sich auf höchst einfache Weise Höhenunterschiede im Gelände genau bestimmen. Die Schlauchwaage nutzt das Prinzip der kommunizierenden Röhren aus, wonach in einem geschlossenen Gefäß der Wasserspiegel überall gleich hoch steht.

Und so geht ihr vor:

1. Die eine Messlatte wird an einen höheren Geländepunkt (im Bild oben bei A) in den Boden gesteckt, die andere an einem tieferen Geländepunkt B, der etwa 2 m weniger entfernt sein soll als der Schlauch lang ist.
2. Die Unterkanten der Messlatten müssen den Boden an den gewählten Geländepunkt gerade berühren.
3. Die Schlauchenden werden nun auf ungefähr gleiche Höhe gebracht und die Stopfen entfernt.
4. Einer hält den Schlauch so an Messlatte A, dass der Wasserstand (Meniskus) bei einer gut ablesbaren Zahl liegt (im Bildbeispiel oben bei 45 cm).
5. Nun liest jemand bei B den Wasserstand (Meniskus) ab. Im gewählten Beispiel liegt er bei der Marke 80 cm.
6. Die Differenz der an den Messlatten abgelesenen Werte ist der Höhenunterschied zwischen den gewählten Geländepunkten: 80 – 45 = 35. Geländepunkt B liegt also 35 cm tiefer als A.
7. Für die nächste Messung wird Messlatte A weiter links auf einen tiefer gelegenen Geländepunkt verankert. Auf diese Weise lässt sich eine Messkette über längere Strecken einrichten.
8. Beim Schlauchtransport werden die Schlauchenden mit einem Stopfen verschlossen.

Aufgaben

Was ihr alles messen könnt:

1. **Wie hoch liegt die Deichkrone über dem Wattboden?**
2. **Wie hoch liegt die Halligwiese über der Niedrigwasserlinie?**
3. **Wie hoch ist die Warft?**
4. **Wie groß ist der Tidenhub am gewählten Küstenpunkt (Hochwassermarke: Seepocken-Obergrenze, Ebbelinie: Lage der Wasserlinie bei Niedrigwasser Tidenkalender!)**

Selbstbau einer Schlauchwaage

Der Einsatz einer Schlauchwaage bietet vielerlei Aktionsmöglichkeit und motiviert die SuS ab etwa 12 Jahre sehr, weil sich damit konkrete Forschungs- bzw. Vermessungsprojekte im Gelände durchführen lassen. Die benötigten Gerätschaften sollten allerdings vor dem ersten Geländeeinsatz gebrauchsfertig vormontiert sein. Außerdem empfiehlt es sich, eventuell 2 oder mehr Komplettsätze bereit zu halten, um mehrere SuS-Gruppen gleichzeitig zu beschäftigen.

Zum Eigenbau dieses nützlichen Hilfsmittels werden benötigt

- 2 Messlatten, 3 x 2 cm, 1 m lang
- 2 dünne Rundstäbe, ca. 1 cm dick, an einem Ende leicht zugespitzt
- 2 Maßbänder (wie SchneiderInnen sie benutzen); 1 m lang
- wasserfester Klebstoff
- 12 m durchsichtiger Schlauch, 2 passende Stopfen

Je ein Maßband wird auf die breite Seite einer Messlatte geklebt – die 0-Marke befindet sich am unteren Lattenende, die 100 cm-Marke am oberen. In das untere Ende bohrt man ein Loch und setzt einen zugespitzten Rundstab als Verankerungshilfe im Boden ein. Gegebenfall ist diese aber entbehrlich. Jemand aus dem Messtrupp kann die Latte auch am gewählten Geländepunkt auch festhalten.

Der durchsichtige Schlauch wird bereits zu Hause (in der Unterkunft) mit Wasser gefüllt und mit Stopfen fest verschlossen ins Gelände transportiert. Die Korken nimmt man nur für den Messvorgang heraus, damit sich die Meniski korrekt einstellen können und auf dem Weg zum nächsten Messpunkt nichts von der Wasserfüllung verlorengeht. Eventuell ist ein kleiner Wasservorrat zum erneuten Auffüllen mitzunehmen.

Zum Einüben der Messtechnik kann man am Landeshauptdeich gruppenweise die Höhe der Deichkrone über dem see- und dem landseitigen Deichfuß bestimmen lassen. Wenn die SuS die Messtechnik beherrschen, kann man ökologische Fragestellungen bearbeiten lassen – beispielsweise

- die Siedlungsbänder bestimmter Organismenarten unter dem durchschnittlichen Hochwasserniveau
- den Niveauunterschied von der Seegraswiese bis zum Ende des Quellerwatts oder
- die Höhenlage der Salzwiese über dem Quellerwatt

Dem Salzgehalt auf der Spur

Im Meer ist fast alles ganz anders als auf dem Festland oder in den Binnengewässern. Einer der erstaunlichsten Unterschiede ist der Salzgehalt des Meerwassers: In einem Kilogramm Meerwasser (1kg = 1000 g) sind im Durchschnitt 35 g Salze gelöst. Der Salzgehalt des Meerwassers ist seine Salinität (S) – man drückt sie in Promille (‰) aus. Heute verwendet man international aber zunehmend die zahlengleiche Angabe practical salinity unit (psu). Wenn der Gesamtsalzgehalt in 1 kg Meerwasser 35 g beträgt, weist die Salinität S = 35‰ oder 35 psu auf. Das meiste dieser Salzfracht im Meerwasser ist Kochsalz (Natriumchlorid) – dessen einfache Formel NaCl ist dir sicherlich bekannt.
Wenn es längere Zeit kräftig in das Meerwasser geregnet hat, nimmt natürlich sein Salzgehalt ab. Umgekehrt kann das Wasser aus einer kleineren Strandpfütze an einem heißen Sommertag verdunsten. Weil das Salz nicht verdunsten kann, steigt der Salzgehalt eventuell stark an. Mit der Zunge kann man solche für die Lebewesen wichtigen Unterschiede nur ungefähr erschmecken. Viel genauer sind dafür verschiedene Messmethoden.
Das in der Meereskunde am meisten angewendete chemische Verfahren ermittelt den Salzgehalt einer Probe titrimetrisch – nämlich durch Titration der Chlorid-Ionen Cl^- mit Silbernitrat ($AgNO_3$). Die Titration ist jedoch selbst im Labor etwas aufwändig und unter Freilandbedingungen kaum durchzuführen. Daher regt dieses Projekt zwei wesentlich einfachere, aber auch etwas weniger genaue Möglichkeiten an – die Salzgehaltsbestimmung durch eine Leitfähigkeitsmessung oder mit einem Selbstbau-Aräometer.

Leitfähigkeitsmessung

Reines Wasser leitet den elektrischen Strom praktisch nicht. Die Leitfähigkeit (gemessen in der Einheit Siemens je cm) nimmt aber zu, sobald im Wasser elektrisch geladene Teilchen (Ionen) enthalten sind. Mit einer Sonde zur Messung der Leitfähigkeit (der Lehrmittelhandel bietet einfache Modelle an) ist das kein Problem. Sie sollte einen Messbereich zwischen 0 und etwa 50 mS/cm aufweisen. Die ermittelten Leitfähigkeitswerte lassen sich mithilfe der Eichkurve in ausreichender Genauigkeit (etwa 1‰) umformen.

Aufgaben

1. **Miss die Salinität des Meerwassers an deinem Aufenthaltsort an Nord- oder Ostsee.**
2. **Ermittle den Salzgehalt an einem gezeitengeprägten Fluss während der Ebbe und Flut.**
3. **Überprüfe den Salzgehalt in einem kleinen Priel bei ablaufendem Wasser und vergleiche ihn mit den Ergebnissen von Aufgabe 1.**
4. **Prüfe das Wasser in kleineren Wattpfützen nach einem Regenguss oder an einem heißen Tag bei vollem Sonnenschein.**
5. **Wie hoch ist der Salzgehalt in den kleinen Entwässerungsgräben von Außendeichwiesen?**

Salzgehalt im Wattboden

Mit dieser Methode lassen sich auch angenähert die vermutlich unterschiedlichen Salzgehalte in den Böden einer Salzwiese zwischen Hoch- und Niedrigwasserlinie bestimmen. Für eine sehr exakte Bestimmung müsste man allerdings den genauen Wassergehalt der betreffenden Bodenprobe kennen und alle Salzionen von etwaigen Austauscherflächen der Bodenteilchen lösen. Das ist aber ziemlich aufwändig und erzeugt zudem chemische Problemabfälle, weshalb wir das Verfahren wiederum deutlich vereinfachen, auch wenn damit nur ungefähre, aber immerhin gut vergleichbare Werte mit tolerabler Fehlerabweichung zu ermitteln sind.

S INFORMATIONS- und AUFGABEN-Blatt 2.19

Benötigt werden dazu außer der Leitfähigkeitssonde:

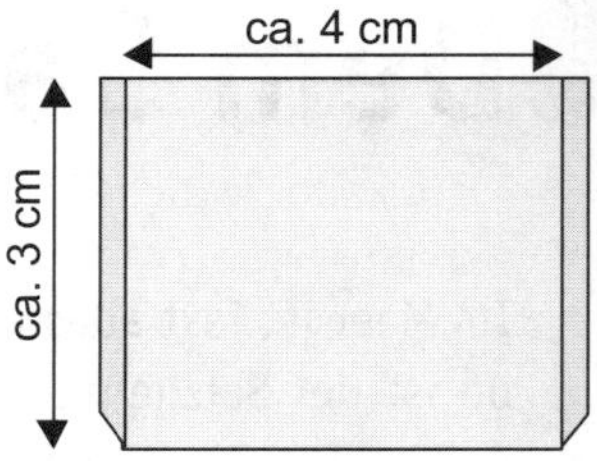

- einige Gläser für Babynahrung mit Schraubdeckel; Anzahl entsprechend der anfallenden Probenanzahl
- Stechzylinder aus Plastikrohr (etwa 4 cm Durchmesser und 3 cm hoch)
- kräftiges Messer
- deionisiertes (destilliertes) Wasser (erhältlich z.B. bei Tankstellen)
- Messzylinder (100 mL)
- Spritzflasche
- Filzschreiber

Vor dem Einsatz werden die Babygläser mit Leitungswasser geeicht: Genau 200 mL werden mit dem Messzylinder abgemessen und die Füllhöhe auf dem Glas mit einem Filzschreiber markiert. Das weitere Vorgehen stellt sich folgendermaßen dar:

- An einer pflanzenfreien Probenstelle den Stechzylinder bis zur Oberkante in den Boden drücken
- Mit einem kräftigen Messer freilegen, so dass sich seine Bodenfüllung an der Unterseite glatt abtrennen lässt
- Die entnommene Probe quantitativ in ein leeres, geeichtes Babyglas geben und verschließen
- Zu Hause (im Labor) oder noch im Freiland deionisiertes Wasser bis auf etwa 2/3 der Eichmarke auffüllen und Glas fest verschließen
- Probe kräftig durchschütteln, bis sie eine fein verteilte, krümellose Suspension bildet
- Aus der Spritzflasche mit deionisiertem Wasser bis zur Eichmarke auffüllen
- Mit der Leitfähigkeitssonde die Leitfähigkeit messen
- Messwerte mit der Eichkurve in Salinität bzw. psu umformen

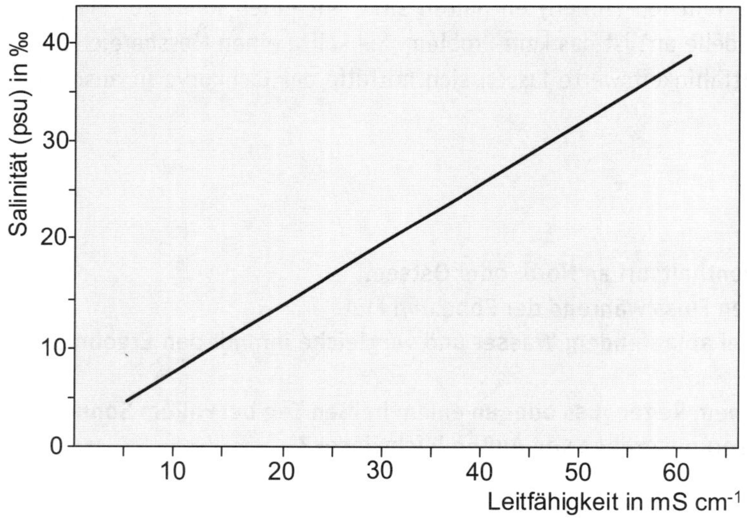

Aufgaben

1. **Ermittle den Salzgehalt von Bodenproben am Deichfuß sowie aus der oberen, mittleren und unteren Salzwiese.**
2. **Bestimme im Vergleich dazu den Salzgehalt des Bodens im oberen Quellerwatt.**
3. **Lege bei Ebbe an einem Sandstrand ein Probenprofil von der Flut- bis zur Niedrigwasserlinie an.**

Dicht oder weniger dicht

Eine weitere interessante Methode zur Ermittlung der Salzgehalte nutzt die unterschiedliche Dichte von weniger und stärker salzigen Lösungen aus. Je dichter eine Lösung ist (je mehr gelöste Stoffe sie enthält), um so weniger tief sinkt das Aräometer ein. Erfahrene Schwimmer wissen, dass das Meerwasser sie deutlich besser trägt als Süßwasser. Im stark salinen Toten Meer ist das Wasser sogar so salzhaltig, dass man gar nicht untergehen kann. Das für die Dichtebestimmung erforderliche Messinstrument, Aräometer genannt, bietet zwar der Lehrmittelhandel an, aber wir bauen es uns selbst.

Du brauchst für dein Selbstbau-Aräometer:

- Holzstäbchen, ca. 20–25 cm lang (Mikado-Stäbchen, Schaschlik-Spieß, Bleistift o.ä.)
- Knetmasse
- wasserfester Klebstoff
- kleiner Kieselstein
- Filzstift
  - Kochsalz
  - Küchenwaage
  - Plastikbecher, ca. 500 mL Inhalt

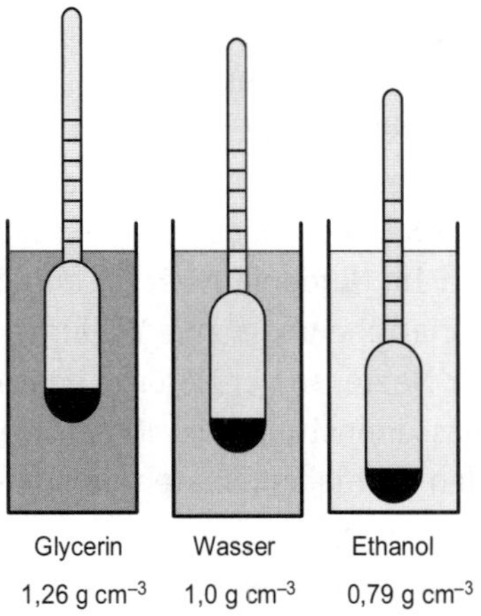

Professionelle Aräometer

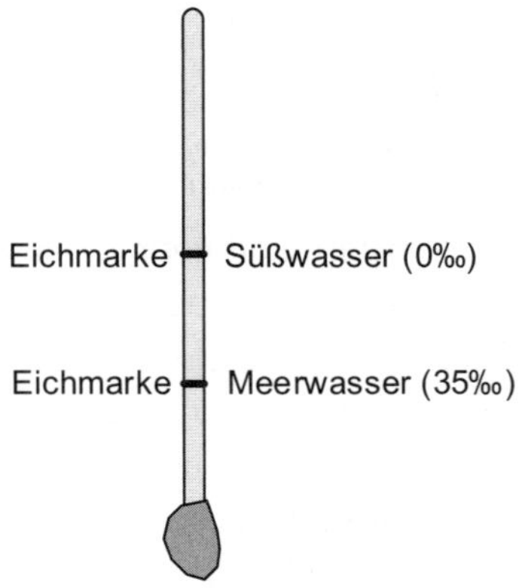

Selbstbau-Aräometer

Die einzelnen Arbeitsschritte:

1. Fülle den Plastikbecher mit Leitungswasser.
2. Befestige den Stein mit Knetmasse und/oder Klebstoff am unteren Ende des Holzstäbchens. Der Stein muss so groß bzw. schwer sein, dass dieses etwa zur Hälfte in das Wasser eintaucht. Das ist dein Selbstbau-Aräometer.
3. Die Eintauchtiefe markierst du am Stäbchen mit einem Filzstift.
4. Stelle den leeren Plastikbecher auf eine Küchenwaage.
5. Wiege genau 17,5 g Kochsalz ein.
6. Fülle so viel Leitungswasser ein, dass die Gewichtsanzeige 500 g zeigt.
7. Rühre gründlich um und stecke jetzt dein Selbstbau-Aräometer ein.
8. Es wird weniger tief einsinken als im reinen Wasser. Die Eintauchtiefe markierst du.
9. Verdünne die Salzlösung 1:1 mit Leitungswasser und miss die Eintauchtiefe erneut.

Bei Leitungswasser ist die Salinität S = 0, bei der Salzlösung (mit 17,5 g/0,5 kg = 35 g Kochsalz/kg) liegt sie bei S = 35. Die auf die Hälfte verdünnte Salzlösung weist den Wert S = 17,5 auf.
Mit diesen Eichwerten kannst du jetzt überall an Nord- und Ostsee den Salzgehalt des Meerwassers ungefähr feststellen.

Das Salz der Meere

Für einen Küstenurlauber ist das Meerwasser schon allein deswegen etwas Besonderes, weil es mit seiner enormen Salzfracht ganz anders schmeckt als übliches Leitungswasser. Außerdem trägt es wegen seiner höheren Dichte beim Schwimmen deutlich besser als das Wasser im heimischen Freibad oder Baggersee. Aus Abenteuerberichten über Schiffbrüchige weiß man allerdings, dass das gegebenenfalls im Überfluss vorhandene Meerwasser das normale Trinkwasser nicht ersetzen kann und überraschend schnell auch tatsächlich lebensbedrohlich wirkt.
Eintrocknende Wassertropfen auf der Haut nach einem Bad in der Brandung werden durch Auskristallisieren ihrer löslichen Komponenten zunächst milchig trüb und hinterlassen schließlich eine kleine Kruste. Die Salzbefrachtung des Meerwassers (der Massenanteil von Salz) beträgt rund 35 g in 1 kg (nicht Liter!) Wasser. Den Salzgehalt, fachmännisch auch Salinität genannt, gibt man üblicherweise in Promille (‰) oder mit der zahlengleichen Einheit psu (= practical salinity unit) an. Der globale Durchschnittswert beträgt also 35‰ oder 35 psu, ganz genau sind es 34,7‰. Durch Verdunstung und Niederschlag ergeben sich in den Weltozeanen allerdings deutliche regionale Unterschiede. Im Mittelmeer liegt der Wert wegen der negativen Wasserbilanz darüber – an der Straße von Gibraltar bei 36,25‰, in der Ägäis bei 39‰. Im Persischen Golf, der sich durch eine hohe Verdunstungsrate und geringe Flusseinläufe auszeichnet, liegt die Salinität sogar bei 42 psu. In den Polarzonen führen Eisbildung und Schmelze ebenfalls zu Verschiebungen im Salzgehalt. Im Nordpolarmeer ist eine besonders starke Abnahme des Salzgehaltes zu verzeichnen. Hoher Niederschlag in der Äquatorialzone und starke Verdunstung in den Subtropen bedingen weltweit einen relativ höheren Salzgehalt an der Oberfläche der Meere. In der Nordsee liegt die Salinität wegen des im Vergleich zur Größe des Nordseebeckens relativ bedeutsamen Süßwassereinstroms von Rhein, Weser und Elbe bei 33‰, wobei sich die mit etwa 31‰ niedrigsten Werte im Jahresgang in den Frühjahrsmonaten einstellen, weil die Flüsse im Winterhalbjahr niederschlagsbedingt mehr Wasser führen.
Für eine genauere Salzgehaltsbestimmung bieten sich verschiedene Methoden an. Besonders praktisch und auch hinreichend genau ist die Bestimmung über die Dichte mithilfe eines Aräometers, fallweise auch Senkspindel oder Senkwaage genannt. Die Messung beruht auf dem Archimedischen Prinzip: Ein Festkörper taucht so tief in eine Flüssigkeit ein, bis die Gewichtskraft (früher einfach Gewicht genannt) der durch sein Eintauchen verdrängten Flüssigkeit genauso groß ist wie die Gewichtskraft des eingetauchten Körpers. Je größer die Dichte einer Flüssigkeit ist, umso weniger tief taucht ein Festkörper in diese ein, wie die Abbildung zeigt. Über die Eintauchtiefe besonderer Messgeräte lässt sich daher die Dichte einer Flüssigkeit bestimmen.

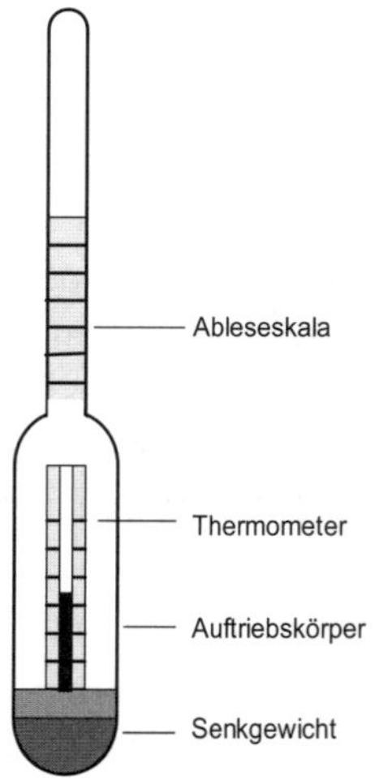

Ein Aräometer besteht aus einem dicken, unten mit Gewichten beschwerten Auftriebs- bzw. Senkkörper aus Glas und einem dünneren Abschnitt, der eine (gegebenenfalls genau geeichte) Skala zum Ablesen enthält. Wegen der Temperaturabhängigkeit der Dichte muss ein Aräometer immer die gleiche Temperatur wie die Messlösung aufweisen. Bei der Dichtebestimmung ist daher gleichzeitig eine Temperaturmessung vorzunehmen. Praktischerweise ist daher in viele professionell gefertigte Aräometer bereits ein Thermometer eingebaut. Für das hier vorgeschlagene Projekt ist die Temperaturmessung allerdings vernachlässigbar, weil es eben nicht auf Genauigkeit hinter der dritten Kommastelle ankommt.

Die Ostsee ist ein Brackwassermeer

Brackwasser ist verdünntes Meerwasser, wobei es zu Verschiebungen des Anteils der Salze kommen kann. Brackwasser entsteht im Grenzgebiet von Fluss- und Meerwasser (Ästuare). Elbe, Weser und Rhein an der Nordsee und Oder in der Ostsee sind Beispiele für Flussmündungen mit ausgedehnten Brackwasserzonen. Der Salzgehalt liegt definitionsgemäß unter 18‰ (18 psu).

Neben den Flussmündungen sind weltweit zwei Brackwassermeere bekannt, die Ostsee und das Schwarze Meer. Ein Brackwassermeer entsteht, wenn der Zufluss von Meerwasser durch Meerengen begrenzt ist und das Meerwasser durch Flusswasser verdünnt wird.
In der Abbildung unten ist der Wasseraustausch zwischen Nord- und Ostsee schematisch am Beispiel an den Meerengen zwischen Dänemark und Deutschland dargestellt. Nordseewasser mit hoher Dichte dringt am Meeresboden in die Ostsee ein, und leichtes Ostseewasser fließt in Richtung Nordsee in entgegengesetzter Richtung im oberen Wasserkörper ab. Im Falle eines geringen Salzwassereinbruchs wird das Nordseewasser an einer unterseeischen Schwelle, z.B. an der Darßer Schwelle, am weiteren Vordringen in die Ostseebecken gehindert. Der Salzwasserzufluss muss ausreichend sein, um diese Hürde zu überwinden. Dazu müssen die Becken der Kieler und der Mecklenburger Bucht gefüllt sein, so dass das Salzwasser „überschwappen" kann und dann über das vergleichsweise flache Arkonabecken in das Bornholm- und das Zentralbecken weiter in die Ostsee vor zu dringen.
Die komplizierten Austauschvorgänge zwischen Nord- und Ostsee werden vom Leibnitz- Institut für Ostseeforschung Warnemünde seit über 50 Jahre untersucht. Mehr darüber findet ihr unter www.io-warnemuende.de.

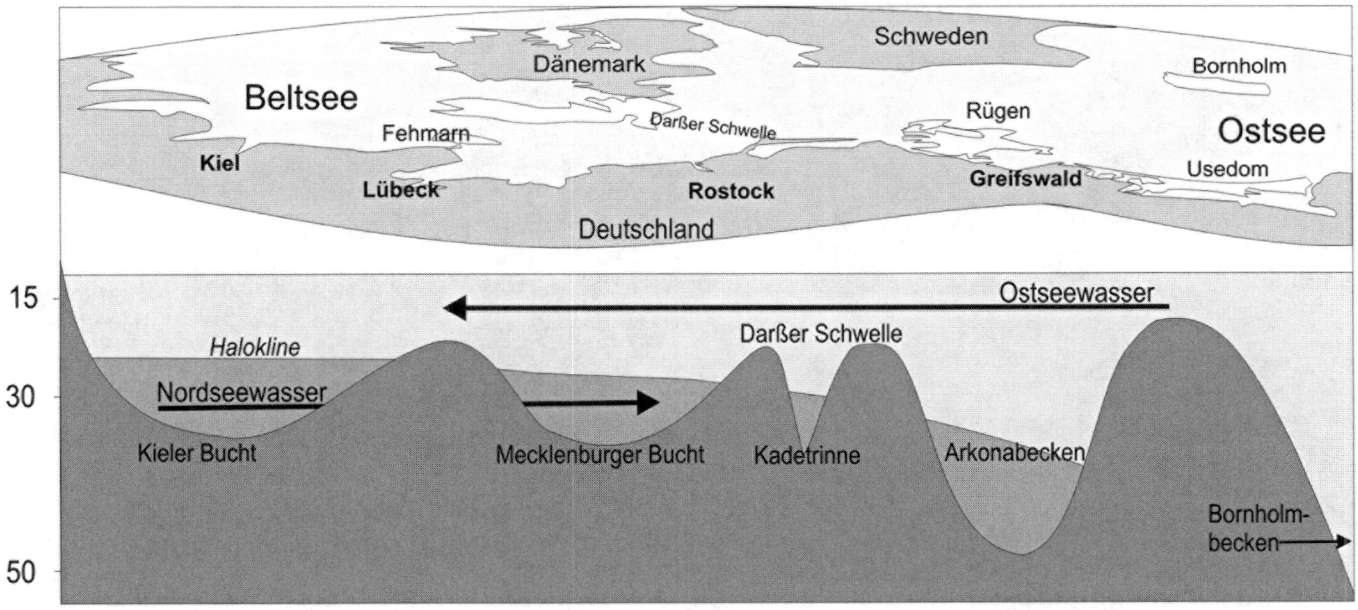

Wassereinstrom von der Nord- in die Ostsee (Kieler Bucht – östlich Rügen). Dunkelgrau: salzreiches Wasser aus der Nordsee (Kattegat)

Die Ostsee ist geschichtet

Eine Besonderheit der Brackwassermeere und damit auch der Ostsee ist ihr geschichteter Wasserkörper. Ihr habt kennengelernt, dass sich in einem kg Meerwasser rund 35 g Salz befinden. Im Brackwasser befinden sich bei 7‰ etwa 7 g Salze (Salzgehalt der Ostsee bei Rügen). Brackwasser ist also leichter als Meerwasser. In Brackwassermeeren bilden sich daher geschichtete Wasserkörper: Oben befindet sich das leichte Brackwasser, unten das schwere Meerwasser. Diese Wasserkörper sind scharf getrennt. Der Zufluss in die Ostsee wird durch die dänischen Inseln Fünen und Seeland sowie durch unterseeische

Schwellen begrenzt. Solche Barrieren bestehen im Sund südlich von Kopenhagen und zwischen dem Darß (Mecklenburg-Vorpommern) und der dänischen Insel Falster sowie zwischen den Becken der eigentlichen Ostsee (Arkona, Bornholm, Gotland, wie die Abbildung zeigt.

Der Abfluss von leichtem Ostseewasser kann auch nur über denselben Weg erfolgen, nämlich die dänischen Wasserstraßen, wie das Salzwasser eindringt. Das bedeutet, dass in den bodennahen Wasserschichten salzreiches, schweres Meerwasser in die Ostsee ein- und in den oberen Wasserschichten leichtes Ostseewasser abfließt. Der Angelhaken eines Anglers im Großen Belt wird mit dem oberen Wasserkörper nach Norden, mit dem unteren Wasserkörper nach Süden in Richtung Ostsee verdriftet. Die so genannte Sprungschicht liegt in der westlichen Ostsee bei 20 m und im Zentralbecken der Ostsee (Gotlandsee) bei 70 m Wassertiefe.

Die Schichtungsverhältnisse in der Ostsee sind in der Abbildung dargestellt. Dabei ist zu beachten, dass diese Abbildung einen bestimmten Zeitabschnitt widerspiegelt. Nach einem Zufluss von Salzwasser aus der Nordsee können sich die Schichtungsverhältnisse deutlich verschieben. Verbunden mit der Existenz von zwei Wasserkörpern ist eine stabile Dichteschichtung mit einer Sprungschicht, die das salzarme Oberflächenwasser von Tiefenwasser trennt. Die horizontale Zirkulation im Tiefenwasser wird durch die Becken-/ Schwellenstruktur der Ostsee behindert, während die vertikale Zirkulation durch die Sprungschicht eingeschränkt wird.

Pflanzen und Tiere im Brackwasser

Mit dem abnehmendem Salzgehalt in der Ostsee ist ein deutlicher Rückgang von marinen Pflanzen- und Tierarten von West nach Ost zu verzeichnen. Eine weitere Auswirkung des reduzierten Salzgehaltes ist die Größenabnahme der betreffenden Arten. Besonders deutlich fällt beispielsweise der Unterschied zwischen Größe und Schalendicke bei Muscheln aus.

Die Schichtung des Wasserkörpers im Ökosystem Ostsee hat somit gravierende Folgen für Pflanzen und Tiere. Arten aus der Nordsee, die den geringen Salzgehalt des Brackwassers nicht tolerieren, können nur im unteren Wasserkörper weit in die Ostsee eindringen.

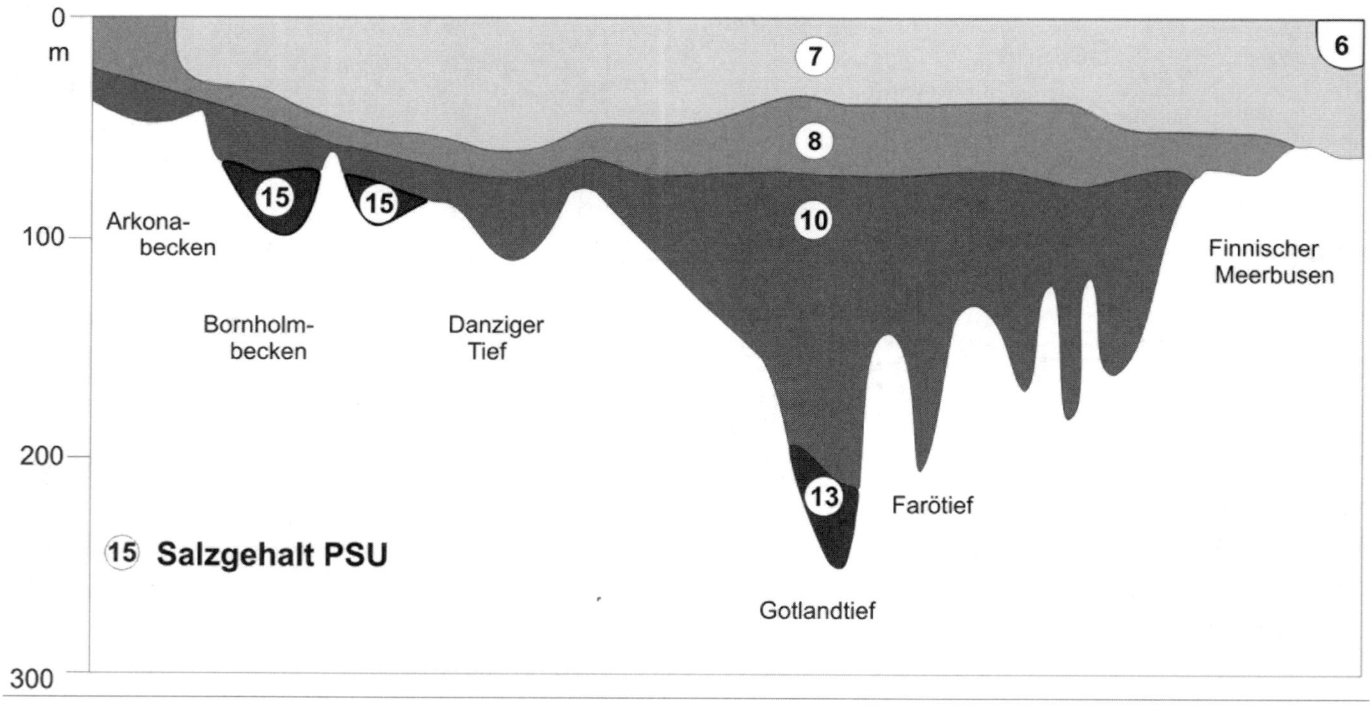

Der Wasserkörper des Brackwassermeers Ostsee ist geschichtet: Schematischer Längsschnitt von der Insel Rügen bis zum Finnischen Meerbusen

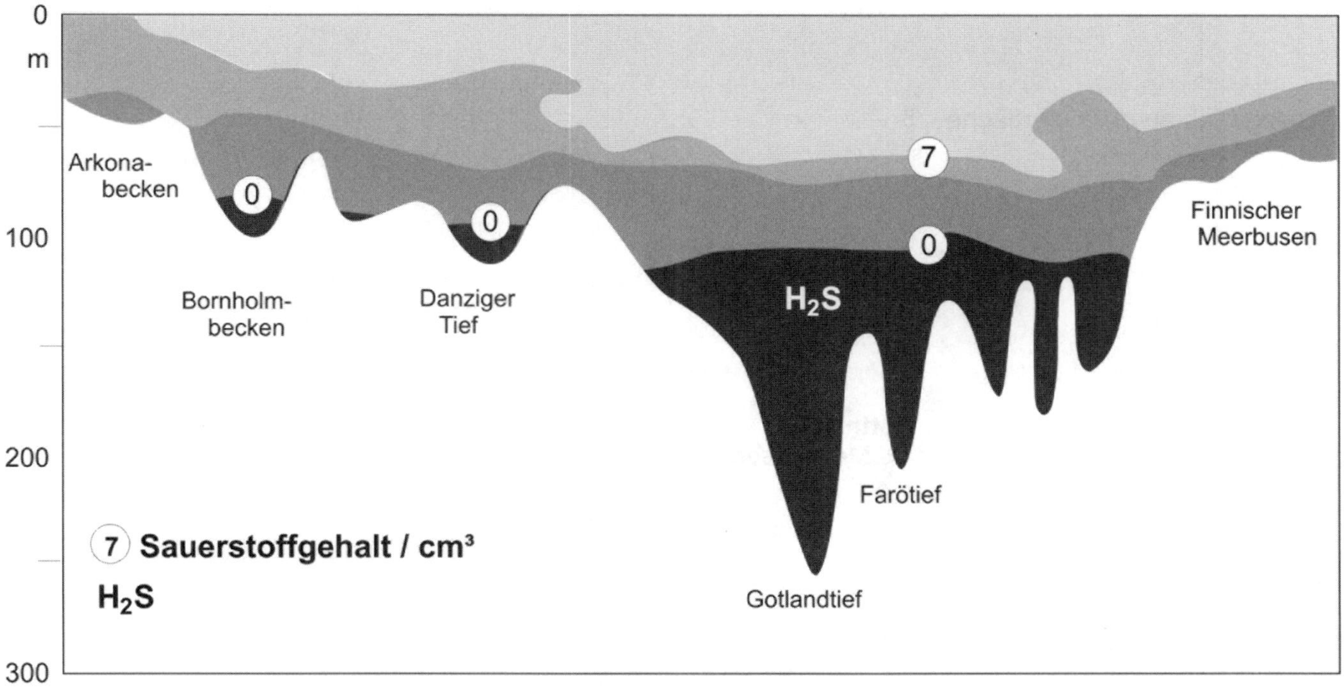

Der untere salzreiche Wasserkörper kann giftigen Schwefelwasserstoff H_2S enthalten. Schematischer Längsschnitt der Ostsee von der Insel Rügen bis zum Finnischen Meerbusen

Mit Salzwassereinbrüchen aus dem Nordsee/Kattegat-Bereich dringen auch Larven mariner Evertebraten in die Ostsee ein, die in dem salzreichen, kalten Wasser in Bodennähe existieren können. Diese Arten folgen bei ihrem Weg in die Ostsee dem salzreichen Wasser und müssen dabei in tiefere Zonen abtauchen (submergieren). Daher bezeichnet man dieses Phänomen auch als Salzwassersubmergenz. Arten, die in vollmarinen Gewässern wie im Nordseewatt nur in der Gezeitenzone leben wie z.B. der Wattwurm (*Arenicola marina*), sind im Arkonabecken noch in über 40 m Wassertiefe anzutreffen.
Die Trennschicht zwischen den beiden Wasserkörpern ist für Gase (fast) undurchlässig. Konkret kann kein Sauerstoff aus dem Oberflächenwasser über den vertikalen Weg „von oben" in die unteren Schichten eindringen. In den oberen, lichtdurchfluteten Schichten entsteht über Photosynthese der Algen und über die Luft reichlich Sauerstoff. Sauerstoff kann eigenartigerweise nur mit einem Salzwassereinbruch aus der Nordsee in die Becken eindringen. Findet dieser nicht statt, herrscht in den Becken der Ostsee Sauerstoffmangel. Meerestiere können hier nicht überleben. Allenfalls Bakterien, die nicht vom Sauerstoff abhängig und deswegen Anaerobier sind, können ihren Stoffwechsel aufrecht erhalten. Die Lebensbedingungen in den tieferen Bereichen der Ostsee sind also ziemlich schwierig.
Sauerstoffmangel hat es in den bodennahen Wasserschichten der Ostsee schon immer gegeben. Offensichtlich hat der Sauerstoffmangel im letzten Jahrhundert zugenommen. Vorrangig ist dies auf einen Rückgang der Salzwassereinbrüche zurückzuführen, dessen Grund nicht eindeutig ist. Jedoch steuern auch direkte anthropogene Einflüsse dazu bei, zu denen vor allem der Eintrag von Nährstoffen (Phosphate, Nitrate) zählt. Damit erhöht sich die Biomasse der benthischen Fauna und führt zusammen mit dem erhöhten Eintrag von organischem Material zu höheren Zehrungsprozessen im bodennahen Wasserkörper.
Zurzeit findet in den Zonen mit zeitweiligem Sauerstoffmangel in der Kieler und Mecklenburger Bucht ein Wechsel zwischen kurzlebigen, polychätendominierten Wiederbesiedlungsgemeinschaften und stark verarmten oder makrobenthosfreien Böden statt. Nach einem Sauerstoffmangel, der zum Absterben der regional typischen Fauna führt, können kurzlebige Arten wie Meeresborstenwürmer (Polychaeta) und einige Muschel- und Krebsarten den nicht besetzten Boden sehr schnell wiederbesiedeln. Die ursprüngliche Fauna, die sich vorrangig aus langlebigen Arten zusammensetzte, kann sich nur unter günstigen Bedingungen wieder ansiedeln.

S INFORMATIONS- und AUFGABEN-Blatt 2.21

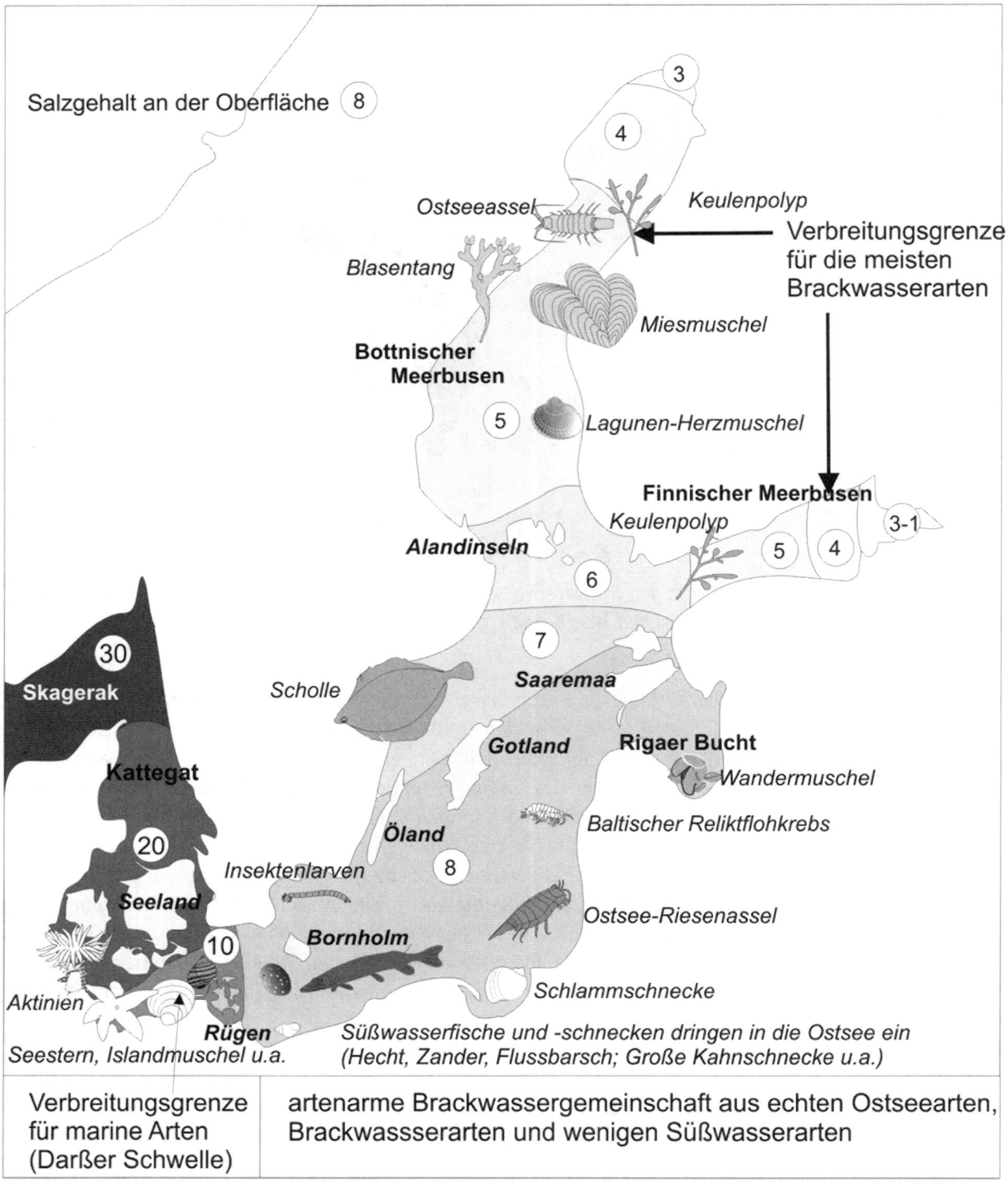

Verteilung des Salzgehaltes an der Oberfläche in der Ostsee vom Skagerrak bis zur Bottnischen und Finnischen Meerbusen

Aufgaben:

1. **Stelle eine meerwasserähnliche Kochsalzlösung von 35 psu (S = 35‰) her, färbe sie mit Tinte an und gieße sie vorsichtig in ein Gefäß mit Leitungswasser. Formuliere deine Beobachtungen. Ziehe daraus Schlussfolgerungen für das Brackwassermeer Ostsee.**
2. **Miss den Salzgehalt der Ostsee an eurem Aufenthaltsort mit einem Aräometer oder mit einem Gerät zur Leitfähigkeitsbestimmung.**
3. **Nenne jeweils fünf typische Vertreter der wirbellosen Tiere (Muscheln, Schnecken, Krebse u.a.) und der Algen für die Küsten der oben genannten Salzgehaltsregionen.**

Küstenformen an der Ostsee

Die Ostsee ist ein Flachwassermeer mit einer durchschnittlichen Wassertiefe von 55 m. Kaskadenförmig reihen sich Becken aneinander, durch Schwellen voneinander getrennt – mit bemerkenswerten Folgen für den Sauerstoff- und Salzgehalt. Die Becken werden von West nach Ost tiefer. Erst im Bottnischen Meeresbusen steigt der Meeresboden wieder an. Für den deutschen Teil der Ostsee sind eine sehr heterogene Oberflächenstruktur und ein reliefstarker Meeresboden charakteristisch. Die Sedimentoberfläche bildet die Gletscherfracht aus Skandinavien. Blöcke (Findlinge) an den aktiven Kliffen sind davon ein besonders auffälliges Zeugnis. Die Becken- und Schwellenstruktur der Ostsee entstand durch die ausräumende und aufbauende Tätigkeit des Eises der letzten Eiszeit. Beim Vorstoß wurden das skandinavische Hochgebirge abgetragen und die Ostsee-Becken ausgeschürft.

Als vor etwa 18000 Jahren das Maximum der Weichseleiszeit zu Ende ging und die Erwärmung einsetzte, tauten die bis zu 3000 m hohen Gletscher ab und hinterließen gewaltige Schottermengen, die sie auf ihrem Weg nach Süden aus dem skandinavischen Hochgebirge herbeitransportiert hatten. So entstand eine hügelige, reliefstarke Landschaft mit Seen und Flussläufen. Die Ostsee hatte diesen Bereich noch nicht geflutet.

Das Schmelzwasser der Gletscher sammelte sich in einem großen Süßwassersee, der zukünftigen Ostsee, der zunächst noch keine Verbindung mit der Nordsee hatte. Erst als der Wasserspiegel der Weltmeere anstieg, entstand vor etwa 8000 Jahren auch eine Verbindung von Nord- und Ostsee. Die Senken zwischen den Hügeln wurden geflutet, und mit steigendem Wasserstand ragten diese nur noch als Inseln auf.

Nacheiszeitliche Prozesse hatten weitere formende Wirkungen zur Folge, u.a. durch den Anstieg des Meeresspiegels sowie durch Erosion. An den exponierten Schwellen, Kuppen und den Küsten finden Abtragungs-und Transportprozesse statt. Grobes Material (Grobsand, Kies, Geröll, Blöcke) bleibt zurück (Restsedimente), feines Material hingegen wird in den Anlandungszonen (Nehrungen) bzw. in Becken abgelagert. Blöcke und Kreide stellen neben anstehendem Mergel den einzigen natürlichen Hartboden (Riffe) in der südlichen Ostsee.

Die etwa 7000 km lange Ostseeküste zeigt zwei unterschiedliche Großlandschaften: Im Norden und Osten sind es Felsküsten mit Birken und Kiefern, im Süden von Litauen bis Dänemark Sandküsten mit Nehrungen sowie Dünen, die mit Kiefern bewachsen sind. Die Steilufer tragen meist Buchenwälder.

Ausgleichsküste der Insel Rügen

Die südliche Ostsee weist weithin den Küpstentyp Ausgleichküste auf. Der Ausgleich strebt eine gerade Küstenlinie an, wie man sie zwischen Rerik und Rostock bzw. noch deutlicher an der Pommerschen Küste von Polen oder an der Kurischen Nehrung in Russland und Litauen antrifft. Die Ausbildung dieser Küstenlinie begann vor etwa 4000 Jahren, als der Anstieg des Wasserspiegels mehr oder weniger beendet war. Wind und Wellen können seitdem eine mehr oder weniger konstante Küstenlinie angreifen. Exponierte Vorsprünge, die der Küste vorgelagerten Inseln, werden abgetragen. Sand wird mit der Strömung entlang der Küste transportiert und im Lee der Hügel abgelagert. Der Küstenausgleich ist bis heute im Gebiet der deutschen Ostseeküste nicht abgeschlossen.

Das typische Bild der Ausgleichsküsten der südlichen Ostsee zeigt einen Wechsel von Abtragsstrecken mit Kliffen und Anlandungsküsten mit sanft konkav geschwungenen bis fast geradlinigen Sandstränden. Mit dieser Küstenform ist die Ausbildung typischer Küstenlandschaften der Ostsee wie die Bodden und Buchten der mecklenburg-vorpommerschen Ostseeküste verbunden.

Als das Wasser das Gebiet der heutigen Insel Rügen noch nicht erreicht hatte, befand sich hier eine hügelige Landschaft. Mit der Überflutung bildeten sich einzelne Inseln, die heute als Wittow, Jasmund, Zudar und Mönchgut bekannt sind. Das Mönchgut bildete eine Inselgruppe aus mehreren Hügeln. Nun setzte der oben beschriebene Küstenausgleich ein: Strömungen und Wellen setzten den exponierten Hügelseiten zu und trugen Material ab. Der Sand wurde mit dem küstenparallelen Strom transportiert und abgelagert, Grobmaterial blieb liegen. Schließlich wurden die großen Buchten gegenüber der Ostsee abgeriegelt, so dass innere Küstengewässer, in Vorpommern als Bodden bezeichnet, entstanden. Gleichzeitig bildeten sich Verbindungen zwischen den Inselkernen (Schaabe, Schmale Heide, Großer Strand).

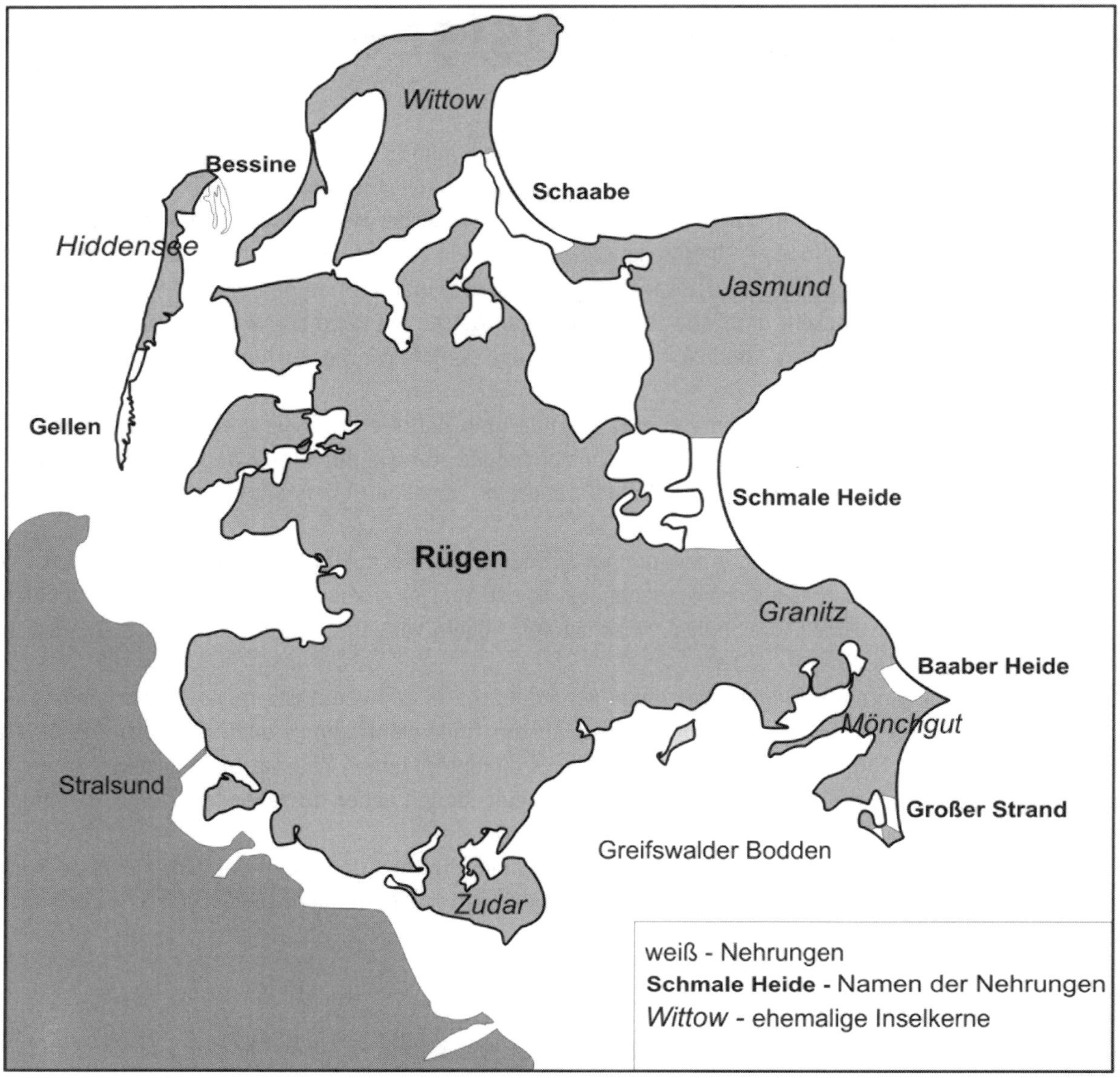

Bei ausreichender Zufuhr von Sand, d.h. an langen Stränden, werden Dünen aufgeschichtet. Ausgedehnte Dünen finden sich daher an den ausgeglichenen, langen Küsten der Pommerschen Ostseeküsten (Polen) und an der Kurischen Nehrung (Litauen, Russland).

Aufgaben

1. **Begründe die Notwendigkeit, im Bereich der deutschen Nord und Ostseeküste von einer Innen- und einer Außenküste zu sprechen.**
2. **Mecklenburg-Vorpommern wirbt mit nahezu 2000 km Küste. Beweise die Richtigkeit dieses Faktes.**
3. **Recherchiere mit Hilfe eines Satellitenbildatlanten oder im Internet (z.B. unter GoogleEarth) das tatsächliche Aussehen der schematisch abgebildeten Landschaft aus der Weltraumperspektive.**
4. **Erkläre, warum sich zwischen der Insel Wolin (Polen) und der Rigaer Bucht (Lettland/Estland) keine Inseln befinden.**

Zonierung in der Gezeitenzone

An Buhnen, Molen, Spundwänden oder Strandfelsen treten die hier festgewachsen lebenden Organismen nicht in unübersichtlichen Mustern nach Zufallsverteilung auf, sondern nehmen klar definierte und horizontal säuberlich gestaffelte Gürtel oder Bänder ein. Es ist fast so wie im Theater: Bestimmte Gesichter findet man nur im Parkett, andere hingegen ausnahmslos auf den höheren Rängen. Als rigorose Platzanweiser wirken die Summeneffekte bestimmter Umweltfaktoren. Da die Gezeitenorganismen von der Niedrigwasserlinie bis zur Flutmarke in einer europaweit einheitlichen und offenbar ziemlich festgelegten Reihenfolge auftreten, müssen wohl die Gezeitenwasserstände die Hand im Spiel haben.

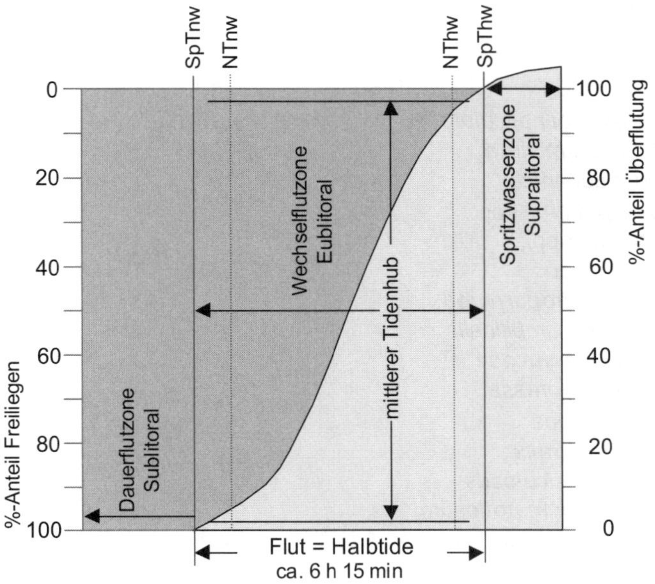

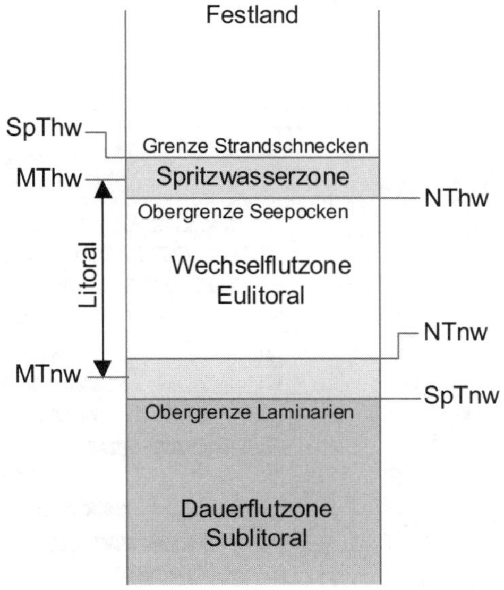

Der Zeitablauf einer Tide im Schema oben zeigt, dass zwischen oben und unten in der Wechselflutzone (Eulitoral) tatsächlich gewaltige Unterschiede bestehen. Ein Lebewesen nahe der Niedrigwasserlinie schaut nur für relativ kurze Zeit aus dem Wasser: Kaum hat die Ebbe seinen Standort freigegeben, geht schon die nächste Flut wieder darüber hinweg. Am anderen Ende, im Bereich der Hochwassermarken, sitzen die dort dauerhaft siedelnden Lebewesen dagegen erheblich länger auf dem Trockenen. Wenn die Tide ihren Sitzplatz geräumt hat, können bis zur nächsten Flutdusche sogar mehr als 10 Stunden vergehen. Daraus wird deutlich, dass die weiter oben vorkommenden Arten vor allem mit dem drohenden Wasserverlust während der Ebbe fertig werden müssen.

Weil die verschiedenen Arten diese spezielle Anforderung unterschiedlich gut und offensichtlich verschieden effizient bewältigen, ergibt sich in der Gezeitenzone durch Vorsortierung somit fast automatisch eine bestimmte Vertikalverteilung. Das Schema rechts zeigt dir, wie die Meeresbiologen mit bestimmten Gezeitenorganismen und den durchschnittlichen Tidenwasserständen die Wuchsplätze eingeteilt haben.

Aufgaben

1. **Im Schema oben links soll der Tidenhub 3 m betragen. Bestimme, wie lange diejenigen Organismen überflutet sind bzw. trocken liegen, die 1 m unterhalb der durchschnittlichen Hochwasserlinie siedeln.**
2. **Trage im linken Schema mithilfe der Angaben aus der rechten Grafik die obersten Sitzplätze der Seepocken ein.**
3. **Erkläre Möglichkeiten, den durchschnittlichen Hochwasserstand auch während der Niedrigwasserzeit abzulesen und so einen direkten Hinweis auf den lokalen Tidenhub zu gewinnen.**

4. Untersuche die Seepocken und Strandschnecken während der Niedrigwasserzeit genauer: Wie schützen sie sich vor Wasserverlusten?
5. Welchen Nachteil haben die Schutzvorrichtungen beider Tierarten?
6. Hebe zur Niedrigwasserzeit die großen Tangbüschel in der mittleren Gezeitenzone hoch. Was fällt dir auf? Beschreibe deine Beobachtungen.
7. Die derbledrigen Tange trocknen während der Ebbe kaum aus. Begründe.
8. Das unten stehende Schema zeigt eine idealisierte Besiedlerfolge an einem Strandfelsen. Finde für die aufgelisteten Organismenarten den deutschen Namen heraus.
9. Lege eine Übersichtstabelle an, in die du die wichtigsten Bestimmungsmerkmale der einzelnen Arten und eventuell eine kleine Skizze von ihrem Aussehen einträgst.

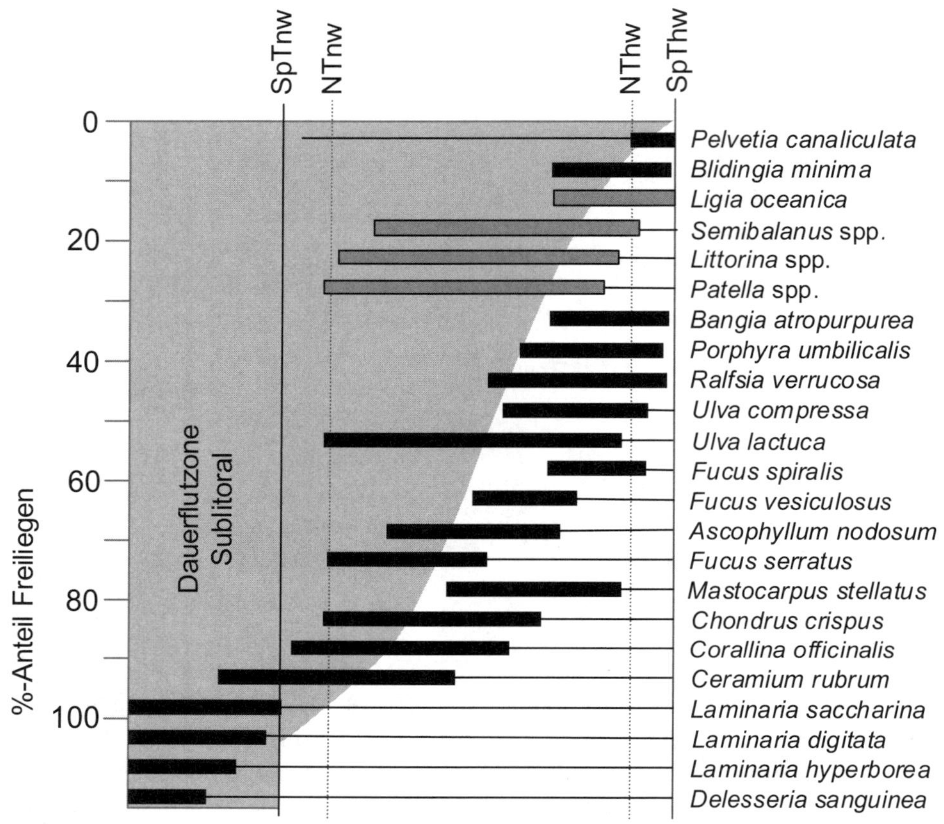

Idealisierte Organismenzonierung an einer atlantischen Gezeitenküste (Algen und Tange schwarz, Tiere grau)

10. Benenne die Arten, die an der von dir untersuchten Buhne oder Mole vorkommen.

Streng genommen beginnt die Zonierungsfolge nicht erst an der Hochwasserlinie bzw. in der Spritzwasserzone einer Felsküste, sondern schon deutlich darüber im Verzahnungsbereich mit der Festlandvegetation. Besonders in Südnorwegen und Westeuropa (Irland, Cornwall, Bretagne) finden sich markant und malerisch abgesetzte Siedlungsbänder unterschiedlich gefärbter Flechten. Zuunterst – anschließend an die obersten Tange und Seepocken – haben sich teerschwarze Flechten festgesetzt. Sie werden von Küstenurlaubern oft mit Mineralöl-Resten aus der Schifffahrt verwechselt. Darüber schließt sich ein breites Band knallgelber Krusten- und Blattflechten an, die einerseits ziemlich artenreich sind, aber nicht einmal einen brauchbaren deutschen Namen tragen. Den Abschluss der dreifarbigen Flechtengürtel bilden graugrüne Arten, unter ihnen zunehmend auch Strauchflechten, von denen einige Vertreter bereits das Geäst der Pionierstrauchgehölze aus der Festlandvegetation besiedeln.

Basisinformation: Schaufenster Gezeitentümpel

Das Felslitoral einer Gezeitenküste ist gewöhnlich ein Lebensraum der langen Streifen. Während sich horizontal der Artenbestand der einzelnen vorhandenen Siedlungsbänder zwischen Hochwasser- und Niedrigwasserlinie über Hunderte von Kilometern Küstenlinie kaum verändert und praktisch vom Nordkap bis Gibraltar erstaunliche Übereinstimmungen zeigt, treten in vertikaler Richtung auf kürzeste Entfernung höchst unterschiedliche Folgen von Artengefügen auf.

Aus dem diesem nach aller Erfahrung ziemlich festgelegten Zonierungsprogramm fällt ein besonderer Typ von Kleinlebensraum unvermittelt heraus, der je nach Küstenmorphologie kaum aspektbestimmend in Erscheinung tritt, gleichwohl aber zu den ökologisch spannendsten Teilbereichen einer gezeitengeformten Felsküste gehört: Es sind die kleineren oder größeren Gezeitentümpel oder Lithotelmen (Gezeitenaquarien; engl. tidepool oder intertidal rockpool, frz. cuvette rocheuse) in natürlich entstandenen Vertiefungen des anstehenden Gesteins, die zur Ebbezeit als organismenbesetzte Wasseransammlungen irgendwo zwischen den Tidemarken zurückbleiben und im tidalen Rhythmus keine nennenswerten Wasserstandsänderungen erfahren.

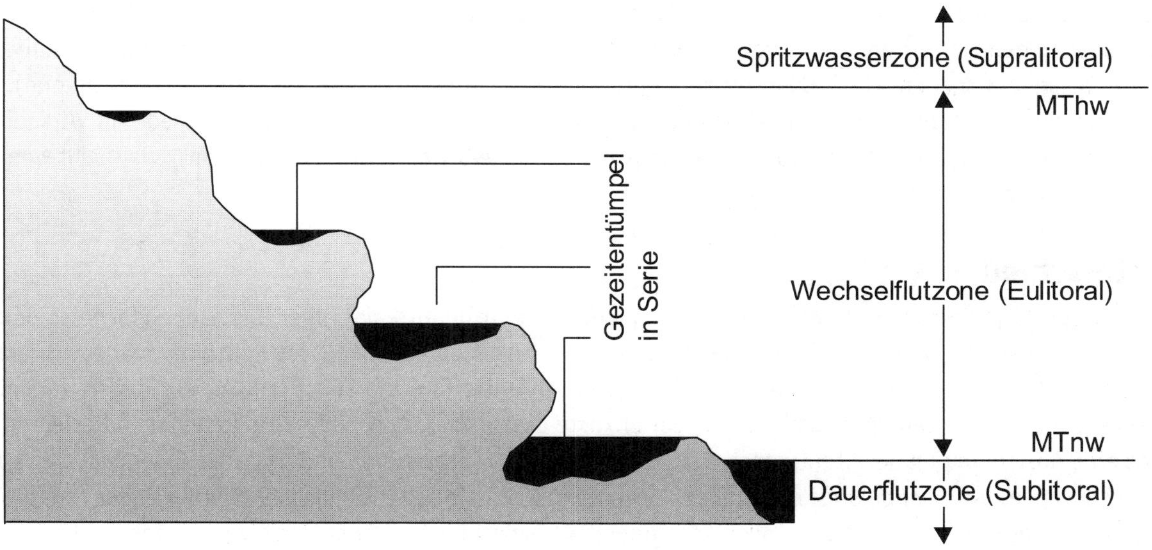

Nach ihrer Flächenausdehnung oder Tiefendimensionierung fallen die Gezeitentümpel höchst unterschiedlich aus. Manche sind extrem flachgründig und nehmen nur einige Quadratdezimeter Grundfläche bei einem Wasservolumen von wenigen Litern ein. Andere sind weitflächiger, tiefer, voluminöser und deutlich stärker untergliedert. Ihre Verteilung im Profil einer Gezeitenküste ist normalerweise völlig zufällig und regellos. Anzahl und Lage hängen lediglich vom Streichen und Fallen der anstehenden Gesteinsserien und deren erosiver Zerschneidung ab. Eine nahezu senkrecht abfallende Kliffküste mit vorgelagerter Brandungsplattform ist in dieser Hinsicht weniger ergiebig als ein Küstenprofil, das aus der Distanz wie zyklopisches Blockwerk aussieht. In etwa gilt die Faustregel, dass die nahe der Hochwasserlinie liegenden Gezeitentümpel deutlich kleiner sind als die in der unteren Gezeitenzone. Dieser Zusammenhang erklärt sich aus der Dauer der Brandungsbelastung und der damit einhergehenden erosiven Bearbeitung des anstehenden Gesteins durch die Wellenaktivität. Es versteht sich, dass die hoch im Tidenniveau gelegenen Tümpel im Gezeitenrhythmus länger exponiert sind als diejenigen nahe der Tidenniedrigwasserlinie.

Der spezielle Lebensraumtyp Gezeitentümpel ist an den Nordseeküsten der Deutschen Bucht (mit Ausnahme kleiner Teilbereiche des Helgoländer Felswatts) und auch in der Ostsee nicht vertreten, aber an der Kanalküste oder in Südnorwegen reichlich vorhanden. Man findet ihn aber auch an fast allen Felsküstenabschnitten des Mittelmeeres. Die folgende Anregung wäre daher eher ein geeignetes Projekt anlässlich einer meeresbiologisch orientierten Klassenfahrt in das benachbarte Ausland. Sie lässt sich aber auch fernab der Meeresküste unterrichtlich als exemplarischer Modellgegenstand für die Erarbeitung eines ungewöhnlichen Biotops einsetzen, indem man

- die abiotischen Bedingungen theoretisch und/oder anhand der beigegebenen Abbildung analysieren lässt
- vor Ort die Aufgabe stellt, den Artenbestand mehrerer Tümpel zu erfassen
- eine mehrstündige Messserie durchführen lässt (Temperatur, pH-Wert, eventuell Salinität etc.), wobei verschiedene Kleingruppen unterschiedliche Tümpel untersuchen.

Die Auswahl sollte optional umfassen

- einen Rockpool im unteren Tidenniveau, der durch Wellenschlag fast ständig im Kontakt mit dem offenen Meer steht und fast noch dem obersten Sublitoral angehört
- einen Tümpel, der während der Ebbezeit vollständig von der Wellenaktivität isoliert bleibt, aber sonnenexponiert ist und eventuell von Niederschlagswasser erreicht wird (mittleres bis oberes Eulitoral)
- einen Tümpel, der nur bei Springtiden oder anderen Extremsituationen (Sturm) eine Meerwasserzufuhr erhält (Supralitoral).

Im größten Teil des Eulitorals, bei dem sich im uhrwerkgenauen tidalen Rhythmus ein stetiger und auch präzise abschätzbarer Wechsel zwischen aquatischen und terrestrischen Milieubedingungen vollzieht („Wechselflutzone"), entscheidet im Wesentlichen die Fähigkeit zur Verhinderung oder Vermeidung einschneidender Wasserverluste während des Trockenfallens über die Ansiedlungserfolge der beteiligten Organismen. Die hier bestandsbildenden Arten des Makrophytobenthos, überwiegend Tange aus der Braunalgenordnung Fucales, weisen schon allein aufgrund ihrer ausgefallenen Zellwandchemie hervorragende Voraussetzungen zur Minimierung von Wassereinbußen auf. Gegenüber dem eher amphibischen Eulitoral erscheinen die Gezeitentümpel dagegen wie portionsweise verpflanzte Ausschnitte aus dem Sublitoral (Dauerflutzone). Sie zeigen aber im Vergleich zu den Lebensräumen unterhalb der Niedrigwasserlinie beträchtliche Unterschiede im Wirkgefüge einzelner Umweltfaktoren und sind interessante, aber keineswegs nur einfache Schaufenster zu einer sonst vielleicht weniger zugänglichen Unterwasserwelt.

Der kleine Unterschied

Der genauere Blick auf den Organismenbesatz eines Gezeitenaquariums zeigt bereits, dass hier bezeichnenderweise gerade solche Organismenarten fehlen, die sonst großflächig das Bild der verschiedenen Teilzonen des Eulitorals prägen. Direkt in einem Gezeitentümpel wird man kaum einmal eine der drei *Fucus*-Arten antreffen, die sonst den Aspekt der freifallenden Tangvegetation einer mäßig exponierten bis geschützten Gezeitenküste bestimmen. Auch viele sessile tierische Besiedler des Eulitorals vermeiden eine Ansiedlung im Gezeitentümpel, darunter die sonst so verbreiteten und bestandsbildenden Seepocken (Balaniden) mit der wichtigsten Art *Semibalanus balanoides* . Auch Kleinbestände der Miesmuschel (*Mytilus edulis*) sind kaum zu sehen. Von der Napfschnecke (*Patella vulgata*) oder Aschgrauen Kreiselschnecke (*Gibbula cineraria*) einmal abgesehen, fehlen dem Tümpel-Arteninventar weithin auch viele der im Eulitoral individuenreich auftretenden Gehäuseschnecken, beispielsweise der Formenkreise der Gattung *Littorina*. Nicht einmal die Organismengemeinschaften der ökologisch gewiss nicht unproblematischen Spritzwasserzone (Supralitoral) steuern in nennenswertem Maße Einzelarten zum Besatz der nahe der Flutmarke gelegenen Tümpel bei. Hier sind weder die zonal auftretenden marinen Flechten (z.B. *Verrucaria maura, Lichina confinis* oder *Caloplaca marina*) noch Grenzgänger wie die Braunalge *Pelvetia canaliculata* anzutreffen.

Wenn demnach den Gezeitentümpeln durchweg die Vertreter aus den Benthoslebensgemeinschaften des oberen und mittleren Eulitorals fehlen, bleiben für die Rekrutierung der Arteninventare eigentlich nur noch Arten aus der unteren Gezeitenzone oder aus dem oberen Sublitoral übrig. Tatsächlich finden sich aus solchen Teilräumen umso mehr Arten zusammen, je weiter die Tümpel dem Niveau der Niedrigwasserlinie genähert sind. Aspektbildend beteiligen sich an der Tümpelbesiedlung beispielsweise die eigenartig violettgrauen Krusten von Kalkrotalgen der Gattungen *Phymatolithon* und *Lithophyllum*. Sie kleiden die Hohlformen der Tümpel flächendeckend aus und legen damit einen sehr auffälligen Farbkontrast zwischen Tümpelrand und Tümpelumfeld fest. Üppige Bestände entwickelt auch die dem gleichen Verwandtschaftskreis angehörende *Corallina officinalis*. Sonstige sublitorale Makroalgen sind durchaus artenreich, aber auffallend individuenarm vertreten.

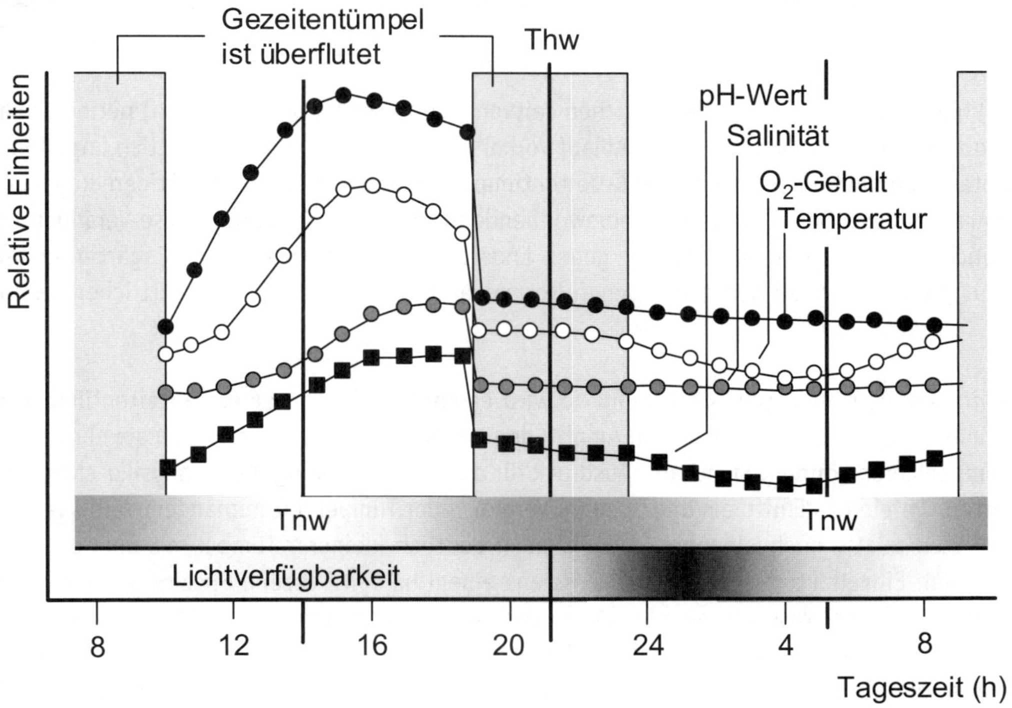

Tidale Wechselbäder

Dieser spezifische, vom Gesamtbild des übrigen Eulitorals augenfällig abweichende Aspekt der Gezeitentümpel ist nur zum Teil mit Argumenten der zwischenartlichen Konkurrenz oder des größeren Beweidungsdruckes in permanent überfluteten Kleinräumen zu erklären. Selbstverständlich spielen solche Effekte eine nicht zu unterschätzende Rolle, wie der üppige Grünalgenaufwuchs auf den Gehäusen der *Patella*-Arten zeigt, während das übrige Phytobenthos des Tümpels nur aus unangreifbaren Kalkalgenkrusten besteht. Andererseits weist ein Gezeitentümpel hinsichtlich seiner abiotischen Faktoren eine Reihe von bemerkenswerten Eigenheiten auf, die mit der Tatsache der permanenten Wasserfüllung nur unzureichend zu umschreiben sind. Sie sind nämlich nicht einfach bei Niedrigwasser isolierte, von der übrigen Dauerflutzone zeitweise abgegliederte Kleinlebensräume und damit modellhaft winzige Ausschnitte aus dem großen Sublitoral, sondern Ausnahmebereiche mit auffallend kurzfristiger Fluktuation fast aller beteiligten physiko-chemischen Parameter. Die Abbildung verdeutlicht diese Sicht mit Messwertserien für einen in der mittleren Gezeitenzone gelegenen Tümpel. Die Daten stammen aus einer Messerie in einem Wasserkörper von etwa 300 L Volumen bei einer durchschnittlichen Tiefe von etwa 25 cm. Der Tümpel war tagsüber voll besonnt.

Gewöhnlich weisen die Gezeitentümpel (zumal während der Sommermonate) einen ausgeprägten Temperaturtagesgang mit beachtlicher Amplitude auf. Die relativ starke Erwärmung des dargestellten Gezeitentümpels zog während der dargestellten mehrstündigen Messperiode durch Wasserverdunstung einen deutlichen Anstieg der Salinität auf fast 37‰ nach sich. Die photosynthetische CO_2-Bindung der im Tümpel siedelnden Makroalgen (überwiegend Kalkkrusten-Rotalgen sowie die strauchige Kalkrotalge *Corallina officinalis*) ließen den pH-Wert deutlich in das leicht alkalische Milieu ansteigen. Der Photosynthese der Algen ist auch der Anstieg des O_2-Gehaltes zuzuschreiben.

Besonders hervorhebenswert zur Bewertung der Tümpelökologie ist, dass die nach mehrstündiger Sonneneinstrahlung erreichte Temperatur nicht wie an (sonstigen) terrestrischen Standorten allmählich auf die Ausgangslage zurück gleitet, sondern abrupt wieder die jeweilige Meerwassertemperatur mit dem Augenblick annimmt, in dem die nächste auflaufende Flut in das Tümpelbecken hereinschwappt. Zeitgleich mit dieser gleichsam momentanen Angleichung erfolgt auch eine fast augenblickliche Umstellung der erreichten Sauerstoffsättigung, die sich während der Ebbezeit aufgebaut hat. Die durch Photosynthese bzw. Respiration der Tümpelorganismen bedingten Eingriffe in das empfindlich eingestellte Kohlenstoffdioxid-Gleichgewicht des abgetrennten Meerwasservolumens (dokumentierbar als Schwankung der jeweiligen pH-Werte als Folge der Reaktion $CO_2 + H_2O \rightarrow H_2CO_3 \rightarrow H^+ + HCO^{3-} \rightarrow 2\ H^+ + CO_3^{2-}$ durch Atmungsprozesse der Tümpelbewohner bzw. die Rückreaktion vom Carbonat-Anion bis zum CO_2 durch die Photosynthese der beteiligten Algen) kompensiert die nächste auflaufende Flut ebenfalls geradezu schlagartig.

Temperatur, pH-Wert (CO_2-Vorrat) und O_2-Gehalt sind mit der täglichen Zeitversetzung der Tiden (ca. 50 min) periodisch auftretende und in gewissem Umfang zumindest in jahreszeitlichem Ablauf vorhersagbare Veränderungen. Gänzlich unperiodisch verändert sich dagegen die Salinität, wenn auf einen (kleineren) Gezeitentümpel während der Ebbezeit heftigere Regengüsse niedergehen und das Gezeitenaquarium aussüßen. Für die tümpelbewohnenden Organismen bedeuten diese Veränderungen ihres ionalen Milieus eine erhebliche osmotische Belastung, die gegen Ende der Ebbezeit wiederum schlagartig aussetzt, wenn die hereinschwappende Flut die Rückkehr zu den osmotischen Normalverhältnissen der durchschnittlichen Salinität S = 35‰ erzwingt.

Nimmt man einmal die Gesamtwirkung aller abiotischen Faktoren, so wird erkennbar, dass in einem Gezeitentümpel eine Selektion auf solche Arten stattfindet, welche die beträchtlichen Amplituden der beteiligten Einzelfaktoren am ehesten mitvollziehen bzw. physiologisch kompensieren können. Sichtbarer Ausdruck für die Auslesewirkung dieser physiko-chemischen Umwelt sind die (vom benachbarten Umfeld des Eulitorals und auch im Vergleich der Tümpel untereinander) völlig verschiedenen Arteninventare. Die Artenlisten relativ hochgelegener, zumeist auch deutlich kleinerer Tümpel mit um so größerer Schwankungsbreite der bestimmenden Einzelfaktoren fallen mit höchstens einem halben Dutzend Spezies vergleichsweise mager aus, während die oft ungleich größeren Wasseransammlungen in tieferen Teilbereichen der Gezeitenzone schon eher die Verhältnisse des benachbarten Sublitorals spiegeln. Dennoch widersetzen sich die Gezeitentümpel einer einheitlichen Klassifizierung, wie sie für supralitorale Gewässer möglich ist. Jeder Gezeitentümpel trägt aufgrund seiner Abmessungen und Exposition individuelle Züge. Hier sind zwar einheitliche ökologische Grundprinzipien möglich, aber kaum Voraussagen über die jeweils zu erwartenden Artenspektren.

Wo Meereslebewesen wohnen

Anders als auf dem Festland stehen den Meereslebewesen viel mehr verschiedene Lebensraumtypen zur Verfügung. Oft wohnen sie auch auf- oder sogar ineinander. Die nachfolgende Zeichnung zeigt dir die wichtigsten Möglichkeiten.

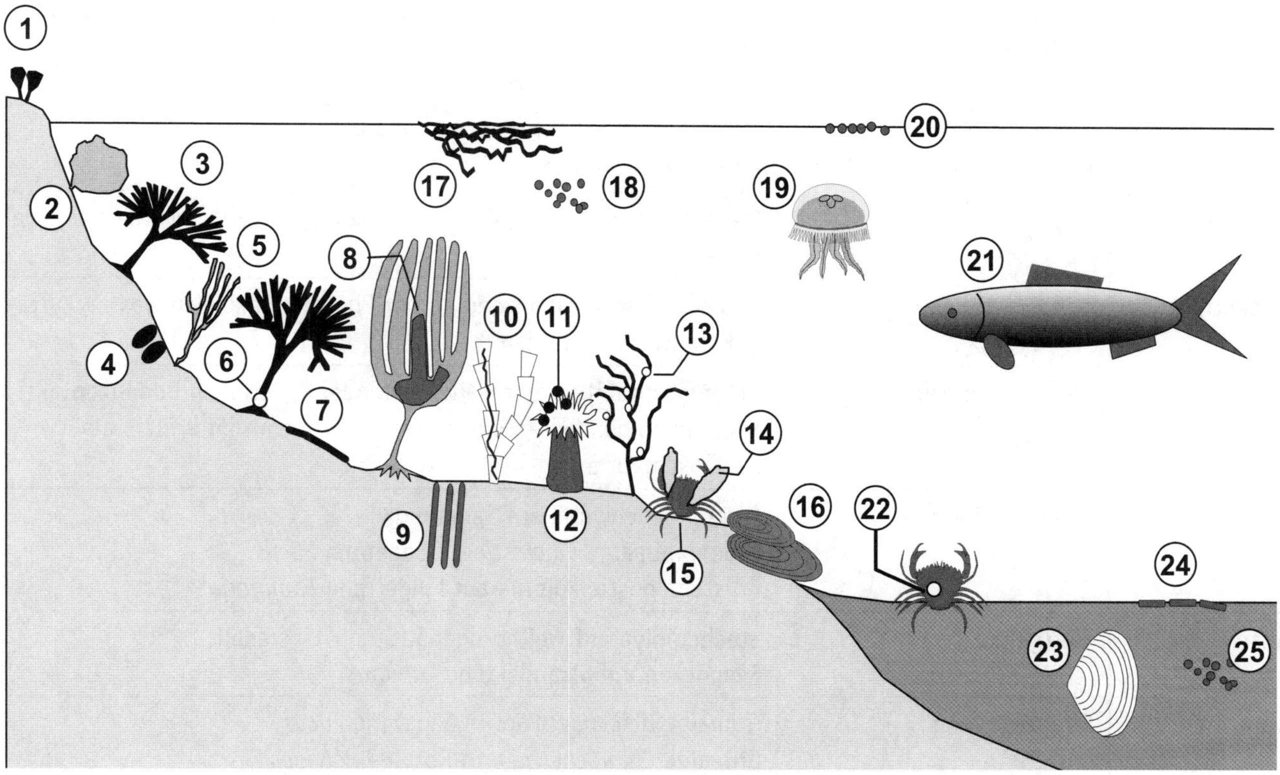

Aufgaben

1. Ordne den Organismen 1 bis 25 die folgenden Lebensraumtypen zu – die zugehörigen Begriffe erklärt dir die Tabelle auf der Rückseite.

a planktisch	**b** epilithisch	**c** benthisch	**d** epiphytisch	**e** endolithisch
f epiphytisch	**e** parasitisch	**f** epizoisch	**g** nektisch	**h** endozoisch
i endopsammisch	**j** endosymbiontisch	**k** interstitiell	**l** aerophytisch	**m** neustisch

2. Finde für die Fachausdrücke deutsche erklärende Begriffe.
3. Die Meeresorganismen 26 bis 31 (von links nach rechts: Seestern, Strandschnecke, Seepocke, Wattschnecke, Sandgarnele, Wattwurm) sind noch keinem dieser Lebensräume zugeordnet...
4. Gibt es auch benthische Fische?
5. Warum sind Medusen (Quallen), auch wenn sie sehr groß werden können, Planktonlebewesen?

S AUFGABEN-Blatt 3.3

Zur genaueren Bezeichnung der Wohnorte, Aufenthaltsbereiche bzw. besiedelten Lebensräume im Meer haben die Fachleute besondere Ausdrücke entwickelt, mit denen sie sich kurz, knapp und eindeutig verständigen können. Künftig kannst du hier kompetent mitreden ...

<table>
<thead>
<tr><th colspan="2">Lebensweise</th><th>Wuchsunterlage/
Aufenthaltsbereich</th><th>Beispiel</th></tr>
</thead>
<tbody>
<tr><td colspan="2">aerophytisch</td><td>außerhalb des Wassers</td><td>Grünalge Prasiola auf hohen Küstenfelsen</td></tr>
<tr><td colspan="2">aquatisch</td><td>im Wasser</td><td>limnisch: nur im Süßwasser
marin: nur im Meerwasser</td></tr>
<tr><td rowspan="3">pelagisch</td><td>nektisch</td><td rowspan="3">Freiwasserraum</td><td>Nekton: Tiere mit freier Ortswahl wie Hering, Dorsch, Katzenhai</td></tr>
<tr><td>planktisch</td><td>Plankton: Treibgut-Organismen ohne Möglichkeit der freien Ortswahl: Ohrenqualle</td></tr>
<tr><td>neustisch</td><td>Neuston: Mikroorganismen an der Phasengrenze Meerwasser/Luft: Bakterien, Kleinstalgen</td></tr>
<tr><td colspan="2">benthisch</td><td>Weich- oder Hartboden</td><td>Organismen mit vorübergehendem oder dauerndem Bodenkontakt; alle nachfolgenden Assoziationen könnte man im Prinzip als benthisch auffassen</td></tr>
<tr><td colspan="2">epiphytisch</td><td>Pflanze / Tang</td><td>Posthörnchenwurm auf Sägetang
Fadenbraunalge Elachista auf Sägetang Fucus
Krustenmoostierkolonie auf Fingertang Laminaria</td></tr>
<tr><td colspan="2">epizoisch</td><td>Tier(gehäuse)</td><td>Stachelpolyp auf Wellhorngehäuse mit Einsiedler
Seepocken auf Strandkrabbe Carcinus</td></tr>
<tr><td colspan="2">endophytisch</td><td>Pflanze / Tang</td><td>Grünalge Acrochaete sp. in Sägetang Fucus
Grünalge Chlorochytrium in Rotalge Polyides</td></tr>
<tr><td colspan="2">endozoisch</td><td>Tier(gehäuse)</td><td>Rotalge Audouinella in Hydrozoen-Theken
Muschelwächter Pinnoteres in Miesmuschel Mytilus</td></tr>
<tr><td colspan="2">endosymbiontisch</td><td>Wirtszelle</td><td>Dinoflagellat Symbiodinium in Wachsrose Anemonia
Grünalge Tetraselmis in Strudelwurm Convoluta</td></tr>
<tr><td colspan="2">endoparasitisch</td><td>im Wirtsorgan</td><td>Wurzelkrebs Sacculina in Strandkrabbe Carcinus</td></tr>
<tr><td colspan="2">ektoparasitisch</td><td>am Wirtsorgan</td><td>Copepoden an den Kiemen von Dorschen</td></tr>
<tr><td colspan="2">epilithisch</td><td>auf Fels bzw. Stein</td><td>Seepocke Semibalanus
Pferdeaktinie Actinia, Miesmuschel Mytilus
Blasentang Fucus, Hauttang Porphyra</td></tr>
<tr><td colspan="2">endolithisch</td><td>in Fels bzw. Stein bzw. Kalkschalen</td><td>Bohrschwamm Cliona, Bohrwurm Polydora,
Bohrmuschel Barnea, Bohralge Ostreobium</td></tr>
<tr><td colspan="2">endoxylisch</td><td>in (verbautem) Holz</td><td>Bohrwurm Polydora, Schiffsbohr"wurm" Teredo,
Bohrassel Limnoria</td></tr>
<tr><td colspan="2">epipsammisch</td><td>auf Weichboden</td><td>Wattschnecke Hydrobia, Sandklaffmuschel Mya</td></tr>
<tr><td colspan="2">endopsammisch</td><td>im Weichboden</td><td>Wattwurm Arenicola, Sandklaffmuschel Mya</td></tr>
<tr><td colspan="2">interstitiell</td><td>im Lückensystem zwischen den Sandkörnern</td><td>zahlreiche Kleinstorganismen unterschiedlicher Verwandtschafts-gruppen</td></tr>
</tbody>
</table>

Basisinformation Ökologie der Lagebeziehungen

Das Meer ist der größte Teilbereich der Biosphäre. Während die riesigen Freiwasserräume abgesehen von der Tiefengliederung und den davon abhängigen Licht-, Temperatur- und Druckbedingungen relativ gleichförmig sind, bieten die Meeresböden deutlich mehr Strukturreichtum. Daher findet sich hier auch die ungleich größere organismische Typenfülle. Hinsichtlich ihrer bevorzugten Lebens- bzw. Aufenthaltsbereiche (Habitatwahl) unterscheidet man mehrere Möglichkeiten. Dabei fallen gewisse Unterschiede zu den Festland-Biotopen auf: Hier kennt man die übliche, von der Alltagserfahrung ständig bestätigte und deswegen nur selten hinterfragte Platzzuweisung – die Pflanzen sind traditionell ortsfest und unverrückbar im Boden verwurzelt, während die Tiere auf zwei oder mehr Beinen unterwegs sind und einen meist nennenswerten Aktionsradius praktizieren. Im Vergleich dazu erweist sich das Meer geradezu als eine völlig verkehrte Welt: Hier finden sich dauerhaft festgewachsene Einzeltiere oder auch Tierkolonien aus gänzlich unterschiedlichen Verwandtschaftsgruppen, andererseits aber auch frei umherdriftende Pflanzen von durchaus respektabler Abmessung. Während in einer Wiese oder im Garten die Organismen wohl geordnet und sortiert nebeneinander leben und es allenfalls im Wald die eine oder andere Art auf die Bäume treibt, geht es in den Lebensgemeinschaften des Meeresbodens buchstäblich drunter und drüber: Pflanzen besiedeln dauerhaft Tiere, und Tiere verankern sich lebenslang auf dem Siedlungsplatz Pflanze. Daneben gibt es natürlich auch noch dauerhafte Pflanze-Pflanze-Wohngemeinschaften und – fast so wie bei den Bremer Stadtmusikanten – fest gefügte Tier-Tier-Assoziationen.

Aufsässige Arten

Arten, die einen dauerhaften Aufwuchs auf anderen Lebewesen bilden, nennt man im Fall der Pflanzen üblicherweise Epiphyten und bei den Tieren konsequenterweise Epizoen. Da begrifflich nun nicht (immer) klar zu entscheiden ist, ob ein Epiphyt eine auf einem Tier(gehäuse) wachsende Alge oder eine am Tang verankerte Tierkolonie ist, geht man zunehmend dazu über, zur genaueren Kennzeichnung eben nur noch die jeweiligen Positionsbezeichnungen oder Wuchsunterlagen zu verwenden: Epiphytisch bedeutet demnach, dass eine beliebige Art auf einer Trägerpflanze siedelt, während das Attribut epizoisch immer den Wuchsplatz Tier meint.

Oft haben die beteiligten Arten sozusagen die freie Wahl – wo Platz ist, siedelt sich eine entsprechende Art an. Nicht selten zeigen sich aber auch besondere Vorlieben, die sich sogar bis zur völligen Abhängigkeit steigern können: Der kleine Stachelpolyp besiedelt mit seinen makroskopisch filzig-pelzig aussehenden Kolonien ausschließlich solche Schneckengehäuse (meist von der Wellhornschnecke), die gleichzeitig von einem Einsiedlerkrebs bewohnt werden. Welche Gründe dafür maßgeblich sind, ist in vielen Fällen noch völlig unklar.

Weitere denkbare Fragestellungen in diesem Themenfeld wären:

1. **Erkläre den Unterschied zwischen Benthal und Benthos.**
2. **Nenne Beispiele für lebenslang festgewachsene (= sessile) Meerestiere.**
3. **Kennzeichne die Lebensweise folgender Meerestiere: Seeigel, Scholle, Herzmuschel, Seehund, Taschenkrebs, Hummer, Meerassel**

Außer den in der Tabelle auf Informationsblatt 3.3 benannten Fachbegriffen für die Lebensweise bzw. Wuchs- oder Aufenthaltsorte der Lebensgemeinschaften sind die folgenden terminologischen Festlegungen relevant:

Lebensraum	Lebensgemeinschaft	
Pelagial	Pelagos (Pelagon)	
Benthal	Benthos (Benthon)	Infauna: Tiere im Boden
		Epifauna: Tiere auf dem Boden
Phytal	Makrophytobenthos: Tanggesellschaften Mikrophytobenthos: Kleinstalgenaufwuchs	

In Analogie zu dem vom Kieler Meeresbiologen Victor Hensen 1887 eingeführten und in der Fachliteratur weltweit üblichen Fachbegriff Plankton werden die Lebensgemeinschaften der Freiwasserräume und die Bodenbiozönosen im Lebensraum Meer auch als Pelagon bzw. Benthon bezeichnet. Sie setzen sich jedoch gegen die konventionellen Begriffe Pelagos und Benthos nur sehr zögerlich, wenn überhaupt, durch.

Ernährungstypen

Die Analyse kleinerer oder größerer Lebensgemeinschaften gewinnt an Profil, wenn man die verschiedenen Ernährungstypen betrachtet, die in aquatischen Lebensräumen vielfältiger sind als in terrestrischen.

Typ	Nahrungserwerb	Beispiele
Filtrierer (Strudler)	fangen suspendierte Partikeln (Bakterien, Mikroalgen, Detritus), erzeugen mit Cilien einen Wasserstrom	planktisch: Wimpertiere, Rädertiere, Ruderfußkrebse, sessil: Schwämme, Bäumchenröhrenwurm, Seepocken, Muscheln, Moostierchen,
Weidegänger	schaben von Hartsubstrat oder anderen Wuchsunter-agen den Mikroalgenbewuchs ab	Schnecken
Zerkleinerer	zerlegen größere Pflanzenteile	Schnecken, Meerassel, Gammariden,
Substratfresser	ernähren sich von Kleinstorganismen und Detritus im Weichsediment	Wattwurm
Sammler	nehmen angetroffene Nahrungspartikeln ohne gezielte Suche oder Fangtechnik auf	Strandkrabbe
Räuber	fangen gezielt andere lebende Tiere	Vögel, Meeressäuger

Salzpflanzen sind Standortspezialisten

Im Lee der Inseln sowie entlang der Innenküste siedeln sich auf den feinkörnigen Schlickböden dagegen die einzigartigen Pflanzengesellschaften der Salzwiesen an. Sie entwickeln sich auf diesen speziellen Weichböden als natürliche Grenze zwischen Festland und Meer etwa zwischen der Mittleren Tideniedrigwasserlinie (MTnw-Linie, mittlere Ebbelinie) und der Mittleren Tidehochwasserlinie (MThw-Linie, mittlere Flutlinie). Die Standorte der hier siedelnden Landpflanzen werden also regelmäßig vom Meerwasser überflutet, und bei jedem Flutwasserstand imprägniert das Meerwasser die Böden erneut mit Salz. Nun ist Salz für Landpflanzen ein ziemlich ungesunder Stoff und streng genommen sogar ein schweres Zellgift. Wo im Winter bei Glatteis reichlich Auftausalze zum Einsatz kommen, sind die Böden im Straßen- und Gehwegrandbereich entsprechend versalzen. Die hier wachsenden Pflanzen nehmen das ziemlich üblich – vor allem die Straßenbäume: Mit dem Bodenwasser nehmen sie unfreiwillig die im Boden lagernden Salz-Ionen über die Wurzeln auf und lagern sie in den Blättern ab. Schon im Frühsommer zeigen sich dann braun verfärbte Blattränder aus abgestorbenem Gewebe. Man spricht dann von Blattrandnekrosen.

Aufnehmen und wieder absalzen

Die Pflanzen der Außendeichwiesen im unmittelbaren Kontakt mit den Flutwasserständen ertragen die Salzbelastung ihres Standortes aber recht gut. Offenbar weisen sie besondere Anpassungen auf, die ihnen das Leben in der Salz-Lösung erleichtern. Pflanzen, die in versalztem Boden wachsen und gedeihen, nennt man Halophyten (Salzpflanzen). Außer an den Meeresküsten kommen sie auch in Wüstengebieten vor, denn hier bestehen ökologisch ganz ähnliche Probleme. Weil Wasser (auch in den Pflanzengeweben) immer nur von einem Ort mit niedriger Salzkonzentration zu einem mit höherer fließen kann, müssen die Pflanzen über ihre Wurzeln tatsächlich so viele Salz-Teilchen aufnehmen, dass ihre Innenkonzentration gerade über derjenigen des Meerwassers liegt. Die Halophyten haben nun besondere Strategien entwickelt, um zu vermeiden, dass das Salz in ihren Zellen Schäden anrichtet. Eine dieser Möglichkeiten besteht darin, das überschüssig aufgenommene Salz über spezielle Blattdrüsen wieder auszuscheiden. Sie salzen also wieder ab, wie die Pflanzenphysiologen diesen Vorgang fachmännisch bezeichnen. Die Salzdrüsen einer absalzenden Art werden wir jetzt ein wenig genauer betrachten.

Eindrücke von Abdrücken

Nicht alle Halophyten der Salzwiesen besitzen Salzdrüsen. Besonders eindrucksvoll entwickelt sind sie in den Blättern des Strandflieders (*Limonium vulgare*). Mit bloßem Auge und selbst mit einer guten Lupe sind sie allerdings nicht zu erkennen – man muss sie im Mikroskop untersuchen. Die sonst dafür eingesetzte Schneidetechnik ist allerdings ziemlich schwierig. Daher formen wir die zu untersuchende Blattoberfläche in einem dünnen Häutchen eines anfangs flüssigen und rasch erhärtenden Kunststoffs ab. Dabei entsteht gleichsam ein Negativ der Blattoberseite, das im Mikroskop alle wichtigen Einzelheiten der abgeformten Fläche erstaunlich gut und sogar räumlich erkennen lässt.

Für dieses Projekt benötigt man also

- Mikroskop
- Objektträger und Deckgläser
- spitze Pinzette
- Tube Modellbau-/Kunststoffkleber oder farblosen Nagellack
- Grundblatt vom Strandflieder

Und so gehst du vor:

- beide Blattseiten gründlich reinigen, beispielsweise durch mehrfaches Aufdrücken und Abziehen von Klebeband
- Klebstoff (oder Nagellack) mit der Schmalseite eines Objektträgers unter leichtem Druck (Vorsicht: nicht zu stark drücken – Splittergefahr!) auf einem Blattstück ausstreichen
- gründlich trocknen lassen und Abformfilm dann mit einer spitzen Pinzette abziehen
- Abformfilm auf einen Objektträger legen, an den Enden eventuell mit Klebestreifen befestigen und direkt ohne Deckglas oder Wasser mikroskopieren.

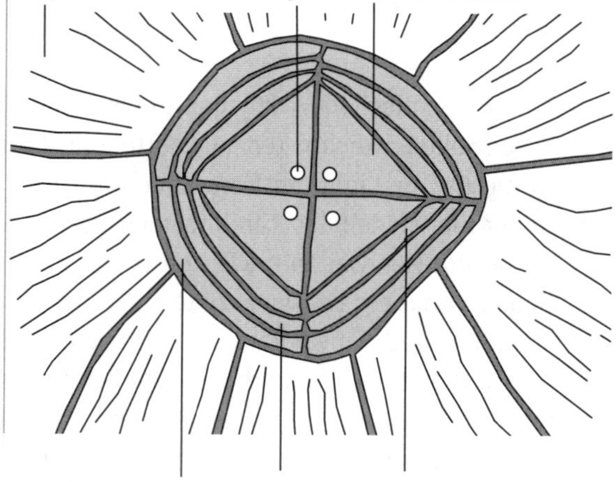

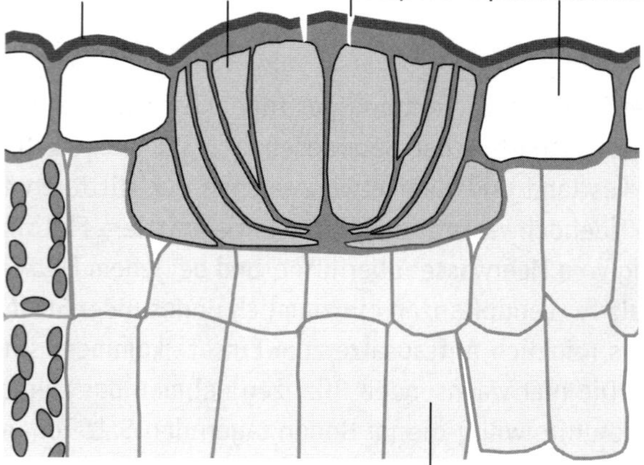

Obwohl die Klebstoff- oder Nagellackfilme makroskopisch nicht allzu vielversprechend aussehen, erweisen sie sich in der mikroskopischen Dimension als unerwartet detailreich und geradezu ästhetisch schön – besonders wenn man sie bei leicht schiefer Beleuchtung betrachtet.

Jede Salzdrüse besteht beim Strandflieder aus 16 Zellen, die auf einem rautenförmigen Grundriss angeordnet sind. An die Epidermiszellen, deren Oberfläche durch Fältelung der wachsigen Cuticula ein spezielles Relief aufweisen, schließen die 4 Sammelzellen und daran 4 Becherzellen an (vgl. Aufsichtschema oben links). Nur die inneren 4 Sekretionszellen leisten die eigentliche Salzausscheidung. Sie stehen über feine Poren mit der Außenwelt in direkter Verbindung. Das Schema rechts oben zeigt die Anordnung der 16 Drüsenzellen im Blattquerschnitt.

Aufgaben

Mithilfe dieser einfachen Abdrucktechnik kannst du nun folgende Fragen klären

1. **Wie viele Salzdrüsen befinden sich auf 1 cm^2 Blattfläche? (Tipp: Schneide dir eine Papiermaske mit einem 1 cm^2 großen Fenster zurecht)**
2. **Befinden sich die Salzdrüsen auf beiden Seiten des Blattes?**
3. **Kommen auch bei der Salz-Aster und beim Strand-Wegerich Salzdrüsen vor?**
4. **Bei welchen anderen Salzwiesen-Arten kannst du Salzdrüsen entdecken? (Hinweis: Bei anderen Halophyten sehen die Salzdrüsen eventuell etwas anders aus als beim Strandflieder)**
5. **Besitzen die Salzpflanzen außer den Salzdrüsen auch ganz normale Spaltöffnungen?**
6. **Vergleiche auch das Muster der Epidermiszellen von verschiedenen Arten.**

Basisinformation Salzwiese

In Artengefüge und Gesamtaspekt unterscheiden sich die Salzwiesen grundsätzlich von den Besiedlungsmustern eines Felslitorals. Die Lebensgemeinschaften eines Felswatts, wie es in der Deutschen Bucht nur über dem gezeitengeprägten Felssockel der Insel Helgoland entwickelt ist, rekrutieren sich ebenso wie die des Brackwassers mit Ausnahme einiger Flechtenarten ausschließlich aus primär marinen Arten, überwiegend mit makrophytischen Vertretern der Grün-, Rot- und Braunalgen. Dagegen werden das amphibische Weichboden-Eulitoral sowie das nur bei ungewöhnlichen Flutständen erreichte Supralitoral nahezu ausschließlich vom Festland her besiedelt. In diesem nur zeitweise dem Meer angehörenden Teilbereich siedeln daher konsequenterweise Gesellschaften aus Pflanzen terrestrischer Herkunft, die sich erst sekundär an das Leben im ständigen Kontakt zum Meerwassers angepasst haben und wegen ihres kompetenten physiologischen Umgangs mit dem Stressfaktor Salz als Halophyten bezeichnet werden.
Analog den Verhältnissen einer konventionellen Wirtschaftswiese impliziert der Begriff „Salzwiese" die periodische oder zumindest episodische Nutzung zur Futtergewinnung. Tatsächlich werden die Küstensalzwiesen nur in wenigen Teilbereichen, beispielsweise auf einigen nordfriesischen Halligen, in der Bretagne und in Südengland gemäht. Auf diesem nutzungstechnischen Hintergrund verwendet das Schrifttum in Anlehnung an die internationale vegetationskundliche Terminologie („salt marshes") zunehmend den Begriff Salzmarschen.

Lebensraum in langen Streifen

Nach Lage und Entstehung lassen sich im Wattenmeer der Nordseeküste im Wesentlichen drei Typen von Salzwiesen unterscheiden, die sich jedoch im Arten- bzw. Vergesellschaftungsgefüge recht ähnlich sind:

• Sandsalzwiesen

entwickeln sich im Schutz von Strandwällen (Südwestflanke der Halbinsel Eiderstedt), von Sandbänken (Trischen nördlich der Elbmündung) oder im Lee der großen Düneninseln (beispielsweise Ostplate von Spiekeroog, Lister Tidebecken/Königshafen von Sylt). Sie stocken gewöhnlich auf einer vergleichsweise geringmächtigen Schlickauflage über massigen Sandkörpern auf. Die Auflandung erfolgt in diesen Bereichen nicht nur durch Feinteilchen, die der Flutstrom hereinträgt und der Ebbstrom liegen lässt, sondern auch äolisch durch Anwehung aus der weiteren Nachbarschaft, soweit Sandstrände, Vordünen oder bei Ebbe frei fallende Sandplaten vorhanden sind (Abbildung Seite 37).

• Ästuarsalzwiesen

erstrecken sich im Bereich von Flussmündungen auf tidebeeinflussten Schwemmfächern mit Feinsedimenten, die sich entlang der Gleitufer hinter Flussbiegungen oder anderen Strömungsschattenbereichen abgesetzt haben. Diesen Salzwiesentyp findet man im Bereich der Nordseeküste nur an wenigen Stellen, beispielsweise im Neufelder Vorland an der Tideelbe, im Südwesten der Insel Föhr oder in Resten an der eingedeichten Eidermündung. Besonders kennzeichnend sind sie auch für die „ertrunkenen" Flusstäler entlang der Riasküste der nordwestlichen Bretagne sowie an vielen anderen Abschnitten der nordwesteuropäischen Atlantikküste.

• Vorlandsalzwiesen

nehmen heute den größten Teil der Salzwiesenstandorte an der Nordseeküste ein. Sie erstrecken sich im Deichvorland und gehen überwiegend auf technisch gestützte Sedimentation und Landgewinnung vor der Deichlinie zurück. Zur Strömungsberuhigung und um das Absetzen der leichteren, tonigen Partikeln aus den Tidewasserströmen zu erleichtern, errichtet man senkrecht und parallel zur Küstenlinie zwei bis drei Lahnungsfelder von jeweils etwa 200x200 (-400) m Abmessung. Die einzelnen Lahnungen bestehen aus einer doppelten Pfahlreihe, die man mit Nadel- oder Laubholzreisig (Faschinen) füllt und mit Spanndrähten sichert. In den strömungsberuhigten Lahnungsfeldern kann die Aufschlickung bis 20 cm pro Jahr betragen.

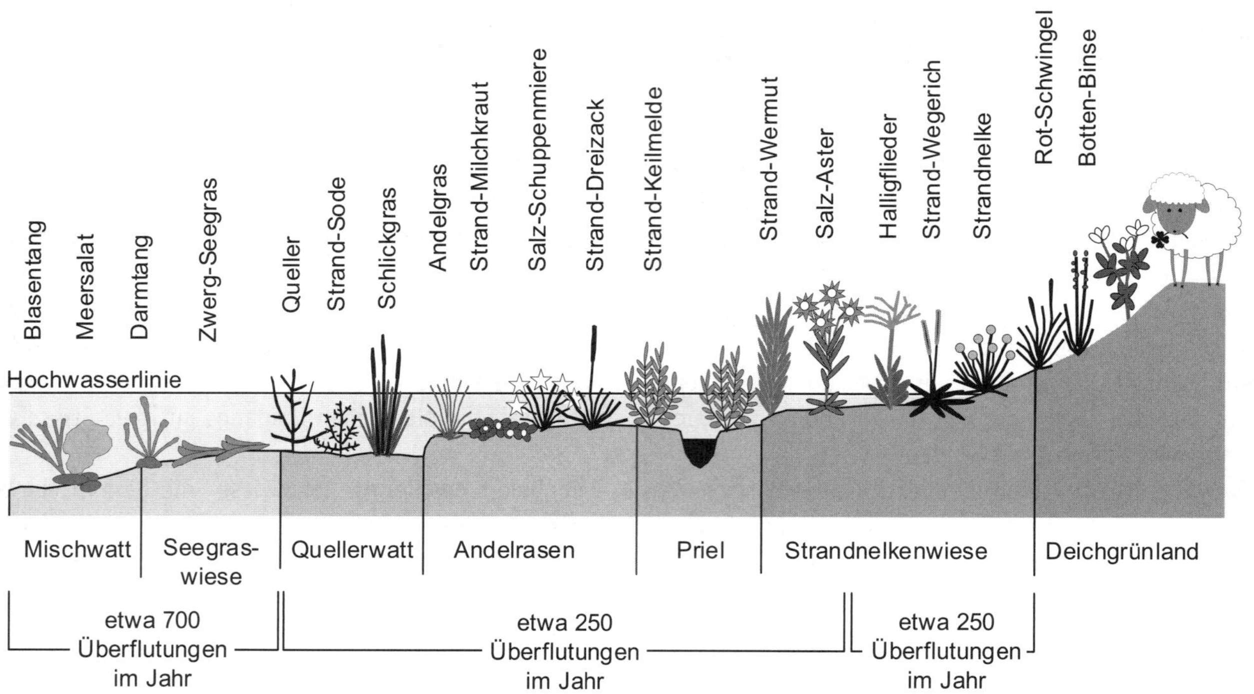

Verzahnt und zoniert

Die vom Meer geprägte, aber vom Festland ausgehende Vegetation auf sandig-tonigen Weichböden tritt in Abhängigkeit von Tidenniveau und Küstenexposition meist in gürtelartig angeordneten Zonen bzw. Gesellschaften auf, die sich nicht immer linienscharf voneinander abgrenzen, sondern häufig auch kleinräumig miteinander verzahnt sind. Die auf salzimprägnierten Böden wachsende Vegetation umfasst (auch) an der Nordsee ausschließlich bedecktsamige Blütenpflanzen, die sich jeweils von terrestrischen Verwandtschaftsgruppen ableiten. Moos- und Farnpflanzen fehlen in diesem Bereich ebenso wie Nacktsamer.

Die am weitesten seewärts vorgeschobenen und weit außerhalb des eigentlichen Verlandungsbereichs wachsenden Blütenpflanzengürtel sind die Seegraswiesen, die man üblicherweise nicht zu den Salzwiesen im engeren Sinne rechnet. Bis etwa 3 m unterhalb der MTnw-Linie (Nordsee) bzw. 6 m Wassertiefe (Ostsee) tauchen die Seegraswiesen mit dem Echten Seegras (*Zostera marina*) ab. Sie ist zwar eine typische Einart-Gesellschaft (Zosteretum marinae), entfaltet hier allerdings eine enorme ökologische Bedeutung für eine Vielzahl mariner Tierarten, beispielsweise für die Jugendstadien vieler Fischarten. Die ursprünglich großen Bestände haben sich von einer Epidemie des Netzschleimpilzes *Labyrinthula zosterae* in den 1930er Jahren nicht wieder erholt und beschränken sich heute auf nur noch fleckenweise verteilte Vorkommen in tieferen Mulden. Das Zwerg-Seegras (*Zostera noltii*) erträgt im Unterschied zu *Zostera marina* tidales Trockenfallen und bildet im Eulitoral des Misch- und Schlickwatts lückige bis weitflächige Rasen (*Zosteretum noltii*). Beide Arten sind anhand der Abmessungen ihrer flutenden Blätter nicht sicher zu unterscheiden; zuverlässiger sind Merkmale der Blattnervatur (*Z. marina*: 5-nervig, *Z. noltii*: 3-nervig).

Pioniergesellschaft im Verlandungsbereich des Watts und Wegbereiter der eigentlichen Salzwiesen ist die Quellergesellschaft (Salicornietum) mit den verschiedenen Sippen der Sammelart Queller (*Salicornia europaea* agg.), die mit ihren sommerannuellen Fluren zwischen MTnw und MThw in landwärts zunehmend dichteren Beständen die so genannte Niedrige Salzmarsch bildet. Kräftige, stark verzweigte Exemplare mit steil aufwärts gerichteten Seitenzweigen gehören meist zur tetraploiden Form(engruppe) Langähren- oder Schlickwatt-Queller (*Salicornia stricta*). Weniger ästige und oft bodenanliegend wachsende Gestalten mit rechtwinklig abstehenden Zweigen stellt man zum diploiden Kurzähren- oder Sandwatt-Queller (*Salicornia europaea* i.e.S.), der zwischen Spätsommer und Herbst eine intensive Rotfärbung durch Betalaine entwickelt. Jährlich gehen rund 700–500 Überflutungen über die Quellerfluren hinweg.

Im Niveau der Quellerfluren siedelt in horstartigen bis rasenförmig dichten Bestände auch die Einartgesellschaft des Englischen Schlickgrases (*Spartina anglica*). Dieses ausdauernde, recht sparrige und etwa kniehohe Gras geht auf einen erstmals um 1870 an der südenglischen Küste aufgetretenen diploiden Primärbastard, die pollensterile *Spartina* x *townsendii* zurück, die aus der Kreuzung der eingeschleppten nordamerikanischen Art *Spartina alterniflora* mit der westeuropäischen *Spartina maritima* entstand. Durch spontane Verdoppelung des Chromosomenbestandes bildete sich daraus um 1890 die allotetraploide *Spartina anglica*, die man in den 1920er Jahren im nordfriesischen Wattenmeer versuchsweise als zusätzliche Anschlickungshilfe ansiedelte und heute überall an der Nordseeküste antreffen kann.

Vom Watt zur Wiese

Wenn sich der Wattboden durch Anschlickung im eulitoralen Quellerwatt bis etwa zur MThw-Linie aufgehöht hat, beginnt der Bereich der hohen Salzmarsch und damit die eigentliche Salzwiese. Hier tritt – im Allgemeinen mit scharfer Grenze gegen das Quellerwatt – der dichtrasig mit langen Ausläufern wachsende Strand-Salzschwaden (*Puccinellia maritima*) auf und bildet die bereits dem Supralitoral angehörende untere Salzwiese (Wattwiese). Die Art heißt auch Andelgras (vom friesischen „andeel" = Anteil: Nur Küstenbauern, die sich an den Arbeiten der Vorlandgewinnung beteiligten, hatten auch Anteil an der späteren Weidenutzung). Die Andelzone (Puccinellietum) ist immer noch ein effizienter Sedimentfänger, doch wird sie jährlich höhenabhängig von 250–70 Überflutungen erfasst. Somit erfährt sie im Jahresdurchschnitt Flutwasserstände allenfalls zu etwa 15% der Zeitdauer, wie sie für das Quellerwatt kennzeichnend sind, und leistet daher eine nur langsam fortschreitende Aufhöhung des Bodens. Insofern wundert es nicht, wenn das Arteninventar der Blütenpflanzen etwa mit Strand-Dreizack (*Triglochin maritimum*), Strand-Milchkraut (*Glaux maritima*) oder Salz-Schuppenmiere (*Spergularia salina*) reichhaltiger und auch blumiger wird.

Vor allem an den Rändern von Prielen oder Flutmulden, die den Andelrasen als Elemente des Eulitorals durchgliedern, oder an etwa eine Handbreite über MThw erhöhten Stellen mit verbesserter Bodendurchlüftung finden sich die gegen Mahd oder Beweidung recht empfindlichen Bestände der Strand-Salzmelde (*Atriplex* [*Halimione*] *portulacoides*) ein. Die Namen gebende Art dieses *Halimionetum* ist ein Halbstrauch; er ist das einzige halophile Holzgewächs im Vorlandbereich und vertritt somit eine Pflanzenformation, die an tropischen Küsten die ausgedehnten Mangrovegürtel bildet. An höheren, etwas sandigeren Priel- und Grabenrändern, an denen sich bei Springtiden größeres Getreibsel ablagert und einen gewissen Nährstoffeintrag in den Boden einleitet, siedelt die aromatisch duftende Strandbeifuß-Gesellschaft (Artemisietum maritimae), während sich auf den stärker schlickigen Grabensohlen die imposante Hochstaudenflur der Salz-Aster (*Aster tripolium*) ausbreitet.

Landeinwärts löst die obere Salzwiese oberhalb von etwa 30 cm über MThw den Andelrasen ab und tritt nun in anderem, floristisch noch weiter angereichertem Gewand auf, als Bottenbinsenrasen (*Juncetum gerardii*), Strandnelkenwiese (Armerietum maritimae) bzw. Strandfliedergesellschaft (Plantagini-Limonietum), die sich eventuell auch in individuenreichen Beständen kleinräumig verzahnen. Nur noch 70–35 Überflutungen im Jahr erreichen diesen Standort. Nach der hier ebenfalls vorkommenden halotoleranten Grasart *Festuca rubra* ssp. *litoralis* kann man die obere Salzwiese auch als Rotschwingelzone bezeichnen. Sie leitet zum Dauergrünland der den Deichfuß bildenden Herbstlöwenzahnwiesen über, die man auch Außengroden nennt. Hier ereignen sich bei außergewöhnlichen Flutwasserständen (Springfluten) nur noch etwa zehn Überflutungen im Jahr.

Salz-Lösungen

Meerwasser weist hinsichtlich seiner Hauptkomponenten eine weitgehend konstante Salzkonzentration (Na^+ ca. 480 mM, Cl^- um 560 mM) auf. Die normale Salinität von etwa 35‰ entspricht einem osmotischen Potential von –2,5 MPa (1 Megapascal (MPa) = 10 bar; Autoreifendruck ca. 0,2 MPa = 2 bar). Jeder Flutwasserstand imprägniert den Boden am Standort der Salzpflanzen mit gelösten Ionen. Wasserverdunstung während der Ebbezeit kann den Ionengehalt im Boden zusätzlich erhöhen. In den eulitoralen Schlickböden kann allein die Na^+-Konzentration daher bis > 1200 mM erreichen.

Unter Annahme eines durchschnittlichen Zellturgors von 0,5 MPa müssen die Wurzeln der im meerwassergesättigten Salzboden wachsenden Pflanzen ein Wasserpotential von mindestens –2,0 MPa aufweisen, um kein Wasser an die Umgebung zu verlieren. Eine Wasseraufnahme zur Aufrechterhaltung der eigenen Turgeszenz ist also nur um den Preis eines massiven Ionenimports aus der Bodenwasserlösung möglich: Die Pflanzen konkurrieren mit ihrem Salzstandort osmotisch um das verfügbare Wasser, indem sie ihr Wasserpotenzial Y deutlich unter das des Bodens absenken. Die notwendigen bzw. tatsächlich auftretenden Potenzialdifferenzen (DY) können fallweise –15 MPa betragen.

Auf der organismischen Ebene sind zur Bewältigung hoher Salz(ionen)konzentrationen alternativ zwei unterschiedliche Strategien gekoppelt:

- Die Halophyten schaffen zusätzlichen Speicherraum für die mit den internen Wasserströmen aufsteigenden Salzfrachten bei gleichzeitiger Einschränkung des Wasserverbrauchs durch Transpiration – sie werden sukkulent. Von der oberen Salzwiese bis zum Quellerwatt, d.h. in Richtung steigender Salzbelastung, nimmt die Blattflächen-/Volumen-Relation von *Atriplex (Halimione) portulacoides* und *Aster tripolium* über *Plantago maritima* bis *Suaeda maritima* und *Spergularia salina* bis zur faktischen Stammsukkulenz von *Salicornia europaea* agg. stetig ab. Noch eindrucksvoller lässt sich diese bereits an der

Pflanzengestalt ablesbare Anpassung mit dem Sukkulenzquotienten ausdrücken, der – unabhängig von der oft schwer zu quantifizierenden Oberflächen – das Verhältnis von Wassergehalt und Trockenmasse der betreffenden Arten in Beziehung setzt. Dieser Befund könnte auch als Schülerprojekt mit vergleichsweise einfachen Mitteln durchgeführt werden. Einjährige (Therophyten) wie *Salicornia*, *Spergularia* und *Suaeda* befrachten sich bei moderatem Wasserumsatz jeweils nur bis zum Ende der Vegetationsperiode mit Salz und sterben dann – eventuell mit eindrucksvollem Farbfinale ab. Mehrjährige Arten wie die Rosettenpflanzen der Gattungen *Aster*, *Plantago* und *Triglochin* werfen mit Salz gesättigte Blattorgane während der Wachstumssaison ab und stellen weiteren Stauraum mit neu angelegten Blattorganen zur Verfügung.

- Statt ständig Salz einzuspeichern, können manche mehrjährigen Halophyten ihre Salzladung auch wieder löschen: Absalzende Drüsen kommen in den Blättern von *Glaux*, *Limonium*, *Armeria* und *Spartina* vor. Sie bestehen aus einem meist mehrzelligen Apparat, dessen Exkretionszellen die Cl^--Ionen energieabhängig über ionenaktivierte Plasmalemma-ATPasen ausschleusen und die Na^+-Ionen elektrochemisch nachströmen lassen. Niederschlagswasser entfernt die an der Blattoberfläche kristallin deponierten Salze. Analog arbeiten die Absalzhaare vieler Vertreter der Amaranthaceae (früher: Chenopodiaceae), beispielsweise von *Atriplex (Halimione) portulacoides*. Hier erfolgt die Salzdeponierung ebenfalls energiabhängig in der Zentralvakuole einer endständigen Blasenzelle, die schließlich platzt und ihre Salzfüllung freisetzt oder zusammen mit ihrer Stielzelle abbricht.

Was sind eigentlich Algen?

Im Meer kommen zwar auch einige Blütenpflanzen wie die Seegräser vor, aber die Schlüsselposition als Primärproduzenten fällt den Algen zu. Diese vielgestaltige und enorm artenreiche Organismengruppe genauer definieren zu wollen, gleicht dem Versuch, einen aufgeblasenen Luftballon zu sezieren. Eine einfache Festlegung gibt es tatsächlich nicht. Das hängt damit zusammen, dass die Algen doch recht unterschiedliche Bauplantypen darstellen, die man nicht allesamt in eine Schublade stecken kann. Es ist sogar noch gewöhnungsbedürftiger: Obwohl (fast) alle Algen wie die Gräser und Kräuter des Festlandes die Fähigkeit zur Photosynthese besitzen, gelten sie in der modernen Biosystematik nicht als Pflanzen. Dahinter stehen viele neue Erkenntnisse zur Theorie der Organismen.
Obwohl die meisten Menschen aus der Alltagserfahrung nur Pflanzen (aus dem Pflanzenreich) und Tiere (aus dem Tierreich) unterscheiden, verwenden die Biologen heute mindestens fünf Organismenreiche: Neben den Pflanzen und Tieren weisen sie die seltsamen Pilze einem eigenen Reich zu. Außerdem trennen sie davon alle einzelligen und die damit in engem Entwicklungszusammenhang stehenden einfachen Mehrzeller ab – sie bilden nach heutigem Verständnis das Organismenreich der Protisten. Hierher gehören unter anderem Wimpertiere, Amöben, farblose Flagellaten und eben die Algen. Die vier Organismenreiche Pflanzen, Tiere, Pilze sowie Protisten bilden zusammen die Domäne Eukarya – die mit Zellkern ausgestatteten Lebewesen. Davon strikt abzutrennen sind die als Organismenreich Prokaryoten vereinigten zellkernlosen Lebewesen, die man heute allerdings auf die beiden eigenen Domänen Archaea und Bacteria verteilt. Für die moderne Einteilung der Lebewesen ergibt sich somit das folgende Schema:

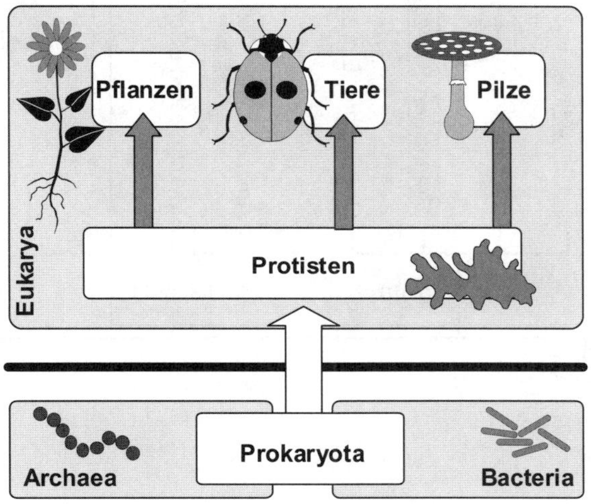

Vor allem die mit modernsten Methoden betriebene Zellforschung hat unser Bild von den Bauplänen und Besonderheiten der verschiedenen Vertreter der Protisten gewaltig erweitert. Das früher eher als Sammelsurium aller möglichen Formgruppen aufgefasste Organismenreich gliedert man seit 2005 in fünf klar abtrennbare Unterreiche. Die wichtigsten Unterscheidungsmerkmale dieser Gruppen sind:

- Archaeplastida: Diese Arten sind photoautotroph und besitzen Chloroplasten mit nur zwei Membranen. Zu ihnen gehören die Rotalgen, die Grünalgen und die (höheren) Pflanzen.
- Excavata: Hierher stellt man großenteils begeißelte Einzeller mit einer ausgeprägten „Mundgrube", aus der die Geißel entspringt. Die Augenflagellaten sind die einzigen photoautrophen Vertreter dieser Gruppe. Ihre Chloroplasten weisen drei umhüllende Membranen auf.
- Rhizaria: Alle Arten dieser Gruppe bilden feine Scheinfüßchen (Pseudopodien) aus, die sich auch verzweigen können.
- Chromalveolata: Die Vertreter dieser Gruppe besitzen Plastiden, die aus einer sekundären Endosymbiose hervorgegangen sind und deswegen mehr als drei Membranen aufweisen. Die Plastiden können jedoch wieder verloren gehen oder stark reduziert sein.

- Unikonta: Hierher gehören Ein- oder Mehrzeller, deren begeißelte Stadien jeweils nur eine (Schub-)Geißel aufweisen. In dieser Gruppe der Eingeißeligen gibt es keine photoautotrophen Arten. Die übrigen Verwandtschaftsgruppen des Organismenreichs Protista setzt man von den Unikonta als Bikonta ab – sie führen durchweg mindestens zwei Geißeln. Ob dieses Merkmal systematisch tragfähig ist, wird zurzeit intensiv diskutiert. Problematisch erscheint auch die ursprünglich angedachte Ableitung des Organismenreiches Pilze aus diesem Umfeld: Die heutigen Pilze (Chitinpilze mit Zellwand aus Chitin) entwickeln jedoch überhaupt keine begeißelten Stadien (mehr).

Der Blick auf das Schema mit den wichtigsten Verwandtschaftsgruppen innerhalb der Protisten zeigt, dass es einfache photosynthetisch aktive (= photoautotrophe) Formen tatsächlich in vier der fünf modernen Gruppieren gibt. Diese Formenkreise bilden die Algen. Sie verkörpern demnach – wenn man alle relevanten Merkmale der Zellstruktur und des Stoffwechsels zusammennimmt – mindesten vier verschiedene und unabhängig voneinander entstandene Entwicklungslinien mit erheblichen Unterschieden im Grundbauplan ihrer Zellen. Aus diesem Grunde kann man auch keine einfache, alle Aspekte berücksichtigende Definition der Algen formulieren.

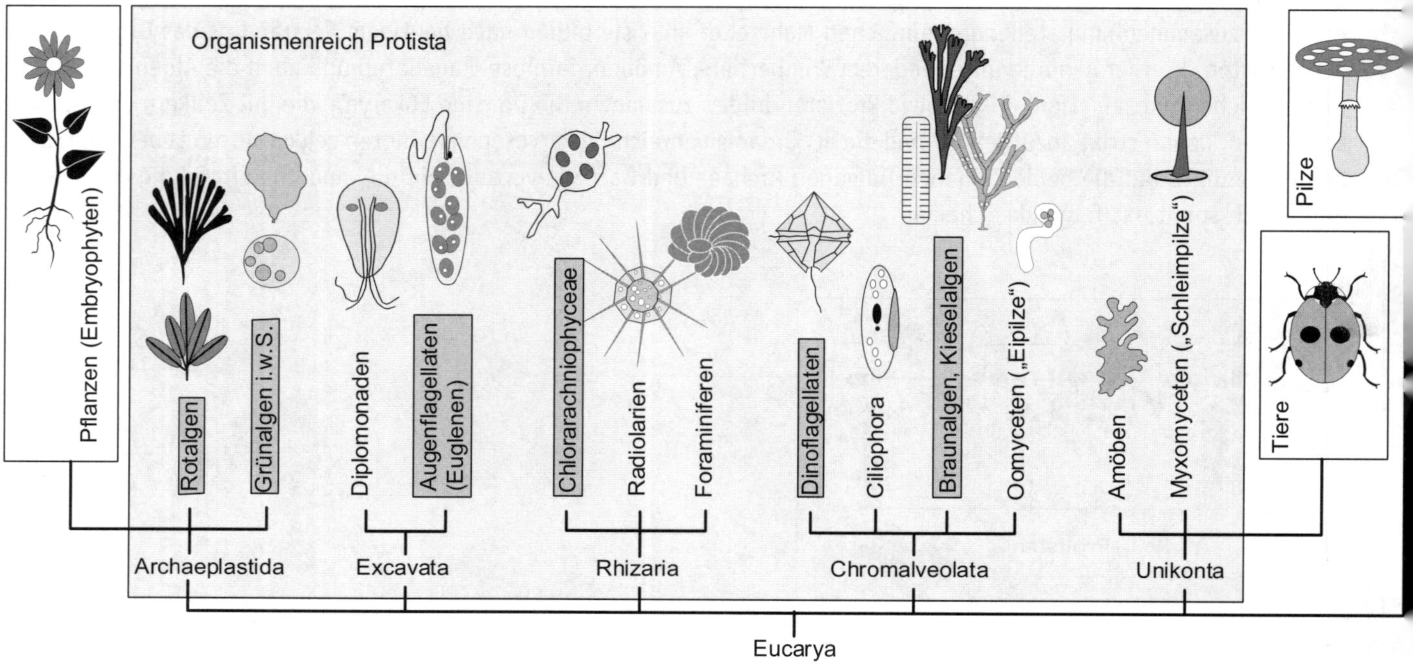

Aufgaben

1. **Ermittle durch eine kleine Umfrage, wie sich deine Mitschüler oder andere Befragte die Grobeinteilung der Lebewesen vorstellen.**
2. **In älteren Biologielehrbüchern werden die Pilze zusammen mit den Pflanzen behandelt. Finde heraus, warum Pilze keine „etwas anderen Pflanzen" sein können, sondern in ein eigenes Organismenreich gestellt werden.**
3. **Die meisten Algen sind zur Photosynthese befähigt – ebenso wie die grünen Pflanzen, aber sie gehören nicht dazu. Erkläre.**

Bildschöne Algenbilder: Meeresalgen herbarisieren

Bei Küstenurlaubern und Strandtouristen stehen die Meeresalgen in keinem besonders guten Ansehen – sie gelten weithin als übelriechend, glitschig, klebrig und in irgendeiner Weise ekelhaft. Tatsächlich trifft keine dieser angeblichen Eigenschaften auch nur angenähert zu. Meeresalgen, deren größere, mit dem bloßen Auge klar erkenn- und bestimmbare Arten man auch Makroalgen nennt, sind erwiesenermaßen ausgesucht formschöne Gebilde. Einerseits überraschen sie mit einer recht ungewöhnlichen Farbpalette – fast alle Nuancen zwischen zart- oder olivgrün, hell- und goldbraun oder blasslila, kräftig pink, purpurn, karmin- oder scharlachrot sind vertreten. Fachleute unterscheiden nach der besonderen Farbgebung verschiedene Verwandtschaftsgruppen oder Algenklassen: Neben den eindeutig als solche erkennbaren Grünalgen kommen in Küstennähe auch immer Braunalgen und zahlreiche Arten von Rotalgen vor.

Obwohl es auch sehr derbe, fast schon ein wenig lederige und oft meterlange Arten gibt (vor allem in der Klasse Braunalgen = Phaeophyceae, die man Tange nennt), stellen die meisten marinen Makroalgen eher zarte Formen dar. Neben vielgliedrig buschig verzweigten Arten finden sich solche von eher flächiger, folienartiger Gestalt, daneben aber auch fädige, röhrige, oder blättrige Gebilde. Makroalgen sind mindestens so vielgestaltig wie eine beliebige Auswahl von Landpflanzen. Ebenso wie im Fall der Wiesen- oder Wegrandblumen kann man sie durch Aufziehen auf Papier oder Karton herbarisieren und so ihre unbestrittene Schönheit dauerhaft bewahren. Die dazu notwendigen Arbeitsschritte sind einfach und erfordern nur ein wenig Geschick.

Algen kann man praktisch immer sammeln. Zu jeder Jahreszeit finden sich im Angespül am Strand vom Wellengang losgerissene Exemplare. Möglichst frische Stücke, die noch nicht ausgebleicht sind, sammelt man nach kurzem Auswaschen in Meerwasser (zum Abspülen von Sandkörnern) und transportiert sie feucht in einer Plastiktüte nach Hause.

Als Hilfsmittel benötigst du:

- flache Kunststoffwanne, ca. 20 x 30 cm; zur Not tut es auch ein Handwaschbecken
- Glas- oder Plastikscheibe, etwas kleiner als die Wanne
- mehrere Bögen kräftiges Schreibpapier, vorzugsweise DIN A4 oder DIN A5
- Bleistift, Präpariernadel, Pinzette, feiner Malpinsel
- einige auf DIN A4 zugeschnittene Kartons
- Rolle Küchenpapier
- viele Lagen Zeitungspapier
- kleines Brett im Format von ca. DIN A4
- schwerer Gegenstand, beispielsweise Ziegelstein

Zur Anlage eines Algenherbars gehst du nun folgendermaßen vor:

Die aufgesammelten Algen sollte man nicht lange in der Tüte liegen lassen, sondern möglichst rasch verarbeiten, weil sie sonst gammeln und wirklich unangenehm „duften". Die einzelnen Arbeitsschritte zeigt dir die Abbildung.

1. Wanne mit Leitungswasser (!) etwa halb füllen, Glasplatte schräg einlegen, Aufziehpapier mit Bleistift beschriften (Artname der aufzuziehenden Alge, Sammelort, Sammeldatum), durch das Wasser ziehen und klatschnass auf die Glasplatte legen. Die Verwendung von Leitungswasser ist deswegen ratsam, weil das Salz von Meerwasser die Trocknung verzögert.
2. Algen vor (!) dem Aufziehen bestimmen und dann erst auf dem Aufziehpapier ausbreiten, dichtbuschige Algen etwas ausdünnen und mit Hilfe von Fingern, Pinzette, Präpariernadel sowie Malpinsel so arrangieren, dass sich die einzelnen Äste oder Abschnitte möglichst nicht überlappen.

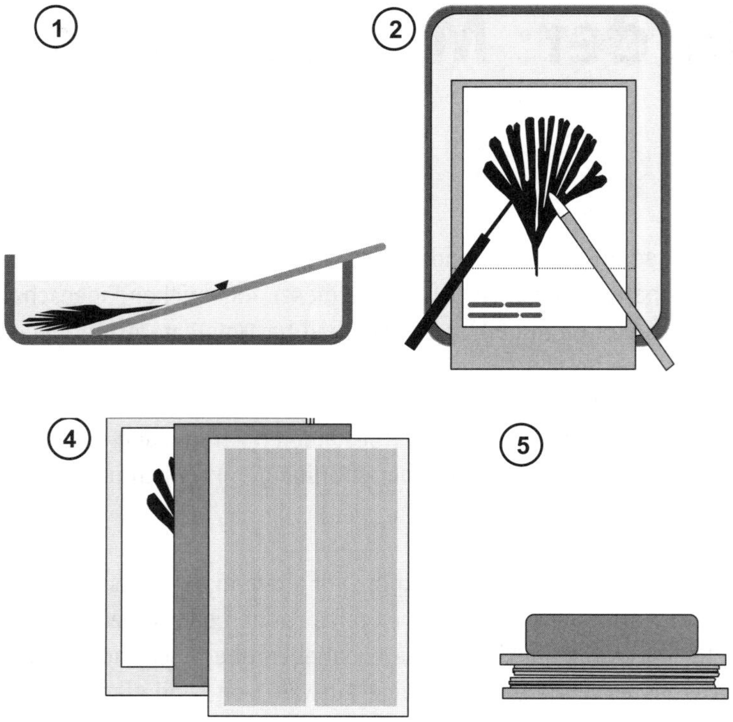

Arbeitsschritte zum Aufziehen von Meeresalgen

3. Papierbogen schrittweise auf der Platte aus dem Wasser ziehen und dabei die oberen Abschnitte der Alge mit Präpariernadel bzw. Malpinsel ordnen.
4. Papierbogen mit der aufgezogenen Alge aufnehmen, überschüssiges Wasser über eine Ecke abtropfen lassen bzw. mit saugfähigem Papier (Küchentücher o.ä.) abtrocknen und anschließend auf trockenes Zeitungspapier legen; zarte, fädige Formen bedeckt man mit feinmaschiger Gaze (passend zugeschnittener Damenstrumpf) oder Baumwolltuchstück, damit sie nicht an der nächsten Lage Zeitungspapier kleben bleiben.
5. Frisch aufgezogene Algenblätter und Zeitungspapierlagen mit Karton und Brett abdecken und unter Druck (Ziegelstein, Gewicht, anderer schwerer Gegenstand) pressen. Während des Pressens zieht die Feuchtigkeit in die trockenen Zwischenlagen. Diese muss man jeden Tag gegen neue austauschen, weil sich sonst Schimmel entwickeln kann.
6. Die Herbarblätter sind fertig, wenn sie sich nicht mehr kühl anfühlen.

Wenn man sie nicht dem direkten Sonnenlicht aussetzt, sind die fantastischen Farben der verschiedenen Algenarten lange haltbar. Man kann ein Algenherbar systematisch anlegen, d.h. möglichst viele Arten eines bestimmten Küstenabschnitts sammeln und auf diese Weise dokumentieren. Man kann Herbarblätter mit aufgezogenen Algen (auch verschiedene Arten auf dem gleichen Blatt, vgl. Bild 6) aber auch als reine Schmuck- oder Dekorationsobjekte anlegen, beispielsweise auch Grußkarten im Format DIN A6 oder Kalenderblätter im Format DIN A5 gestalten. Deiner Kreativität sind hier kaum Grenzen gesetzt.

Sofern dir ein Binokular (Stereolupe) zur Verfügung steht, solltest du dir kleinere Proben der aufgesammelten Algen unbedingt auch einmal bei mäßiger Vergrößerung anschauen. Dazu legst du die Algenstückchen in Wasser in eine kleine Petrischale (ersatzweise: Schraubdeckel eines Konservenglases) Du wirst aus dem Staunen nicht herauskommen. Vor allem die feinfädigen Algen sind ein äußerst geeigneter und gerne angenommener Lebensraum für zahlreiche winzige Aufwuchsorganismen, die ihrerseits mit sehr ungewöhnlichen Formen überraschen.

Diatomeen – Zellen, die im Glashaus sitzen

Man findet sie in Gewässern jeglicher Flächengröße zwischen Regenpfütze und Ozean. Sie leben in der Pflanzerde von Blumentöpfen, unter den Schwimmblättern von Seerosen, auf den Ruderarmen von Wasserflöhen und auf der Haut von Buckelwalen. Sie besiedeln die Körpergewebe mancher Strudelwürmer und hängen wolkenweise in den riesigen Freiwasserräumen der Weltmeere herum. Zündholzköpfe enthalten sie, ferner Schleif- und Poliermittel, die Wärmeisolierung von Heizungsleitungen, die Filtermassen der Getränkeindustrie sowie die Feuersteinknollen der Rügener Schreibkreide. Zuverlässig verringern sie, wie Alfred Nobel 1867 herausfand, die beträchtliche Stoßempfindlichkeit des Sprengstoffs Nitroglycerin zum etwas handlicheren Dynamit: Kieselalgen sind seit Jahrmillionen eine der erfolgreichsten und heute auch technisch bemerkenswert vielseitig genutzten Organismengruppen. Dabei sind sie auch biologisch äußerst bedeutsam. Fast jedes vierte Sauerstoffmolekül, das wir veratmen, stammt aus der Photosynthese der Kieselalgen.

Planktisch und benthisch

Seit rund einhundert Jahren arbeiten die Meeresbiologen und Limnologen mit dem Begriff *Plankton* und bezeichnen damit die feinstmaßstäblich aufgebauten Kleinstlebewesen im Treibgut der Ozeane und Binnengewässer, die das Auge höchstens als zuckende Lichtpünktchen in einer Wasserprobe wahrnimmt oder in der Summe nur als Wassertrübung registriert. Tierische Mikroorganismen sind am Plankton ebenso beteiligt wie ein- oder wenigzellige Algen. Einzelligkeit als Basis aller komplexeren (höheren) Organisationsstufen schließt Variantenreichtum und Typenvielfalt indessen nicht aus. Das überzeugendste Beispiel sind die Diatomeen oder Kieselalgen, welche die moderne biologische Systematik unter der Klassenbezeichnung Bacillariophyceae führt. Ihre besonderen Kennzeichen sind eine zweiteilige Zellwand aus Kieselsäure und bräunlich-gelb gefärbte Chloroplasten in Platten-, Lappen- oder Linsengestalt. Aber: Das Lichtmikroskop offenbart sofort, welch ungeheuren Formenzauber der Lehrbuchtext einfach verschweigt. Dem erlag schon vor über hundert Jahren der Jenaer Biologe Ernst Haeckel. Sein Lehrer, der Berliner Physiologe Johannes Müller, hatte ihn anlässlich einer gemeinsamen Exkursion zum damals noch britischen Helgoland für die schwebenden Kleinstorganismen des Meerwassers begeistert. Außer im Plankton kommen Kieselalgen auch benthisch als Aufwuchs auf festen Substraten vor, und an diesem Aufenthaltsort sind sie für das Watt von größter Bedeutung.

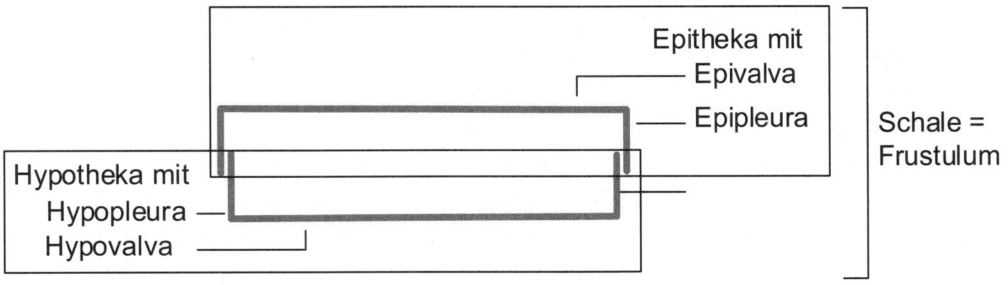

Bauprinzip Käseschachtel

Rund 10 000 verschiedene Kieselalgen-Arten und ein Mehrfaches davon an umweltbedingten Formtypen sind bislang beschrieben worden – jede für sich ein Unikat an gestalterischer Bewältigung eines im Grunde genommen recht überschaubaren Konstruktionsprinzips: Die zweiteilige Kieselalgenschale (Frustulum) kann man sich vereinfacht als miniaturisierte Petrischale oder Käseschachtel vorstellen – ein Deckel (Epitheka) greift über einen Bodenteil (Hypotheka) und umschließt damit einen geometrisch klar festgelegten, größenbeschränkten Binnenraum (vgl. Abbildung). Der lebende Zellinhalt mit Cytoplasma, Zellkern und weiteren Zellbestandteilen befindet sich somit exakt dort, wo in der Petrischale der Nährboden oder in der Käseschachtel der Camembert sitzt. *Schachtellinge* hat Ernst Haeckel die Diatomeen genannt und damit ihren Bauplan zutreffend umschrieben, während die heutige Bezeichnung *Kieselalgen* eher werkstoffkundlich ausgerichtet ist: Die beiden Schalenhälften bestehen tatsächlich aus klarem Silikat und damit praktisch aus biologisch gefertigtem Glas. Sie liegen eigenartigerweise innerhalb (!) der Zellgrenzmembran (Plasmalemma). Im mikroskopischen Bild sehen die meisten Arten in der Valvar- und in der Pleuralansicht völlig unterschiedlich aus.

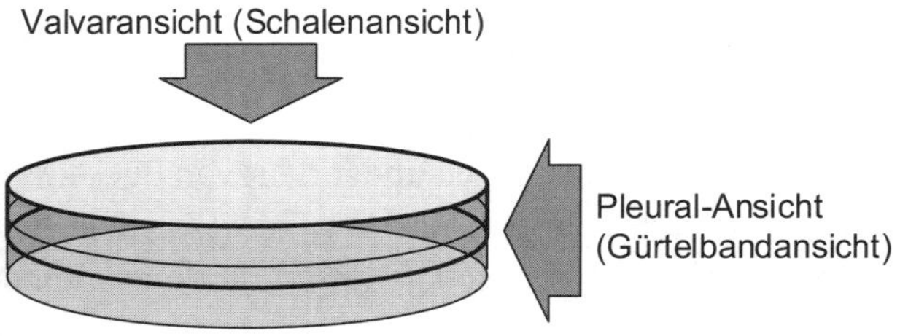

Deckel und Boden der Kieselschale halten bei einer lebenden Algenzelle fest zusammen und lösen sich erst nach deren Individualtod voneinander. Ein planmäßiges, kontrolliertes Anlupfen und Trennen der beiden Schalenhälften erfolgt nur im Ablauf der Zellteilung. Jede Tochterzelle erhält dann eine neue Epitheka und ergänzt dazu durch Neusynthese jeweils den Bodenteil. Während in der Hälfte der Tochterzellreihen die Ausgangsgröße der Mutterzelle beibehalten wird, führt die Art der Schalenergänzung bei der anderen Hälfte zu einer fortschreitenden Verkleinerung der Zellabmessung.

Loch an Loch

Bei aller Formverschiedenheit lässt sich die Gestalt der Kieselalgen auf wenige Grundformen zurückführen. Neben den flachen Rundlingen vom Zuschnitt der Petrischale gibt es auch sehr langgestreckte, die aussehen wie die Hülse vom Fieberthermometer, neben anderen, die an Geigenkästen, Turnschuhe, modische Damenhandtaschen, Pralinenschachteln, Sofakissen oder Ruderboote erinnern. Von oben oder von der Seite betrachtet sehen die Schalenformen meist völlig verschieden aus. Annähernd kreisrunde Diatomeen vom Zuschnitt der Petrischale bilden einen zusammenhängenden Verwandtschaftskreis und sind im Meer mit größerem Artenreichtum vertreten als im Süßwasser, wo die zweiseitig symmetrischen Formen überwiegen. Daneben gibt es aber auch unregelmäßige Schalentypen oder solche, die elegant S-förmig oder wie das mathematische Integral-Zeichen geschwungen sind. Schon allein die Projektionsbilder der Kieselschalen zeigen einen Variantenreichtum, der mit sprachlichen Mitteln nicht annähernd wiederzugeben ist.
Erst recht versagt das Begriffsrepertoire angesichts des Feinbaus der Schalenhälften. Auch bei einer so übersichtlich erscheinenden Formgebung wie bei den Kieselalgen der in der Nordsee vorkommenden Gattung *Coscinodiscus*, die dem Petrischalenmodell zumindest dem Konturverlauf nach recht nahekommen, sind Deckel und Boden nicht einfach glattwandige Schaufenster, durch die der Blick ungehindert ins Zellinnere vordringt. Vielmehr trägt jede Schale ein unendlich feines und artspezifisch festgelegtes Muster aus Löchern und Poren – sie ist sozusagen Fensterscheibe und Gardine zugleich. Davon leitet sich ihre Bezeichnung Diatomeen (vom griechischen *diatoma* = die Durchbrochene) ab. Nur ein ganz hervorragendes Mikroskop kann diese filigrane Architektur der Diatomeenzellwand sichtbar machen.
Solange das feine Glasgehäuse von lebendem Zellinhalt erfüllt ist, sind die Einzelheiten wegen der gleichförmigen optischen Dichte des Zellplasmas kaum zu erkennen. Erst an der leeren und mit aggressiver Schwefelsäure nachgereinigten Kieselschale kann man mit kontrastverstärkenden Beobachtungsverfahren einen Eindruck von deren feinmaßstäblichem Design gewinnen. Nicht umsonst verwenden die Mikroskopiker schon seit langem Diatomeenschalen bestimmter Arten, um das Auflösungsvermögen von Objektiven zu testen. Um ein halbwegs zutreffendes Bild von der Schalenstruktur beispielsweise einer *Berkeleya* zu gewinnen, muss das verwendete Lichtmikroskop mindestens 38000 Linien/cm voneinander trennen können. An den Schalen von *Pleurosigma angulatum* , die massenhaft in Salzquellen des Binnenlandes und auch im Watt vorkommt, scheitern sogar die meisten hochkorrigierten Linsensysteme. Ein klares Indiz vom Strukturreichtum der Schale im Bereich der optischen Auflösungsgrenzen liefert aber auch schon allein die Beobachtung, dass die glashelle Kieselalgenzellwand im Durchlicht oder bei schräg auftreffender Seitenbeleuchtung eigenartige Farbspiele entfacht, entweder monochromatisch in reinem spektralen Blau bzw. Rot oder auch bunt wie ein Segment vom Regenbogen. Die zahlreichen Kanten und Stege, Lochreihen und Spangen, Verstrebungen und Vorsprünge wirken eben wie Mikroprismen, die das auftreffende Licht in seine verschiedenen Wellenzüge zerlegen. Bei Beobachtung im Phasenkontrast oder Interferenzkontrast lassen sich solche Brechungsvorgänge im Mikrobereich verstärken und für die bildliche Dokumentation ausnutzen. Die Sehwinkel, die das Lichtmikroskop zulässt, genügen aber vielfach überhaupt nicht, um die gesamte Fülle verborgener Strukturdetails auch nur annähernd wiederzuge-

ben. Es ist fast so, als wolle man vom Montmartre aus mit bloßen Augen das gotische Maßwerk in den Fenstern von Notre Dame detailliert beschreiben.
Das Rasterelektronenmikroskop ist zweifellos eine überaus taugliche Sonde, um den regelmäßigen Feinbau einer Diatomeenschale detailgetreu auszuloten und in unseren Erfahrungsbereich emporzuheben. Mit dem tastenden Elektronenstrahl lässt sich gleichsam jeder kleine Winkel, jeder Profilrand einer Schale auch räumlich erfassen. Das Rasterbild gibt die glasklare Silikatschale einer Kieselalge zwar nur als Elektronen streuende und daher matt erscheinende Oberfläche wieder, versetzt die Grenzen unserer Erfahrungswelt jedoch weit in den Bereich der ganz kleinen Dimensionen und lässt zudem die Räumlichkeit der Schalenstruktur erleben. Es ist schon beeindruckend zu sehen, dass die Deckel und Böden der Diatomeenschalen ihrerseits aus einem komplexen Gefüge kleinerer und größerer Kammern bestehen können und somit eine komplexe Kathedralarchitektur im Kleinstmaßstäblichen verkörpern. Selbst wenn das Rasterbild die Diatomeenschale als kompaktes und scheinbar sehr tragfähiges Konstruktionsgefüge darstellt, sind die Schalen tatsächlich recht zerbrechlich. Als reine Silikatgebilde können sie allerdings nicht chemisch verwittern, so dass sie selbst über längere geologische Epochen hinweg formbeständig bleiben. Die leeren Schalen abgestorbener Kieselalgen sammeln sich auf dem Grund von Binnengewässern oder auch am Meeresboden an und bilden dort regelrechte Lagerstätten. Viele Meter mächtige Diatomeenansammlungen vergangener Jahrmillionen baut man für technische Zwecke als Diatomeenerde oder Kieselgur ab. Gegebenenfalls können sich die angehäuften Schalen sogar zu Kompaktgestein verfestigen: Als Diatomite treten sie in einigen Schichtgesteinen der Zentralalpen auf. Tertiärzeitliche Diatomeen aus fossilen Lagerstätten überraschen mit der gleichen Vielfalt an Stilmitteln wie Proben aus dem Bodenschlamm eines heutigen Gewässers. Und weil sie nicht vergehen, findet man sie gelegentlich auch als tierisches Baumaterial wieder, beispielsweise in den Gehäusen schalenbauender Amöben.
Die gewaltige Vergrößerung mikroskopischer Bilder täuscht: Diatomeenschalen sind in Wirklichkeit staubfeine und extrem leichtgewichtige Konstruktionen – meist irgendwo in der Spanne zwischen 0,02 und 0,1 mm Durchmesser angesiedelt. Sie sind übrigens auch in der Partikelfracht der Atmosphäre enthalten und werden mit Luftströmungen verdriftet. Auf dieser Route finden sie erwartungsgemäß auch den Weg über die Bronchien in die Lungen luftatmender Landtiere und gelangen von dort über den Blutstrom in alle möglichen Körperorgane. Entsprechende Untersuchungen an Autopsiematerial brachten den sicheren Nachweis, dass jeder von uns ein paar tausend gestrandete Diatomeenschalen mit sich herumträgt. Wegen der gattungs- und vielfach sogar artspezifischen Merkmale im Schalenfeinbau lassen sich aus den Schalendepots in Körperorganen eventuell sogar ein paar entscheidende Phasen aus der Biographie der betreffenden Person rekonstruieren – ob sie an einem küstennahen Ort lebte oder in einer Region, die eher mit stehenden Kleingewässern durchsetzt ist. Selbst für die Gerichtsmedizin bieten die formschönen Kiesellagen somit ein verwertbares Befundmaterial.
Die konstruktive Schönheit feinster Details der Diatomeen, wie sie etwa die Interferenzkontrastmikroskopie oder gar das Rasterelektronenmikroskop zeigen, hätte auch einen ausgewiesenen Ästheten wie Ernst Haeckel vom Hocker gerissen. Wo immer der Blick auf den Strukturreichtum einer Kieselalgenschale geht, stellt sich verständlicherweise auch die Frage, warum die Natur in diesem Bereich der sehr kleinen Dimensionen einen so ungeheuren Gestaltungsaufwand treibt. Materialökonomischer Umgang mit dem Baumaterial Silikat bei größtmöglicher Statik ist wohl nur die eine Facette von Musterbildungen. Die Entstehung einer ästhetisch solcherart hinreißenden Ordnung ist wohl weniger vordergründig erklärbar.

Die Weide im Watt

Auf den großflächigen Weiten des Watts erkennt der aufmerksame Betrachter kaum eine pflanzliche Besiedlung. Dennoch gibt es auch hier Unmengen von Primärproduzenten – allerdings in der mikroskopischen Dimension und vor allem in Gestalt zahlloser Diatomeen. Bei Niedrigwasser sind ihre individuenreichen und dichten Populationen nur als goldbraun glänzender Belag auf dem Wattboden erkennbar: Mehrere hunderttausend Zellen finden sich auf jeder fingernagelgroßen Wattfläche. Unter günstigen Voraussetzungen können sich die Bodendiatomeen hier einmal je Tag teilen: Mit rund 250 g organischer Substanz/m^2/Jahr stellen sie die wichtigsten Primärproduzenten dar. Manchmal kann man das Überschussprodukt Sauerstoff auch in Gestalt feiner Gasbläschen auf dem Wattboden wahrnehmen.
Entsprechend dem reichhaltigen Nahrungsangebot werden Kieselalgen von vielen Kleintieren des Wattbodens als Nahrung genutzt: Wattschnecken gehören zu den Hauptweidegängern – in ihren Kotpellets lassen sich mengenweise leere Diatomeenschalen finden.

Anregungen für den Unterricht

- Voraussetzung für die genauere Untersuchung der Wattdiatomeen ist ein gutes Mikroskop.
- Zur Erläuterung des Schalenaufbaus und der Feinmorphologie der Kieselschalen sollten rasterelektronenmikroskopische Aufnahmen zur Hand sein.
- Aufwuchsdiatomeen finden sich mengenweise auf Fadenalgen, die makroskopisch völlig vergammelt aussehen. Sie sind ein außerordentlich ergiebiges Untersuchungsmaterial für die Mikroskopie.
- Für die Beprobung der Diatomeenrasen auf dem Wattboden entnimmt man bei Niedrigwasser mit Tablettenröhrchen oder Schnappdeckelglas streifenweise kleine Proben von Wattboden mit goldbrauner Oberfläche.
- Alternativ kann man auch saubere Objektträger auf den Wattboden legen, diese vorsichtig abheben, in einer feuchten Kammer zwischenlagern und zu Hause unter dem Mikroskop untersuchen.
- Bei Hochwasser ziehen sich die meisten Kieselalgen in den Wattboden zurück – sie unternehmen also gezeitengesteuerte tagesperiodische Vertikalwanderungen.
- Eine art- oder gattungsgenaue Bestimmung der Wattdiatomeen ist fast unmöglich – die rund 400 Arten des Wattbodens können nicht einmal Spezialisten zuverlässig unterscheiden.
- Überwiegend finden sich in Wattbodenproben die pennaten Formen von bootsförmigem Umriss. Die petrischalenrunden Formen sind eher im Plankton verbreitet.
- Unter dem Mikroskop sind die Kriechbewegungen der Datomeen gut zu beoachten: Sie bewegen sich nach Art einer Planierraupe per Cytoplasmafilm vorwärts – ein bei Einzellern einzigartiger Vortrieb.
- Wie schnell bewegen sich die Diatomeen durch oder über das Sediment oder zwischen den sonstigen Objekten ihres Lebensraumes?

Generationswechsel und Gametenfreisetzung bei Braunalgen

Während man heute bei den einzelligen Algen zahlreiche Algenklassen unterscheidet, gehören die makroskopisch erkennbaren Arten (= Makroalgen) nur einer der drei Klassen Grünalgen (Chlorophyceae bzw. Ulvophyceae), Braunalgen (Phaeophyceae bzw. Fucophyceae) sowie Rotalgen (Rhodophyceae bzw. Bangiophyceae) an. Die meisten zu diesen Klassen gehörenden Gattungen und Arten zeichnen sich durch einen Generationswechsel (GW) aus. Darunter versteht man, dass sich die aufeinanderfolgenden Generationen der gleichen Art auf unterschiedliche Weise fortpflanzen:

- Eine Generation entwickelt als Fortpflanzungszellen auf mitotischem Wege haploide (nur mit einem arttypischen Chromosomensatz ausgestattete) (Mitogameten), die paarweise miteinander verschmelzen und so zur Ausgangszelle der nachfolgenden diploiden Generation werden.
- Die Gameten bildende Generation nennt man Gametophyt – sie umfasst haploide männliche und weibliche Individuen. Die Gameten der Algen entstehen also nicht wie bei den Tieren durch Reduktionsteilung an einem diploiden Individuum.
- Die aus der Gametenverschmelzung (Befruchtung = B!) hervorgegangene diploide Zelle (Zygote) entwickelt sich zu einem diploiden Individuum, dessen Fortpflanzungszellen nicht miteinander verschmelzen können und deswegen Agameten genannt werden. Sie entstehen durch Reduktionsteilung (R! = Meiose) und heißen Sporen (Meiosporen).
- Die Sporen bildende Generation nennt man Sporophyt – sie umfasst diploide, nicht geschlechtlich differenzierte Individuen.

Den gesamten Ablauf zeigt das folgende Schema:

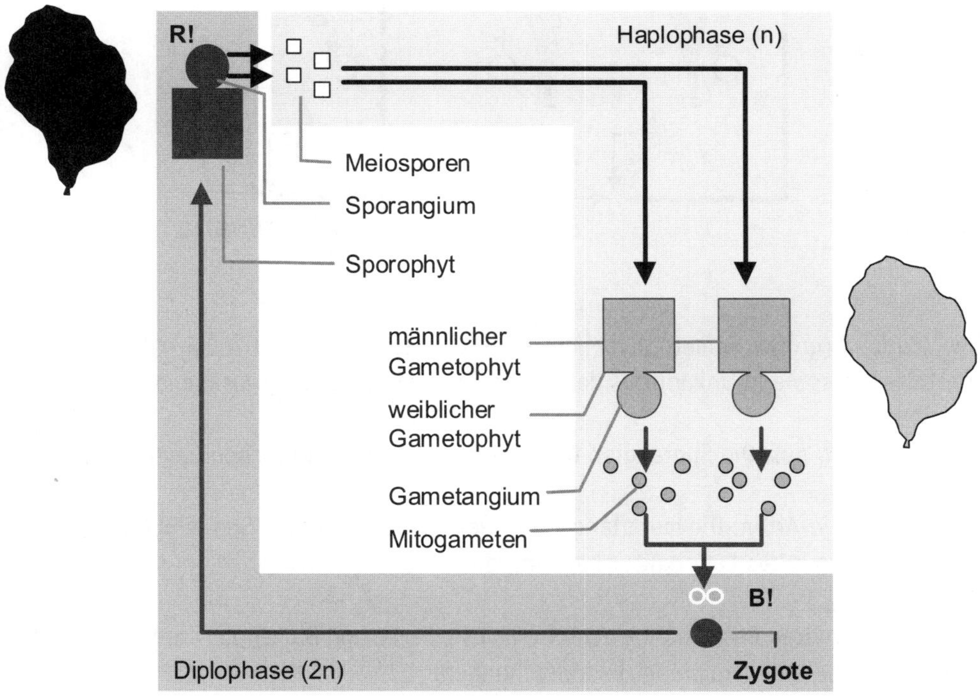

Der diploide Sporophyt leitet über seine haploiden Meiosporen die Haplophase ein, der die männlichen und weiblichen Gametophyten angehören. Deren miteinander fusionierende Gameten stehen am Beginn der Diplophase, die mit dem Sporophyt endet. Die aufeinanderfolgende Sporophyten- (2n) und Gametophytengeneration (n) unterscheidet sich also auch in der Kernphase. Mit dem GW ist deshalb ein Kernphasenwechsel verbunden.

Sporophyten und Gametophyten sind gestaltlich oft nicht zu unterscheiden. Wenn man am Strand ein Exemplar des Meersalats findet, ist nicht ohne Weiteres zu entscheiden, ob man den Sporophyten oder einen männlichen bzw. weiblichen Gametophyten in der Hand hält. Der GW gilt dann als isomorph. Bei anderen Verwandtschaftsgruppen der Algen ist das völlig anders – beispielsweise bei den Braunalgen. Hier sehen die Generationen eventuell sehr unterschiedlich aus – es liegt dann ein heteromorpher GW vor.

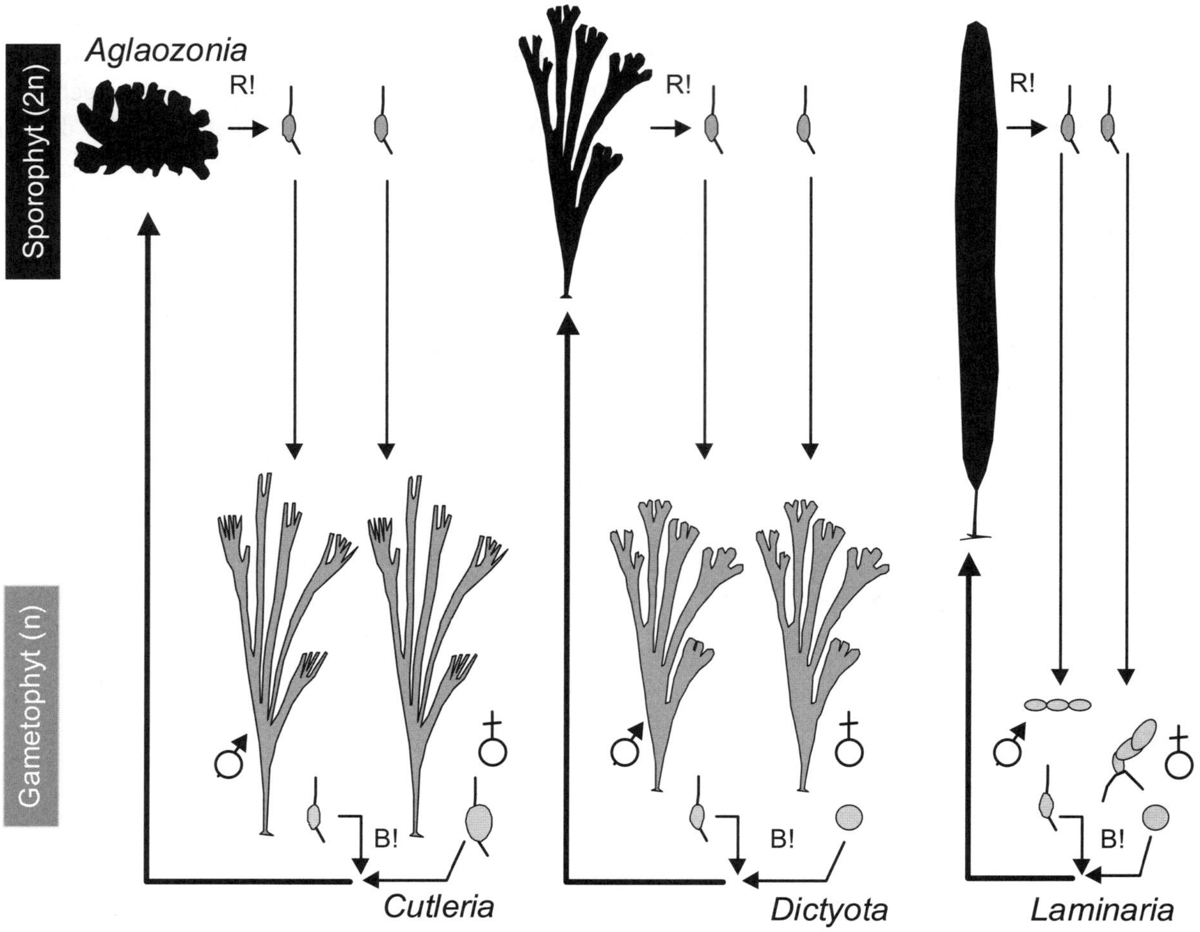

- Bei *Aglaozonia* (kleiner Sporophyt)/*Cutleria* (großer Gametophyt) liegt ein stark heteromorpher GW vor – die Generationen sind hierbei so unterschiedlich gestaltet, dass sie in Unkenntnis der tatsächlichen Entwicklungszusammenhänge zunächst verschiedene Gattungsnamen erhielten.
- *Dictyota* weist wie *Ulva* einen isomorphen GW auf. Die Sporangien bzw. männlichen oder weiblichen Gametangien sind im Mikroskop klar zu unterscheiden.
- Extrem sind die Verhältnisse bei den *Laminaria*-Arten: Die meterlangen, großen Tange stellen die Sporophyten dar, während die Gametophyten mikroskopisch klein und nur aus Laborkultur bekannt sind.

Im Prinzip gelten die hier für die Algen dargestellten Basisabläufe auch für Moose, Farne und Blütenpflanzen. In Einzelheiten finden sich aber charakteristische Unterschiede und mancherlei Vereinfachungen.

Projekt: Gametenfreisetzung bei Blasen- oder Sägetang

Blasentang (*Fucus vesiculosus*) und Sägetang (*Fucus serratus*) kommen auf Hartsubstrat fast überall in der Nordsee und auch in der westlichen Ostsee vor. Sie eignen sich wegen ihrer Größe und Häufigkeit sehr gut dazu, die Fortpflanzungsverhältnisse genauer zu untersuchen. Beide Arten sind in den Frühjahrsmonaten (etwa von März bis Mai) fertil. Sie sind getrenntgeschlechtlich – es gibt also männliche und weibliche Exemplare, im Unterschied zum einhäusigen Spiraltang (*Fucus spiralis*), der dritten häufigen Art dieser Verwandtschaftsgruppe.

Vorbereitung

- Am Standort 2–3 fertile Individuen vom Blasen- bzw. Sägetang sammeln: Man erkennt sie an ihren reifen Rezeptakeln an den Thallusenden, die sich von der übrigen bandförmigen Gestalt der Alge klar absetzen und sich wegen der darin befindlichen kugeligen Konzeptakel etwas warzig anfühlen.
- Reife männliche Individuen tragen orange-bräunliche, weibliche olivbraun-grünliche Rezeptakel. An den männlichen Rezeptakeln sind mitunter die kräftig orangegelb gefärbten Öffnungen der Konzeptakel schon mit bloßem Auge erkennbar.
- Falls das Projekt im Binnenland durchgeführt werden soll, bekommt man fertile Exemplare eventuell in Feinkostläden, die Meeresfrüchte anbieten – die benannten Braunalgen oder der ebenfalls verwendbare Knotentang (*Ascophyllum nodosum*) dienen oft als Verpackungs- bzw. Frischhaltematerial für Schalen- und Krustentiere.
- Geeignetes Versuchsmaterial kann man auch direkt vom Materialversand der Biologischen Anstalt Helgoland (www.awi-bremerhaven.de/) beziehen.
- Für die mikroskopische Untersuchung der männlichen und weiblichen Konzeptakel bietet der Lehrmittelfachhandel (beispielsweise www.lieder.de) professionell angefertigte und gefärbte Fertigpräparate von *Fucus* spp. und *Ascophyllum nodosum* an.

Durchführung

- Bei Unsicherheit, ob ein männliches oder weibliches Exemplar vorliegt, stellt man einen dünnen Querschnitt durch ein Rezeptakel her und prüft durch mikroskopische Kontrolle, welche Gametangien in den Konzeptakeln enthalten sind.
- Rezeptakel abtrennen, kurz in Leitungswasser abspülen, in feuchtes Zeitungspapier einwickeln und über Nacht im Kühlschrank aufbewahren.
- Unmittelbar vor der mikroskopischen Untersuchung einzelne Rezeptakel entnehmen und leicht angewärmtes Leitungswasser aus der Pipette darüber laufen lassen.
- Die dabei abgespülten Gametangien in kleinen Petrischalen auffangen bzw. sofort auf Objektträger geben und im Mikroskop untersuchen.

Aufgaben

1. **Nimm das Schema zur Fortpflanzung der *Fucus*-Arten zur Hand und mache dich mit den verschiedenen Fachausdrücken vertraut.**
2. **Informiere dich anhand von Bestimmungsliteratur über die arttypischen Unterschiede zwischen den einzelnen *Fucus*-Arten.**
3. **Untersuche zunächst eigene dünne Schnitte durch ein Rezeptakel mit reifen Konzeptakeln.**
4. **Beschreibe Form und Farbe der jeweiligen Gametangien und zeichne sie.**
5. **Stelle durch genaue Beobachtung fest, ob die Gameten bereits aus den Gametangien freigesetzt wurden oder erst in deinem Präparat ihren umhüllenden Behälter verlassen.**
6. **Beschreibe die Einzelabläufe der Gametenfreisetzung.**
7. **Achte darauf, ob die sehr kleinen und begeißelten männlichen Gameten aktiv zu den freigesetzten Eizellen schwimmen. Berücksichtige, dass die männlichen Gameten sich größenmäßig zu den Eizellen etwa so verhalten wie eine Milchtüte zu einer Litfas-Säule.**

Schema zur Fortpflanzung der großen Braunalgen am Beispiel des Blasentangs

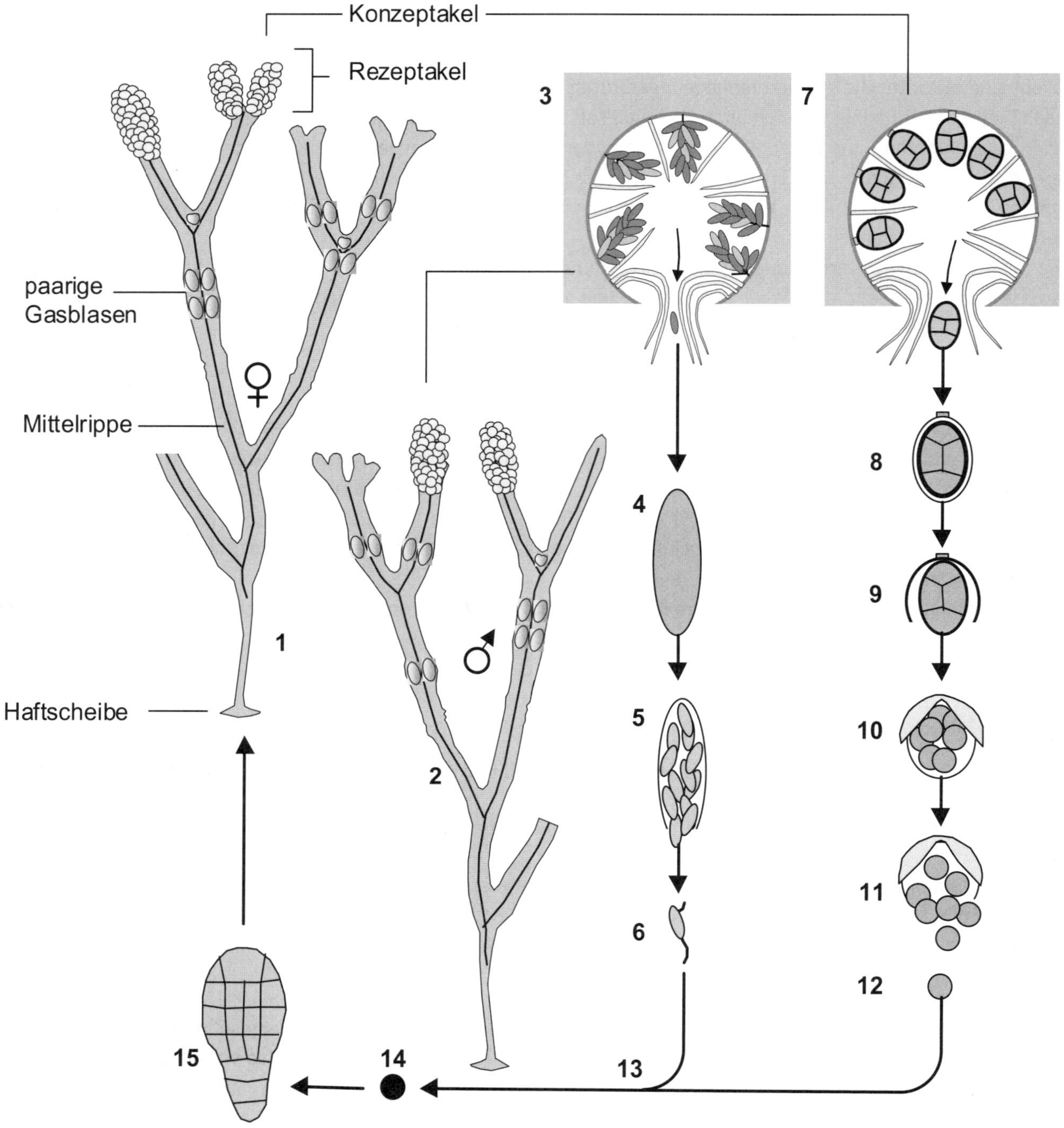

Fortpflanzung beim Blasentang (Fucus vesiculosus): 1 männliche Pflanze, 2 weibliche Pflanze, 3 Schnitt durch ein männliches Konzeptakel, 4 einzelnes männliches Gametangium (Androgametangium), 5 darin befindliche 64 Gameten, 6 einzelner männlicher Gamet mit 2 ungleichen Geißeln; 7 Schnitt durch ein weibliches Konzeptakel, 8, 9 und 10 freigesetztes Eipaket nach Aufreißen mehrerer Hüllen, 11 Oogonium mit 8 Eizellen, 12 einzelne Eizelle (weiblicher Gamet), 13 Befruchtung (Gametenverschmelzung), 14 diploide Zygote, 15 wenigzellige Keimpflanze, wächst zum fertigen Blasentang heran.

Basisinformation Generationswechsel der *Fucus*-Arten

Fertile *Fucus*-Individuen (1, 2) erkennt man an den anders gestalteten Thallusenden, die bei allen drei Arten artspezifische Unterschiede zeigen. In den Rezeptakeln befinden sich zahlreiche grubige Vertiefungen (Konzeptakel) mit den Gametangien, die man fühlen oder im durchscheinenden Licht als dunklere Gebilde erkennen kann.

Da die Gametangien als Orte der Gametenbildung in den Konzeptakeln auftreten, wäre der makroskopische Tang *Fucus* definitionsgemäß ein Gametophyt und müsste daher wie alle Algen-Gametophyten haploid sein. Die großen *Fucus*-Individuen sind jedoch unzweifelhaft diploid. Diese Situation entspricht bei den großen Braunalgen üblicherweise der Kernphase des Sporophyten. Viele Lehrbuchdarstellungen fassen die Vertreter der Fucaceae daher als reine Diplonten auf, bei denen die Reifungsteilung (Meiose) erst unmittelbar vor der Gametendifferenzierung erfolgt.

Die Fortpflanzung der Fucaceae lässt sich jedoch besser und zutreffender als extrem heteromorpher Generationswechsel auffassen. Die entsprechenden Stationen und Strukturen zeigt das Schema auf der vorigen Seite:

Im weiblichen Konzeptakel (7) reifen in jedem Gametangium (Oogonium) insgesamt 8 Eizellen heran. Diese sind haploid – ihrer Entstehung geht somit notwendigerweise eine Meiose (→ 4 Zellen) und eine postmeiotische Mitose (→ 2 x 4 = 8 Eizellen) voran. Die zunächst noch einkernige, diploide Mutterzelle des Oogoniums ist demnach eigentlich ein Sporangium, in dem wie üblich eine Meiose (Reduktionsteilung) stattfindet.

Aus dem 8-zelligen Oogonium (8), welches das Konzeptakel über quellenden Schleim durch dessen Öffnung verlässt (7 unten), werden nicht direkt 8 einzelne Eizellen, sondern ein Paket von 8 zusammenhängenden (!) Eizellen freigesetzt (9). Sie sind zunächst noch von einer gemeinsamen dünnen Hülle umgeben – diese entspricht der Sporangienwand.

Das aus dem einzelligen Sporangium schlüpfende 8-zellige Eipaket ist seinerseits von einer weiteren dünnen Wand umhüllt (10), die als extrem vereinfachter Rest eines Gametophyten aufzufassen ist. Dieser Gametophyt entwickelt also nur ein Gametangium mit einer eigenen dritten, allerdings sehr zarthäutigen Wand (10). Erst nachdem auch diese zerreißt, kommen die 8 Eizellen einzelnen frei (11).

In den männlichen Konzeptakeln finden in jedem der zahlreichen Gametangien eine Meiose (→ 4 Zellen) und mehrere anschließende Mitosen statt, so dass insgesamt 64 Gameten entstehen. Das Gametangium ist zum Zeitpunkt der Meiose also eigentlich ein stark reduziertes Sporangium und wird erst im Laufe der postmeiotischen Mitosen zum einzelligen Gametophyten bzw. einzelligen Gametangium, aus dem jeweils 64 männliche Gameten schlüpfen (5). Die Gameten sind damit konsistent Mitogameten und keine Meiogameten wie bei den Tieren.

Bei den übrigen Gattungen der Fucaceae (so auch bei *Ascophyllum* und *Pelvetia*) liegen geringfügig abweichende, aber im Prinzip übereinstimmende Verhältnisse vor. Die Interpretation als heteromorpher Generationswechsel mit stark vereinfachten Gametophyten passt insgesamt erheblich besser in das Lebenszyklus-Gesamtbild der Klasse Phaeophyceae als die grob vereinfachende Auffassung als Fortpflanzung eines reinen Diplonten mit gamophasischer Reduktion. Letztere lehrbuchnotorische Deutung kann im Übrigen die verschiedenen Hüllen um die Oogonien nicht schlüssig erklären.

Algenfarbstoffe kennenlernen

Alle Pflanzen, die Photosynthese betreiben, benötigen zum Einfangen ihrer Energiequelle Licht besondere Farbstoffe gleichsam als Antennen. Diese Photosynthesepigmente sind ausschließlich in den Chloroplasten enthalten. Meeresgrünalgen und ebenso die Grünalgen aus Süßwasserbiotopen führen wie die grünen Landpflanzen in allen grünen Organen die beiden Chlorophylle a (blaugrün) und b (hell- bzw. apfelgrün). Außerdem kommt in ihren Chloroplasten auch noch eine Reihe so genannter akzessorischer Pigmente (Begleitpigmente) aus der Stoffklasse der gelben bis orangeroten Carotenoide (= sauerstofffreie Carotene sowie die gelblichen Xanthophylle mit sauerstoffhaltigen Baugruppen im Molekül) vor.

Unter den Algen finden sich nun nicht nur grüne Verwandtschaftsgruppen, die im Pigmentbestand mit den grünen Landpflanzen übereinstimmen, sondern auch völlig abweichend gefärbte Formen. Nach ihrer kennzeichnenden Eigenfärbung hat man sie schon vor langer Zeit als Braunalgen (Phaeophyceae) oder Rotalgen (Rhodophyceae) benannt. Sie entsprechen in ihrem Pigmentbestand nicht den grünen Vertretern.

Projekt

In diesem Versuch werden die zuvor extrahierten Photosynthesepigmente grüner, brauner und roter Meeresalgen mit Hilfe einer einfachen Papierchromatographie soweit aufgetrennt, dass die jeweils vertretenen Hauptpigmentgruppen gut zu unterscheiden sind. Zum Vergleich werden auch die Blattpigmente einer grünen Landpflanze untersucht.

Versuchsmaterial

- Grünalgen: Meersalat (*Ulva lactuca*), Darmtang (*Ulva compressa*) o.a.
- Braunalgen: Blasentang (*Fucus vesiculosus*), Sägetang (*Fucus serratus*), junger Zuckertang (*Laminaria saccharina*) o.a.
- Rotalgen: Hauttang (*Porphyra* spp.), Seeampfer (*Delesseria sanguinea*) o.a.

Verwendungsfähig sind auch getrocknete, von einem früheren Küstenaufenthalt mitgebrachte Algen, die möglichst im Dunkeln aufbewahrt wurden. Im Bedarfsfall kann man eine kleine Menge Versuchsmaterial auch von der Materialversorgung der Biologischen Anstalt Helgoland (www.awi-bremerhaven.de) beziehen. Braunalgen erhält man oft in Fischgeschäften – erntefrischer Knotentang (*Ascophyllum nodosum*) oder Sägetang (*Fucus serratus*) dient hier oft als Verpackungs- bzw. Versandmaterial.

- Landpflanzen: Als Ausgangsmaterial wählt man Pflanzenarten mit möglichst dunkel- bzw. schwarzgrünen Blättern, beispielsweise Spinat (*Spinacia oleracea*), Feldsalat (*Valerianella locusta*), Brennnessel (*Urtica dioica*), Efeu (*Hedera helix*), Eibe (*Taxus baccata*) oder Douglasie (*Pseudotsuga menziesii*).

Geräte

- Reagenzgläser oder Tablettenröhrchen (RG), Reagenzglasständer
- Reibschale (Mörser) mit Pistill
- Glastrichter und Faltenfilter
- Stativmaterial
- großes Reagenzglas (50 mL) mit Korkstopfen
- hakenförmig aufgebogene Büroklammer(n)
- dickes, weißes Filter- bzw. Löschpapier oder Chromatographie-Papier (z.B. Schleicher & Schüll 2043b Mgl, aus dem Laborfachhandel), auf Streifen von ca. 12 × 1,5 cm zugeschnitten
- Becherglas (10 mL)

Chemikalien

- 96%iges Ethanol
- Trenngemisch (Laufmittel): Petrolether (Siedebereich 40–60 °C) – Petrolether (Siedebereich 50–70 °C) – Aceton (100%ig) = 8 : 2 : 1,6 oder einfach nur Feuerzeugbenzin
- Quarzsand

Durchführung

Etwa 1–2 g Pflanzenmaterial zerkleinert man in der Reibschale zunächst trocken durch Zerreiben mit Quarzsand bis zur Pulverkonsistenz und extrahiert anschließend mit 3–5 mL 96%igem Ethanol. Die so erhaltene Pigmentrohlösung wird über einen Faltenfilter in ein trockenes, sauberes Reagenzglas (RG) filtriert. Sie sollte so konzentriert sein, dass sie kräftig gefärbt erscheint.
Den abfiltrierten Rohextrakt füllt man nun in ein kleines Becherglas (10 mL) um. Das Chromatographie-Papier taucht man kurz in diese Pigmentlösung, so dass eine etwa 10 mm breite Startzone entsteht. Nach kurzer Zwischentrocknung wird dieser Vorgang eventuell mehrmals wiederholt.
Das große RG befestigt man an einem Stativ und hängt den fertig zugeschnittenen Streifen Chromatographie-Papier mit Hilfe einer passend aufgebogenen Büroklammer an einem Korkstopfen auf. Am RG markiert man mit Filzschreiber einen Füllstrich etwa 3 mm oberhalb der Papierunterkante. Bis zu dieser Markierung füllt man nach Entnahme des Papierstreifens das benannte Trenngemisch ein.
Der völlig trockene (!), pigmentbeladene Papierstreifen wird nun vorsichtig und ohne Kontakt zur Gefäßwand so in das mit Trenngemisch beschickte RG gehängt, dass die Startzone nur mit ihren unteren 2–3 mm in das Laufmittel reicht (vgl. Abbildung).

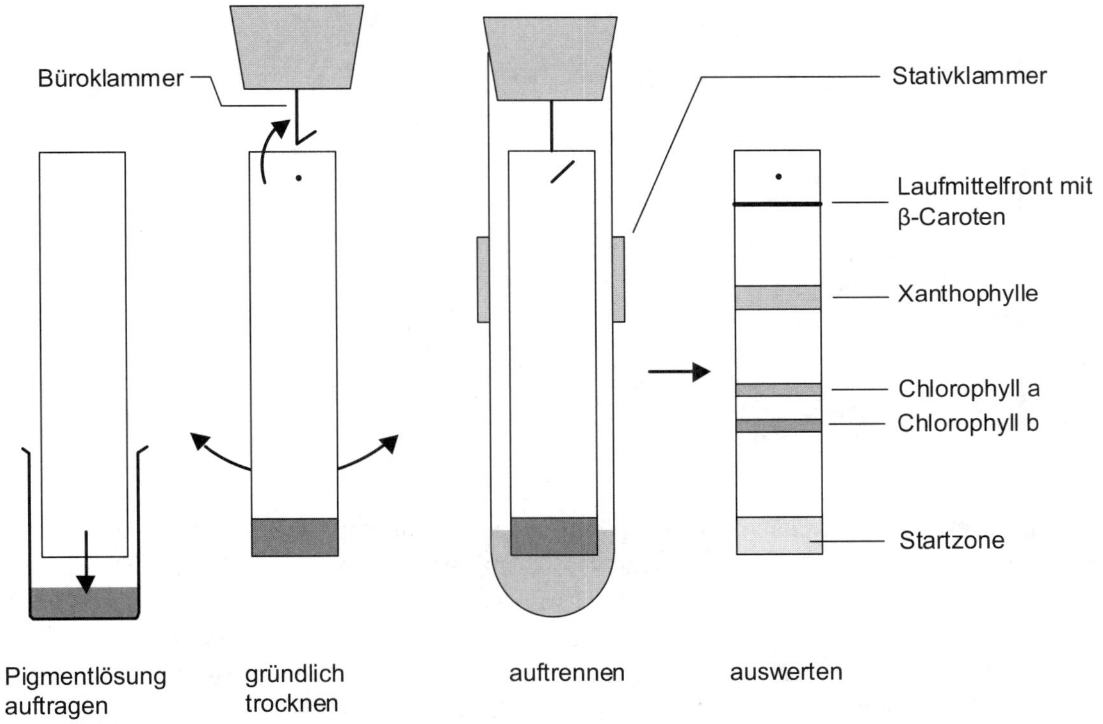

Aufgaben

1. **Beobachte die mit dem raschen Laufmittelaufstieg im Papierstreifen unmittelbar einsetzende und gut zu verfolgende Trennung der verschiedenen Photosynthesefarbstoffe. Die Trennung benötigt nur wenige Minuten.**
2. **Notiere die Reihenfolge der deutlich erkennbaren Farbzonen im Versuchsprotokoll.**
3. **Vergleiche die Ergebnisse von den verschiedenen Versuchsobjekten.**

Deutung und Diskussion

Wie die deutlich getrennten Farbzonen auf dem Papierstreifen erkennen lassen (vgl. Abbildung), sind im Rohextrakt aus Blättern und Algen immer verschiedene Pigmentgruppen enthalten. Das hier gewählte Trennsystem sortiert sie auf dem Chromatographiepapier nach dem Grad ihrer Lipophilie: Reine Kohlenwasserstoffe wie das β-Caroten laufen mit der Laufmittelfront; es zeigt sich als schmaler, tief orangeroter Strich. In deutlichem Abstand folgen die sauerstoffhaltigen Carotenoide

(= Xanthophylle), bei Grünalgen und Landpflanzen vor allem Lutein, Zeaxanthin und Violaxanthin, die im hier verwendeten System nicht weiter zu trennen sind. In den Braunalgenproben fällt oberhalb vom blaugrünen Chlorophyll a eine breite Zone mit kräftig orangebraunem Fucoxanthin auf – dem Leitpigment dieser Algengruppe. Bei den Rotalgen sind außer einem schwachen Gelbband und einer deutlichen Zone mit Chlorophyll a keine Rotpigmente zu erkennen. Ihre kennzeichnenden roten Farbstoffe sind wasserlöslich und lassen sich durch Papierchromatographie nach der hier gewählten Technik nicht auftrennen.

Entsorgung

Das verwendete Laufmittel wird nach Auswertung für weitere Versuche in einem dicht schließenden Glasgefäß aufbewahrt oder in den Sammelbehälter für organische Lösemittel gegeben. Man kann es auch im Freien abdampfen lassen.

Die Alternative: Trennung von Algen- oder Blattpigmenten an Tafelkreide

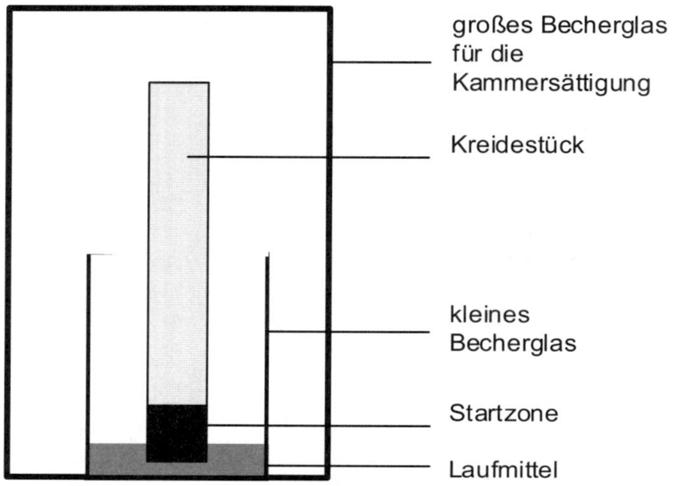

Wem die Papierchromatographie etwas zu aufwändig erscheint, kann es auch einfacher haben: In etwas abgewandelter Form lässt sich auch gewöhnliche weiße Tafelkreide zur Trennung von Blattpigmenten verwenden. Die Kreidestücke sollten vor Verwendung allerdings im Backofen oder Trockenschrank erhitzt werden, damit sie weitgehend wasserfrei sind. Dann taucht man das Ende eines Kreidestückes in den Pigmentrohextrakt, bis eine etwa 1 cm breite Farbzone aufgesogen ist. Das Kreidestück-Chromatogramm entwickelt man im oben angegebenen Lösungsmittelgemisch oder in Feuerzeug- bzw. Waschbenzin in einem geschlossenen Becher- oder Konfitürenglas. Dieser Versuch kann damit modellhaft zur Demonstration der Säulenchromatographie dienen.

Basisinformation Pigmente der Meeresalgen

Nach ihrer Löslichkeit in organischen (= apolaren, lipophilen) Lösemitteln wie Aceton, Benzol, Chloroform, Ethanol etc. fasst man die Chloroplastenpigmente wie Chlorophylle und Carotenoide als lipochrome (lipophile = hydrophobe) Pigmente zusammen. In der Pflanzenzelle kommen sie in den Plastiden ausschließlich membrangebunden vor – die grünen Chlorophylle und einige Carotenoide in den Chloroplasten, ausschließlich gelblich-orangefarbene Carotenoide in Chromoplasten (Blüten, Früchte) bzw. Gerontoplasten (verfärbte Laubblätter im Herbst). Man nennt sie wegen ihres bei höheren Pflanzen ausschließlich intraplastidären Vorkommens auch Plastochrome. Auch bei den Algen (marine wie liminische Formen) führen als Photosynthesepigmente ausschließlich membrangebundene Farbstoffe. Chemisch und cytologisch unterscheiden sich die lipophilen Plastidenpigmente damit erheblich von den so nur in Landpflanzen vorkommenden wasserlöslichen (= chymochromen, hydrophilen) Vakuolenfarbstoffen, die zudem völlig anderen Stoffklassen (Anthocyane, Betalaine, Flavonoide) angehören.
Qualitativ stimmen alle grünen Landpflanzen in der farblichen Zusammensetzung ihrer Chloroplasten überein. Quantitativ gibt es fallweise größere Abweichungen beispielsweise zwischen Licht- und Schattenblättern oder zwischen den Blattorganen von Starklicht- und Schwachlichtpflanzen. Die bei den Blütenpflanzen anzutreffenden Pigmentmuster der grünen Belaubung sind in gleicher Zusammensetzung auch bei Moos- und Farnpflanzen vorhanden.

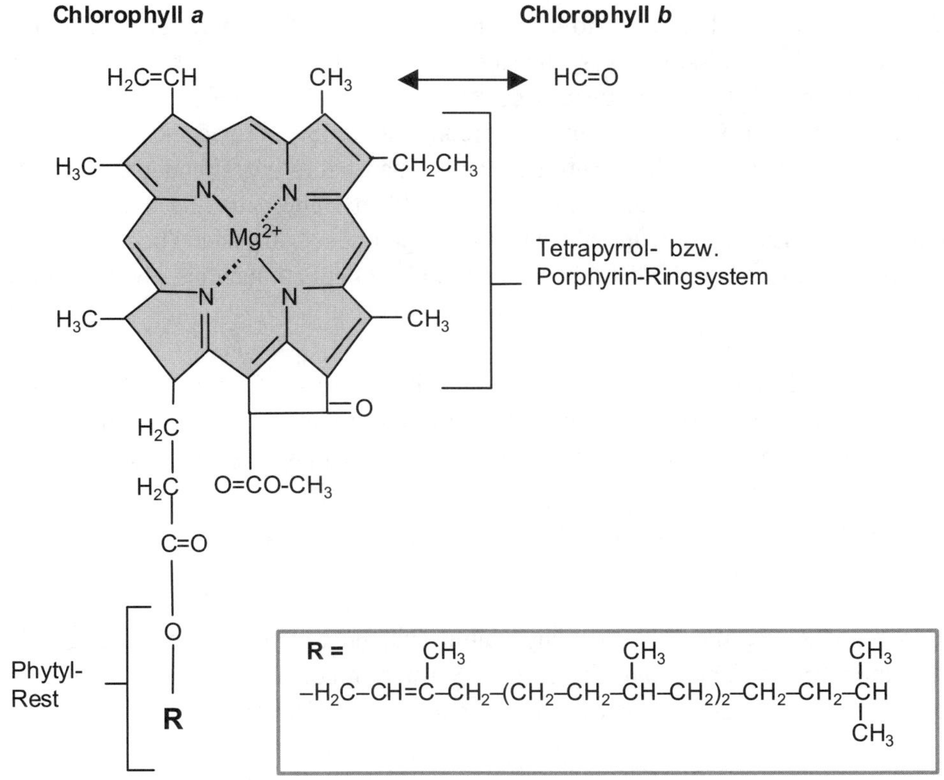

Chemisch gesehen sind die Chlorophylle Tetrapyrrol- bzw. Porphyrin-Ringsysteme mit kennzeichnenden Seitengruppen und einem zentral gebundenen Magnesium-Ion (Mg^{2+}). Chlorophyll *a* unterscheidet sich vom strukturell sehr ähnlichen Chlorophyll *b* lediglich durch den Austausch einer Methyl- gegen eine Aldehydgruppe am rechten oberen Ring. Dieser minimale Unterschied, der sich auf Vorhandensein oder Fehlen nur eines gebundenen Sauerstoffatoms zurückführen lässt, bestimmt eine bereits visuell wahrnehmbare Farbabweichung und auch ein etwas anderes chromatographisches Laufverhalten. Die im Photosyntheseapparat immer vorhandenen Carotenoide (oft auch Carotinoide genannt) sind nach ihrer Grundstruktur offenkettige Kohlenwasserstoffe mit konjugierten Doppelbindungen. Innerhalb dieser Stoffgruppe unterscheidet man die nur aus C- und H-Atomen bestehenden Carotene (beispielsweise das in Blättern fast immer vorkommende β-Caroten) von den sauerstoffhaltigen Xanthophyllen (vor allem Lutein, Zeaxanthin und Violaxanthin).

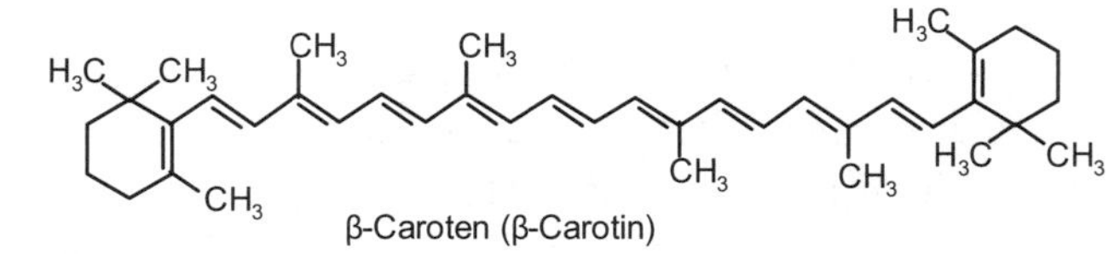
β-Caroten (β-Carotin)

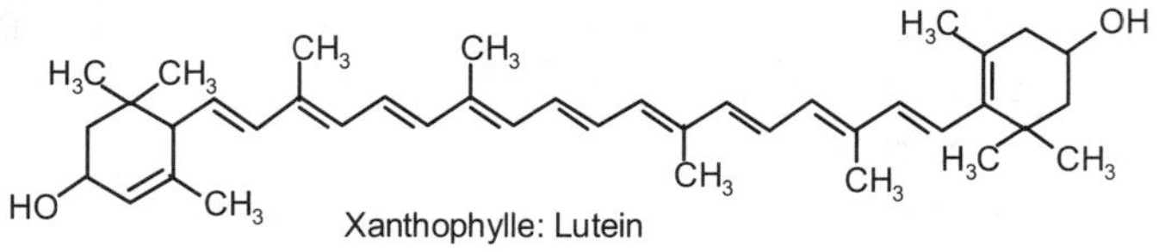
Xanthophylle: Lutein

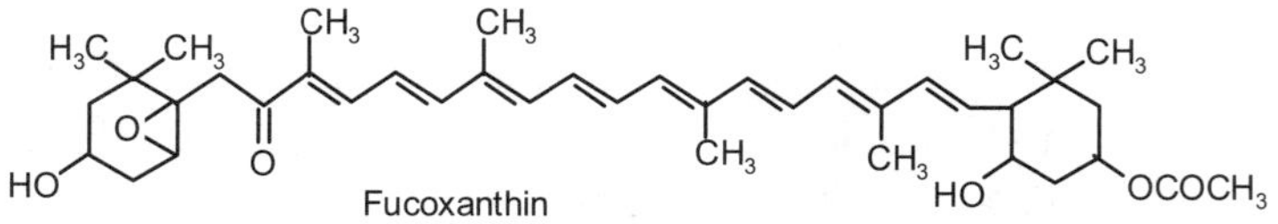
Fucoxanthin

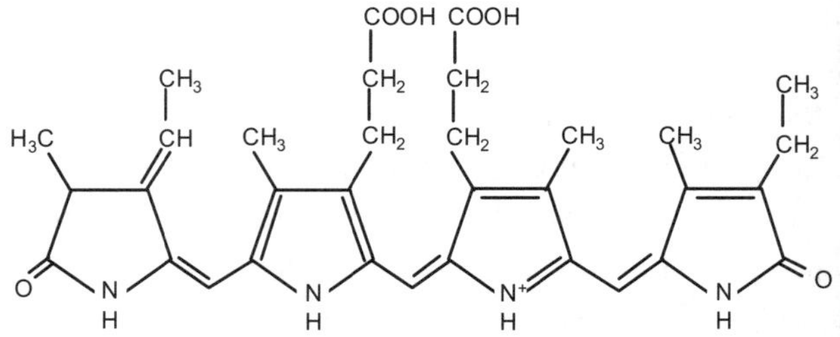
Phycocyanobilin

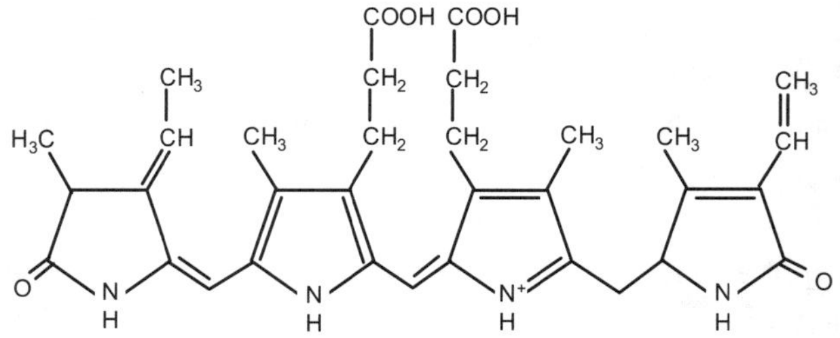
Phycoerythrobilin

Auch die verschiedenen Verwandtschaftsgruppen der Algen enthalten in ihren plastidären Pigmentsystemen die gleichen oder vergleichbare lipophile Pigmente: Die Grünalgen weisen fast ausnahmslos das Chloroplasten-Pigmentmuster der höheren Pflanzen auf. Andererseits gründet sich die herkömmliche Grobsystematik der Algen unter anderem auf die charakteristischen Abweichungen von diesem Bild. Außer den Grünalgen (Chlorophyta bzw. Chlorophyceae i.w.S.) unterscheidet man nach dem farblichen Erscheinungsbild die Blaualgen (als prokaryotische = kernlose Organismen heute zutreffender Cyanobakterien genannt), Rotalgen (Rhodophyceae), Goldalgen (Chrysophyceae), Gelbgrünalgen (Xanthophyceae) und Braunalgen (Phaeophyceae). Letztere stimmen in ihrer Pigmentzusammensetzung mit den Kieselalgen oder Diatomeen (Bacillariophyceae) und einigen weiteren Verwandtschaftsgruppen überein. Bräunlich pigmentiert sind schließlich auch die photoautotrophen Vertreter der Panzergeißler (Dinophyceae).

Während alle photoautotrophen Organismen mit Sauerstoff liefernder (oxigener) Photosynthese Chlorophyll *a* besitzen (nur dieses kann die photolytische Oxidation des Wassers leisten), wird bei allen erwähnten Pigmentierungsalternativen unter den Algen vor allem das Chlorophyll *b* der grünen Verwandtschaftslinien jeweils durch ein anderes Pigment(system) ersetzt, nämlich bei

- Cyanobakterien, Rotalgen und Cryptophyceae durch die bläulich-roten Phycobiliproteine
- Braunalgen und Kieselalgen durch das Carotenoid Fucoxanthin.

Die in den Cynaobakterien, Cryptophyceen und Rotalgen enthaltenen Phycobiline (bläuliches Phycocyanobilin und rötliches Phycoerythrobilin) zeigen strukturelle Ähnlichkeiten zu den Gallenfarbstoffen. Sie sind trotz Plastidenbindung wasserlöslich und nur mit aufwändiger Analytik (beispielsweise Gel-Elektrophorese) genauer zu charakterisieren.

Die Photosynthese der Gezeitenalgen

Die Tanggürtel der Gezeitenzone und des oberen Sublitorals sind an den Küsten wichtige Primärproduzenten, deren photosynthetische Kohlenstoff-Bindung bedeutende Beiträge leistet. Hinsichtlich ihrer Produktivität (Menge des gebundenen Kohlenstoffs je Fläche und Jahr) sind die Tangfelder sogar dem stofflichen Ertrag der meisten Wälder vergleichbar. Sie erbringen somit eine erstaunliche Leistung – auch wenn man bedenkt, dass sie für jedes gebundene C-Atom ein Molekül Sauerstoff abgeben. Nun sind die Tange jedoch Algen und als solche unzweifelhaft Wasserorganismen. Für marine und andere aquatisch lebende Pflanzen darf man wohl zu Recht annehmen, dass sie das Betriebsmittel Kohlenstoffdioxid für ihre Photosynthese in gelöster Form (überwiegend als Hydrogencarbonat HCO^{3-}) direkt aus dem Meerwasser entnehmen. Andererseits leben gerade die Algenarten der Gezeitenzone in einem amphibischen Milieu und liegen während der Ebbezeiten eventuell stundenlang trocken. Somit stellt sich doch die Frage, ob sie auch während der Zeit des Trockenfallens photosynthetisch aktiv sind oder dann einfach eine längere Phase der Betriebsruhe einschalten.

Für Experimente zum CO_2/O_2-Stoffwechsel der Algen, Land- und Wasserpflanzen setzen Wissenschaftler heute ziemlich raffinierte und meist recht aufwändige Versuchstechniken ein. Für qualitative Zwecke geht es aber auch wesentlich einfacher: Die Aufnahme von CO_2 aus der Luft oder aus einer wässrigen Lösung (beispielsweise aus HCO_3^-) lässt sich nämlich mit einfachen Mitteln nachweisen. Wir verwenden hier eine Nachweistechnik, die mit Hilfe eines geeigneten Indikatorfarbstoffs den wechselnden CO_2-Gehalt in einem abgeschlossenen Versuchsgefäß mit Vorratslösung erfasst. Wird durch Photosynthese CO_2 entnommen und in organische Substanz umgewandelt, ändert sich in der Vorratslösung im Reaktionsgefäß der pH-Wert, und diesen Wechsel zeigt der Indikatorfarbstoff an.

Versuchsmaterial

- Einige fingerlange Thallusstücke von Blasentang (*Fucus vesiculosus*) oder Spiraltang (*Fucus spiralis*)

Geräte

- Weithals-Erlenmeyerkolben (etwa 250 mL oder entsprechend große verschließbare Konservengläser)
- Kork- oder Gummistopfen für den Erlenmeyerkolben mit zurecht gebogener Büroklammer oder am Schraubdeckel befestigte Aufhängevorrichtung für die Versuchspflanzenstücke (vgl. Abbildung)

Chemikalien

- $NaHCO_3$-Pufferlösung, $c = 10^{-3}$ mol L^{-1} (8 mg $NaHCO_3$ L^{-1})
- Bromthymolblau-Indikatorlösung (BTB), konzentrierte Lösung,
- etwa 1 Spatelspitze in 1 mL 96%igem Ethanol)

Durchführung

Die Versuchspflanze wird tropfnass auf den Haken genommen und im Erlenmeyerkolben oder in einem anderen geeigneten Reaktionsgefäß aufgehängt. In das Versuchsgefäß gibt man etwa 10 mL einer 10^{-3} mol L^{-1} $NaHCO_3$-Lösung und fügt einige Tropfen BTB-Indikatorlösung bis zur deutlichen Gelbfärbung hinzu. Wenn keine $NaHCO_3$-Lösung zur Verfügung steht, kann man auch eine vergleichbare Menge Mineralswasser (Medium) verwenden oder einfaches Leitungswasser, in das man ein paar Mal kräftig hineingehaucht und dann geschüttelt hat. Das Versuchsgefäß wird anschließend luftdicht verschlossen und an einem hellen Platz aufgestellt – im Labor auf der nicht direkt besonnten Fensterbank oder an einem bedeckten Tag im Freiland am Wuchsort der Algen. Eine parallel angesetzte Dunkelkontrolle stellt man unter einen lichtundurchlässigen Karton oder in den Schrank. Während des Versuchsablaufs sollte man die Ansätze etwa im halbstündlichen Abstand vorsichtig schütteln.

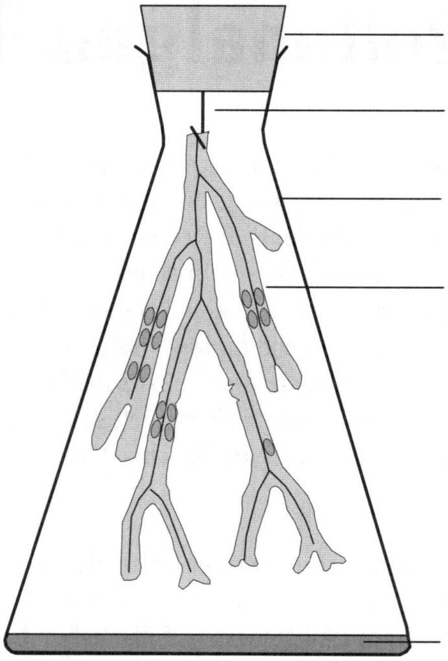

Aufgaben

1. Kontrolliere den belichteten Versuchsansatz nach etwa 1 h und stelle fest, ob sich in der Indikatorlösung am Boden des Gefäßes ein Farbumschlag von gelb nach blau(grün) zeigt.
2. Erkläre das Versuchsergebnis. Überlege dazu, welche Stoffwechselleistung der Tangstücke für den Versuchsausgang verantwortlich sein könnte.
3. Überprüfe den dunkel gestellten Versuchsansatz, beschreibe deine Feststellung und erkläre das Ergebnis.
4. Wandle die Versuchsdurchführung ab: Verwende statt der tropfnass aufgehängten Tangstückchen solche, die zuvor mindestens 1–2 h an der Luft angetrocknet wurden.
5. Führe die gleichen Versuche mit ungefähr handflächengroßen Exemplaren des Hauttangs (*Porphyra*-Arten) durch, die du a) tropfnass und b) deutlich angetrocknet im Versuchsgefäß aufhängst.
6. Überprüfe mit dieser Versuchstechnik auch andere Tange oder Algen aus der Gezeitenzone hinsichtlich ihres Gaswechsels im Licht bzw. Dunkeln.
7. Führe diese Gaswechselversuche mit Tangstücken durch, die du im Versuchsgefäß in Meerwasser legst. Für diese Versuchsabwandlung ist es sinnvoll, etwas kleinere Reaktionsgefäße (beispielsweise 100-mL-Erlenmeyerkolben oder leere Babynahrungsgläser) zu verwenden.
8. Beantworte anhand deiner Versuchsergebnisse die Frage, ob die bei Ebbe „an die Luft gesetzten" Algen auch unter diesen Bedingungen photosynthetisch aktiv sind.

Entsorgung

Die in diesem Versuch verwendeten Ansätze mit der Indikatorlösung werden nach Abschluss verdünnt (unter fließendem Wasser) in das Abwasser gegeben.

Basisinformation CO_2-Gaswechsel mariner Makroalgen

Die im vorgeschlagenen Versuch zu beobachtenden Effekte beruhen auf dem Gleichgewicht zwischen CO_2 sowie undissoziierter Kohlensäure (H_2CO_3), Hydrogencarbonat-Anion (HCO_3^-) und Carbonat-Anion (CO_3^{2-}):

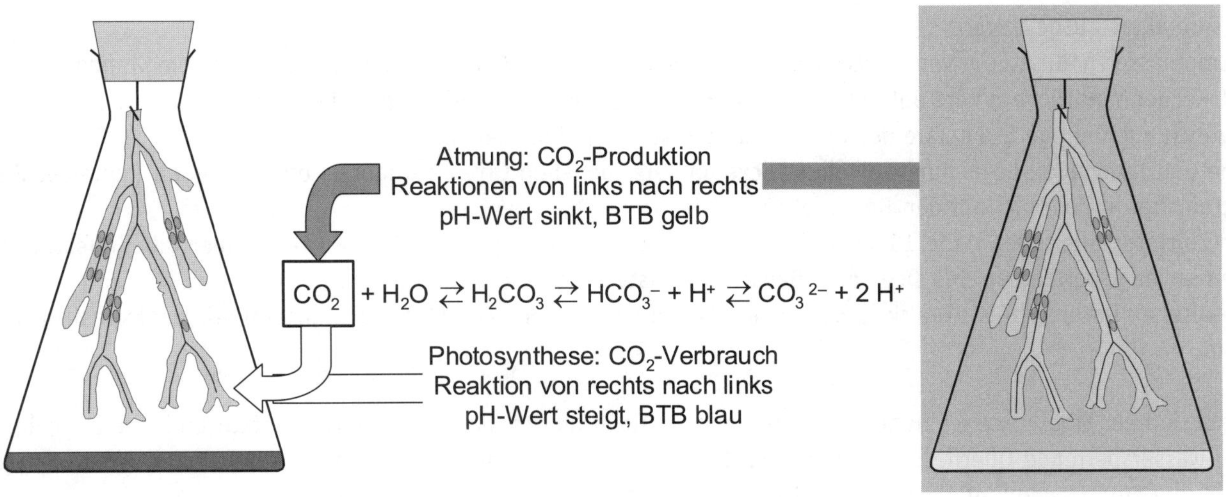

Wenn die photosynthetisch aktive Alge oder Landpflanze aus diesem Gleichgewicht CO_2 entnimmt, muss undissoziierte Kohlensäure nachgeliefert werden – die Reaktionen laufen in diesem Fall von links nach rechts ab. Die Lösung verarmt dabei an freien Protonen, und der pH-Wert steigt dadurch zwangsläufig langsam an. Dies gilt auch für die Abschöpfung der CO_2-Vorräte der Luft, weil Atmosphäre und Flüssigkeit im abgeschlossenen Versuchsansatz ihrerseits miteinander im Gleichgewicht stehen. Ein CO_2-Entzug durch die Photosynthese ist damit immer gleichbedeutend mit einer Entsäuerung (Alkalisierung) des verwendeten Mediums. Solche Änderungen lassen sich mit einem geeigneten Indikator wie Bromthymolblau (BTB) leicht nachweisen: BTB ist im sauren Bereich unter pH 6 gelb, im Neutralbereich um pH 7 grünlich und im alkalischen Milieu oberhalb pH 7,6 blau. Die Farbwechsel sind nur durch CO_2-Entnahme zu erklären.

Wenn er richtig durchgeführt wird, kommt dieser Versuch also zu dem vielleicht doch etwas überraschenden Ergebnis, dass die Makroalgen der Gezeitenzone auch während des Trockenfallens (im emersen Zustand) photosynthetisch aktiv sind. Die mit dieser Methode gewonnenen Ergebnisse lassen allerdings keinerlei Aussagen darüber zu, ob die Photosynthese im submersen Zustand (bei voller Wasserbedeckung) in der gleichen Größenordnung abläuft. Genauere physiko-chemische Untersuchungen belegen jedoch, dass die Photosyntheseraten unter emersen und submersen Bedingungen in etwa gleich sind. Der CO_2-Gehalt des leicht alkalischen Meerwassers liegt bei etwa 2,2–2,5 mmol L^{-1}. Landpflanzen haben bei einem CO_2-Gehalt der Luft von rund 0,035% (= 350 ppm) nur rund 15 µmol L^{-1} zur Verfügung. Allerdings ist zu berücksichtigen, dass die CO_2-Diffusionsraten in der Luft (Diffusionskonstante 0,16 $cm^2\ s^{-1}$) wesentlich höher liegen als in Wasser (etwa $2{,}0 \times 10^{-5}$ $cm^2\ s^{-1}$). Die eine Größe gleicht also die andere im Wesentlichen aus.

Mit dem gleichen Versuchsansatz ist auch respiratorisch freigesetztes CO_2 nachweisbar. In diesem Fall laufen die Reaktionen von links nach rechts ab – sie wirken ansäuernd, ebenso wie Einpusten von Ausatemluft durch einen Trinkhalm in die vorbereitete Lösung. Photosynthese und Respiration lassen sich somit als Teilabläufe einer komplexen organismischen Redox-Reaktion verstehen.

Der Versuch gelingt allerdings nur mit Thallusstückchen, die bei der Entnahme von ihrem Wuchsort genügend feucht waren und beim Start somit eine hinreichende Thallushydratur aufweisen. Die *Fucus*-Arten repräsentieren aufgrund ihrer massiven und stark quellfähigen Zellwände (wichtigstes Strukturpolysaccharid ist Alginsäure) den Typ der austrocknungsresistenten Gezeitenalge: Es dauert selbst an einem sonnigen Tag bei stärkerer Windbelastung geraume Zeit, bis der Wassergehalt im Thallus unter ein physiologisches Minimum absinkt. Der als Versuchsobjektalternative vorgeschlagene *Porphyra*-Thallus verhält sich in dieser Hinsicht völlig anders: Diese dünnhäutigen Gezeitenalgen sind trockenresistent – sie verabschieden ihr im Thallus vorhandenes Wasser relativ schnell und sinken unterhalb eines kritischen Hydraturwertes tatsächlich in eine Trockenstarre ohne jeden erkennbaren Stoffwechselbetrieb. Ebenso rasch sind sie erstaunlicherweise sofort wieder stoffwechselaktiv, sobald die ersten Spritzer der auflaufenden Flut ihren Standort erreichen. Die in den Thalluszellen wirksamen membranphysiologischen bzw. -biochemischen Mechanismen der Trockenresistenz sind komplex und können in diesem Zusammenhang nicht detailliert dargestellt werden. Diese Sachverhalte bieten aber willkommenen Anlass, zumindest in der Diskussion auf die besondere noch Problemlage hinzuweisen.

Austrocknungsresistent?

Diese unterschiedlichen Wasserbindestrategien verschiedener Algenarten könnte man zum Gegenstand eines eigenen Untersuchungsprojektes ausgestalten:

- Frische, tropfnasse Thallusstücke von *Fucus*-Arten, *Porphyra* oder anderen Algen aus der Gezeitenzone vom Standort entnehmen, mit Küchenhandtüchern kurz abtrocknen und auf einer Feinwaage (Briefwaage mit Digitalanzeige o.ä.) wiegen.
- Zum Vergleich auch einige Exemplare des Quellers in den versuch einbeziehen.
- Gewogene und individuell bezeichnete Thallusstücke an verschiedenen Orten aufhängen oder auslegen (sonniger Platz, im Schatten, frei in der Luft, auf den Boden etc.).
- In festen Zeitintervallen (etwa alle 15 min) die Thallusstücke erneut wiegen und Messwerte in einer Tabelle festhalten.
- Wägungen so lange fortsetzen, bis sich keine Gewichtsverluste mehr zeigen.
- Die so erhaltenen Datensätze als Grafik (prozentualer Wassergehalt oder –verlust in Abhängigkeit von der Expositionszeit) darstellen.

Bei der Diskussion der Ergebnisse ist zu berücksichtigen, dass Algen im Unterschied zu den Landpflanzen keine Cuticula und somit keine wassersperrende Oberflächenausstattung aufweisen. Auf diesem Hintergrund wäre außer der Versuchspflanze Queller auch eine ergänzende Einbeziehung von Laubblättern (Ahorn, Buche o.ä.) sinnvoll.

Meerespflanzen zubereiten ... und genießen

Sicher hast du schon einmal davon gehört, dass manche naturbegeisterte Leute heimische Wildpflanzen sammeln und daraus Salate, Suppen oder Gemüsegerichte zubereiten. Grundsätzlich geht das auch mit Meerespflanzen – mit verschiedenen Blütenpflanzen aus der Salzwiese ebenso wie mit manchen Makroalgen. Du wirst erstaunt sein – die feinen Aromen dieser Arten sind ebenso überraschend wie überzeugend und auf jeden Fall einen Versuch wert. Kein Wunder, dass man Zubereitungen aus Meerespflanzen auch auf der Menükarte teurer Gourmet-Restaurants findet – kulinarische Neuerungen wie Sushi, Onigiri und Rezeptempfehlungen der Makrobiotik liegen europaweit im Trend. Im Prinzip sind solche Vorlieben nicht neu. In Ostasien nutzen die Menschen bestimmte Meeresalgen schon seit Jahrtausenden. Daher bekommt man sie hierzulande auch in Asia-Shops, die sich in fast allen größeren Städten etabliert haben. Auch in Westeuropa (Bretagne, Irland, Schottland) sind Algengerichte durchaus nicht unüblich. Per Internet kann man bestimmte Arten auch aus Spanien oder Frankreich bestellen. Immerhin stehen Meeresalgen in ihren Grundnährstoffen gar nicht so schlecht da, wie der folgende tabellarische Vergleich zeigt (alle Angaben in %):

Lebensmittel	Protein	verwertbare Kohlenhydrate	Fett	Ballaststoffe	Mineralstoffe
Fleisch (roh)	50	0–2	10–25	0	1
Blattgemüse	2–3	0,6	0,3	2–5	1–3
Sojabohnen	38	6,5	18	22	3–4
Makroalgen	4–6	2–3	0,3–0,5	1–4	1,5–3,5

Meeresalgen sind als Nahrungsmittel vor allem deswegen besonders interessant, weil sie naturgemäß einen beachtlichen Gehalt an Mineralstoffen aufweisen. Besonders hoch ist der Anteil an Calcium (Ca), Magnesium (Mg), Eisen (Fe), Kalium (K), Iod (I) und diversen Spurenstoffen wie Selen (Se), Mangan (Mn), Zink (Zn) und Molybdän (Mb). In Meeresregionen, in denen die Algen auch schwermetallbelasteten Industrieabwässern ausgesetzt sind, enthalten sie u.a. auch Arsen (As), Cadmium (Cd), Quecksilber (Hg) und andere giftige Schwermetalle. Diese Mineralstoffe liegen in den Algen gewöhnlich in Form ihrer Ionen vor (K^+, Ca^{2+}, Mg^{2+} etc.). Ferner gelten Meeresalgen als bemerkenswert vitaminreich. Sie führen in größeren Mengenanteilen die Vitamine A, C und E, ferner fast den gesamten B-Komplex (mit dem sonst nur in tierischem Material enthaltenen Vitamin B_{12}) sowie Niacin und Folsäure. Problematisch kann eventuell der relativ hohe Iod-Gehalt mancher Arten sein – immerhin wurde das Element Iod im Jahre 1810 in der Asche von Meeresalgen entdeckt. Iod ist lebenswichtig zur Synthese der Schilddrüsenhormone Thyroxin und Triiodthyroxin. Der tägliche Bedarf wird mit rund 0,2 mg Iod angegeben. Weil Iod in meeresfernen Gebieten (Mittelgebirge, Alpen) ein Mangelfaktor ist, bieten die meisten Lebensmittelgeschäfte iodiertes Speisesalz an. Auch durch den gelegentlichen Verzehr von Meeresalgen kann man den Iodmangel ausgleichen. Dabei ist allerdings Vorsicht geboten: Ein Überangebot von Iod ist gesundheitschädlich, weil bei Aufnahme von mehr als 1 mg am Tag die Bildung der Schilddrüsenhormone blockiert wird.

Ob man die essbaren Meeresalgen nun als kulinarische Offenbarung empfindet, hängt selbstverständlich sehr von den persönlichen Geschmacksvorlieben ab. Die meisten Algen und ihre Zubereitungen erinnern in ihren besonderen Geschmacksqualitäten deutlich an andere Meeresfrüchte – sie schmecken also im weitesten Sinne etwas fischig. Da es unterdessen aber eine fast schon nicht mehr zu überschauende Literatur mit zahlreichen Rezepten und -varianten gibt, sind sie allemal einen Versuch wert.

Auch wenn man Meeresalgen anlässlich eines Mittagsmenüs oder Abendessens zu Hause oder im Restaurant nicht direkt auf seinem Teller vorfindet, kommt man fast täglich mit Substanzen in Kontakt, die aus Meeresalgen gewonnen wurden. Aus Braun- und Rotalgen gewinnt man nämlich in Reinform die speziellen Zellwandbaustoffe, die deutlich andere technische Eigenschaften aufweisen als die bei Landpflanzen üblicherweise vorkommende Zellulose. Braunalgen enthalten als Strukturpolysaccharid eine Alginsäure bzw. Alginat genannte Zellwandsubstanz. Sie zeichnet sich einerseits durch besondere Quellfähigkeit aus und garantiert gleichzeitig eine beachtliche Elastizität sowie Flexibilität – im brandungsoffenen Lebensraum der großen Meeresalgen zweifellos wichtige Eigenschaften. Bei den Rotalgen sind es Agar oder Carrageenan (auch Carragheen oder verkürzt Carrageen geschrieben). Die Algenzellwand-Quellstoffe bezeichnet man zusammen als Phycokolloide. Man stellt daraus Gele bzw. gallertige Zubereitungen her. Diese finden sich in zahlreichen Kosmetikartikeln (u.a. in Duschgel und in Zahnpasta) und in vielen Lebensmitteln (Joghurt, Fleischwaren, Sülze, Konserven jeglicher Art, Speiseeis, Konditoreiprodukte). Weil sie die Steifigkeit (Viskosität) vieler für die Lebensmittel bedeutsamer Stoffgemische erhöhen und einen Ersatzstoff für die aus Tierknochen gewonnene Gelatine darstellen, verwendet man sie gerne als Stabilisatoren oder Emulgatoren. In dieser Aufgabenstellung trifft man sie unter anderem in Bonbon- und Pralinenfüllungen, in der bemerkenswert steifen Sahne mancher Tortenkreationen oder in Diätnudelgerichten. Phycokolloide sind ebenso wie die pflanzliche Zellulose unverdaulich. Sie sind aus unserer täglichen Konsumwelt überhaupt nicht mehr wegzudenken, aber den meisten Menschen dennoch so gut wie unbekannt.

Ob in einer käuflichen Lebensmittelzubereitung Phycokolloide enthalten sind, kann man an der vorgeschriebenen Inhaltsstoffdeklaration auf den Verpackungen entnehmen: Die Braunalgen- Alginate tauchen dort mit den Nummern E 401–405 auf, der aus Rotalgen stammende Agar, der als künstlich hergestellter Nährboden für die gezielte Anzucht von Mikroorganismen von Bedeutung ist, trägt in der Liste der zulässigen Lebensmittelzusatzstoffe die E 406. Das ebenfalls aus Rotalgen gewonnene Carrageenan hat die Nr. E 407.

Die folgenden Anregungen sind nur wenige Beispiele aus einer großen Palette erprobter und empfehlenswerter Rezepte. Wichtig ist, dass man alle selbst gesammelten Algen oder Salzwiesen-Blütenpflanzen vor der Verwendung richtig bestimmt und vor der Zubereitung sehr grünlich in Wasser gereinigt hat. Probiert also eure Kochkünste einmal aus ...

Algen zum Essen (Auswahl)

Art-/Handelsname	Kurzbeschreibung	Verwendung
Palmaria palmata Lappentang Dulse Dulce	Rotalge etwas lederig, unregelmäßig gabelig geteilt, bis 50 cm lang, dunkelrot, in der mittleren und unteren Gezeitenzone, Nordatlantik	Gemüse, Salatzutat, Suppeneinlage, kann auch roh verzehrt werden
Porphyra tenera *Porphyra purpurea* Hauttang Nori Laver Sleabchán	Rotalge folienartig dünn, einschichtig, aber erstaunlich fest, feucht purpur- oder braunrot bis schwärzlich oliv oder etwas heller; weltweit an Felsküsten	Papierdünne Scheibchen zur Umhüllung von Sushi und Onigiri, Noriflocken und Laverbread als Zusatz zu Fischgerichten, Suppen und Saucen
Chondrus crispus Knorpeltang Irish Moss Cairgain	Rotalge dunkel- bis braunrot, ziemlich fest und knorpelartig, im Umriss breit fächerförmig in einer Ebene Häufig auf Steinen oder Fels in der unteren Gezeitenzone und tiefer. Atlantik, Nordsee (Helgoland), westliche Ostsee	Lieferant von Carragheen, Dickungsmittel ähnlich wie Gelatine, Verarbeitung zu Süßspeisen

Art-/Handelsname	Kurzbeschreibung	Verwendung
Ulva lactuca Meersalat Sea lettuce Salade des pêcheurs	Grünalge ziemlich dünnhäutig, dennoch fest und meist grasgrün, von variablem Umriss, manchmal wellig-faltig, handflächengroß oder größer, meist stärker gelappt und etwas faltig, mit glatten, oft fetzig zerrissenen Rändern, irisiert unter Wasser leicht bläulich; weltweit	Frisch oder aufgeweichte trockene Stücke, Beilage zu Fischgerichten, Salate, in Marinaden, als Gebäck
Laminaria saccharina Zuckertang Kombu	Braunalge kurz gestielt, 1–2 m lang und bis 20 cm breit, bandförmig, lederig, dunkelbraun; auf Felsen im Sublitotal, Nordsee, Nordatlantik	Schmeckt wegen des Gehaltes an Mannit(ol) leicht süßlich, Suppen, Gemüse, Chips; wegen des hohen Iodgehalts nicht allzu häufig konsumieren; im Handel auch weitere *Laminaria*-Arten aus Ostasien
Alaria esculenta Flügeltang Winged kelp Dabberlocks	Braunalge bis 12 m langer und 15 cm langes ungeteiltes Band mit prominenter Mittelrippe und kräftigem Stiel, dunkelbraun, besonders an Brandungsküsten auf Steinen und Fels	Verwendung ähnlich wie die *Laminaria*-Arten, vor allem in Irland und Schottland als Salatzutat oder Gemüse recht beliebt
Undaria pinnatifida Wakame Miyeok	Braunalge kurz gestielt, bis 2 m lang, ähnlich wie Laminaria, aber mit gebuchtetem Blatt, lederig, ursprünglich nur in Ostasien, heute auch in Europa	Zutat zu Suppen, Gemüse, Saucen; enthält Glutamat und wirkt als Geschmacksverstärker, ziemlich hoher Iodgehalt

Strandpflanzen zum Essen (Auswahl)

Art-/Handelsname	Kurzbeschreibung	Verwendung
Queller *Salicornia europaea* Meerspargel	einjährig, dickfleischig (sukkulent), verzweigt mit steil aufwärts gerichteten oder liegenden Ästen, Blätter zu winzigen Schuppengebilden rückgebildet, die Pflanze besteht daher nur aus dicklichen Achsen; Wattgebiete von Nord- und Ostsee, auch an den übrigen Atlantikküsten und im Mittelmeergebiet	Frisch gesammelte Quellerpflanzen werden gründlich gewaschen und (ohne Wurzeln) kurz in kochendem Wasser blanchiert. Sie geben ein sehr würzig schmeckendes, leicht an grünen Spargel erinnerndes Wildgemüse und passen hervorragend zu Fisch. Ebenso verwendbar ist die Strand-Sode (*Suaeda maritima*)
Strand-Wegerich *Plantago maritima*	mehrjährig krautig, 15–30 cm hoch, alle Blätter grundständig in dichtblättriger Rosette; Blätter einfach, schmal-linealisch, häufig bogig eingekrümmt, oberseits leicht gefurcht, unterseits gekielt, dickfleischig (salzsukkulent), meist dunkelgrün und leicht glänzend. Häufig auf den Salztonböden der Salzwiesen an Atlantik und Nordsee	Die kleineren und mittelgroßen Blätter schmecken aufgrund ihres stark salzhaltigen Standortes ebenfalls betont salzig und eignen sich daher ohne weiteres Würzen als Wildgemüse mit leicht bitterer und etwas nussiger Note. Man bereitet sie nach gründlichem Waschen durch Blanchieren in kochendem Wasser zu. Sie eignen besonders als Gemüsebeilage zu Seefisch oder auch zu Pasta. In Norddeutschland verwendet man sie auch wie Grünkohl. Ähnlich küchentauglich ist der Strand-Dreizack (*Triglochin maritima*)

Aufgaben

1. Suche in Bestimmungsbüchern oder im Internet nach Abbildungen der benannten Arten oder der daraus zubereiteten Gerichte.
2. Recherchiere in Kochbüchern oder im Internet nach genauen Rezepten für die Zubereitung von Meeresalgen oder Küstenpflanzen.
3. Stelle auf dieser Basis eine komplette Menükarte mit Vorspeisen und Suppen, Hauptgerichten, Vegetarischen Zubereitungen und Desserts zusammen – wie sie in deinem Gourmet-Restaurant „Neptuns Garten" ausliegen könnte.
4. Auf Sylt gibt es die zurzeit einzige deutsche Speisealgenfarm (man kann sie nach Voranmeldung auch besichtigen) – sie bietet unter anderem die Braunalge *Laminaria saccharina* als Kombu Royal an. Finde Genaueres heraus.
5. Bewerte den diätetischen Wert von Meeresalgen im Vergleich zu anderen Lebensmitteln.
6. Ergänze die oben stehende Tabelle um entsprechende Angaben für Obst und Fisch.
7. Finde heraus, wie hoch der Vitamingehalt von Meeresalgen liegt und wie es um den Gehalt an Cholesterin steht.
8. Informiere dich über die Wirkungen einer zu hohen Iodzufuhr über die Nahrung. Wie könnte man Skeptiker davon überzeugen, dass Meerespflanzen dennoch gesund sind?
9. Braun- und Rotalgen enthalten besondere Zellwandbaustoffe mit bemerkenswerten Quellungseigenschaften. Finde mehr über die Phycokolloide (Alginate (aus Braunalgen, Agar und Carrag(h)een(an) aus Rotalgen) und ihre Verwendungsmöglichkeiten heraus.
10. Außer den in der Tabelle aufgeführten Arten sind auch mikroskopisch kleine Algen wie die einzellige *Chlorella* oder ihre verwandte Gattung *Scenedesmus* als Lebensmittel oder auch für bestimmte Technologien von Bedeutung. Informiere dich im Internet und erstelle eine Reportage.

Basisinformation Der Tang in der Tube

Besonders die großen Braunalgen bzw. -tange der Gezeitenzone sind erstaunlich stabil und sogar in beachtlichem Maße reißfest. Diese Eigenschaft ist im direkten Zusammenhang mit ihrem hochturbulenten Lebensraum zu sehen: Die meisten Arten leben in einem durch Wellenschlag und Brandung heftig bewegtem Ambiente, in dem es zeitweilig so zugeht wie in der Trommel einer Waschmaschine. Im stetigen Gezerre der Brandungswellen ein stocksteif starres Achsengefüge zu entwickeln, wäre wohl völlig verfehlt. Tatsächlich sind die meisten Tange daher auf beachtliche Elastizität bzw. Reißfestigkeit bei größtmöglicher Flexibilität optimiert und können so fast jede mechanische Beanspruchung bestens ertragen.

Möglich wird diese Sonderanpassung durch ihre besonderen Zellwandbaustoffe (zusammenfassend Phycokolloide genannt). Sie tragen im Fall der Braunalgen den etwas einfallslosen Namen Alginsäure zw. Alginat und bestehen aus langkettigen Kohlenhydraten, die es so bei anderen Pflanzen nicht gibt und in der Zellwand die sonst übliche Zellulose ersetzen. Sie bestehen überwiegend aus den relativ ungewöhnlichen Säurederivaten bestimmter Hexosen (Galacturonsäure und Guluronsäure) und bilden langkettige Linearpolymere. Über die Carboxyl-Gruppen ihrer Bausteine sind die Einzelstränge durch zweiwertige Kationen (Ca^{2+}, Mg^{2+}) vernetzt. Alginate lassen sich aus den Braunalgenzellwänden auch im industriellen Maßstab relativ einfach isolieren und sind als weißes, wasserlösliches Pulver im Handel erhältlich.

Grünalgen

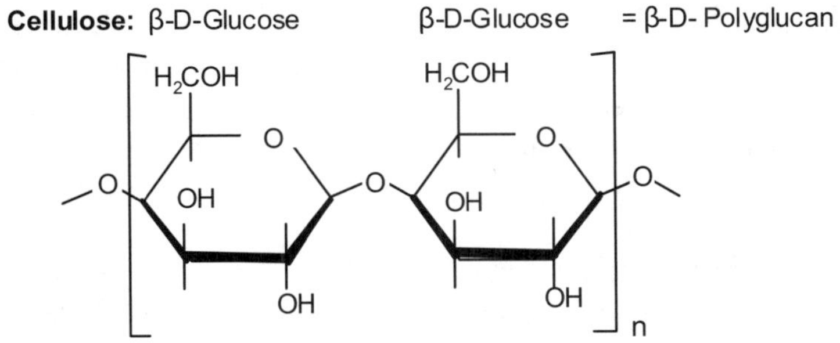

Braunalgen

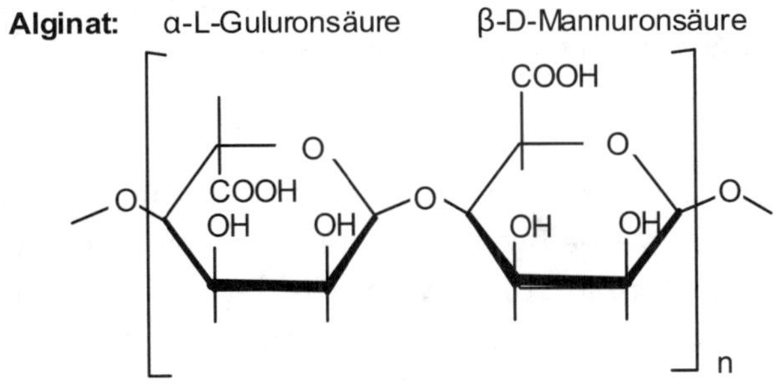

Rotalgen

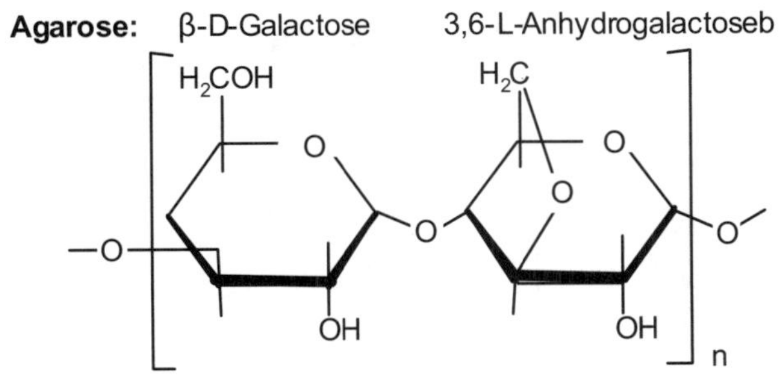

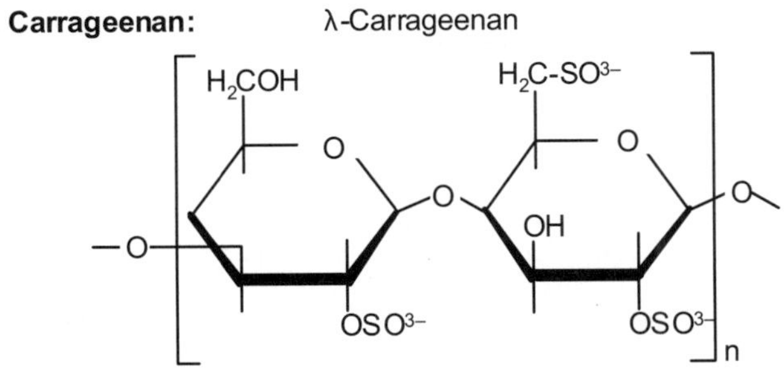

Aus den wasserlöslichen Alginaten kann man Gele genau berechen- bzw. einstellbarer Steifigkeit (Viskosität) herstellen. Vor allem diese besondere technische Eigenschaft begründete ihre Karriere in vielerlei technischen Anwendungen. Alginatzusätze sorgen beispielsweise dafür, dass die Zahnpasta so hübsch glatt und problemlos aus der Tube quillt. Im Speiseeis edelster Markenprovenienz verhindern sie, dass scharfkantige Kristalle entstehen, die beim Abschlecken empfindlich stören und schlimmstenfalls sogar die Zunge aufschlitzen könnten. Alginate sind beteiligt, wenn die durchaus verwegene Sahnearchitektur einer handflächenhohen Schwarzwälder Kirschtorte nicht schon nach kurzer Zeit wieder erbarmungslos in sich zusammensinkt. Sogar der Druck dieser Materialiensammlung kam mit Hilfe von Braunalgen-Zellwandstoffen zustande: Der Zusatz von Alginat zur schwarzen Druckerpaste sorgt zuverlässig dafür, dass die von der Druckwalze frisch aufgetragenen Buchstabenbilder im Papierbogen so konturscharf wie gewollt bleiben und nicht unkontrolliert unschön verlaufen. Alginate finden sich auch in vielen Kosmetika wie etwa Duschgelen. Hier erhöhen sie die Kontaktzeit zwischen der Haut und den reinigenden Detergenzien, die nicht mit dem zweiten Duschstrahl schon wieder auf und davon sein sollten. Sogar in manchen Arzneimitteln sind sie im Einsatz: Sie garantieren eine gleichmäßige Wirkstofffreisetzung über den Tag. Und falls Sie je ein appetitliches Nudelgericht mit weniger als 100 Kalorien oder eine sonstige low calory diet konsumiert haben sollten – auch das waren einmal Braunalgen von irgendeiner Meeresküste. Man könnte die Aufzählung von Alginat-Anwendungen beinahe beliebig fortsetzen. Sie sind Komponenten von Bremsbelägen, auch in manchen Karosserieteilen von Nobelmarken enthalten, in Sprengstoff und als Zuschlagstoff im Beton für Designerarchitektur an der Grenze der statischen Machbarkeit.

In manchen Meeresrotalgen kommen vergleichbare Zellwandbaustoffe vor, die naturstoffchemisch betrachtet bemerkenswert variantenreiche Abkömmlinge des Zuckers Galactose sind und unter anderem Sulfatester sowie intramolekulare Anhydro-Brücken aufweisen. Je nach ihrer chemischer Struktur nennt man sie nach einem malaiischen Wort Agar (aus Agarophyten wie *Gracilaria-*, *Gelidium-* und *Hypnea*-Arten) oder nach einer irischen Bezeichnung Carragheen(an) (aus Carragenophyten wie *Chondrus*, *Eucheuma-* und *Gigartina*-Arten). Auch diese Zellwandsubstanzen sind durch vergleichsweise einfache Extraktionsverfahren in industriellem Maßstab zu gewinnen und werden als Emulgatoren oder Stabilisatoren vor allem in der Lebensmitteltechnik eingesetzt. Vielfach sind sie auch in der Laboranalytik als Trenngele bei Elektrophorese-Verfahren im Einsatz.

Agar ist ein komplexes Mischpolysaccharid, dessen wichtigste Komponente das Disaccharid Agarose (vgl. Formelbild) ist. Bekanntestes Einsatzgebiet ist die Mikrobiologie, wo dieses Polysaccharid für Nährböden verwendet wird. Robert Koch soll bei einem schnuppernden Gang in seine heimische Küche auf die Idee gekommen sein, das mit Fleischextrakt angereicherte Steifungsmittel Agar für die kontrollierte Kultur von Bakterien zu verwenden. Die genauere methodische Entwicklung von Agar-Nährböden schreibt man allerdings dem Mikrobiologen Walther Hesse zu, der eine Anregung aus der Küche seiner Frau Angelina umsetzte: Im Hause Hesse verwendete man nämlich Agar für die Zubereitung von Fruchtgelee und Gemüsesülze. Hesse hat das Verfahren 1884 veröffentlicht.

Vom Carrageen sind mehrere komplexe Strukturvarianten bekannt. Neben κ- und ι-Carrageen ist kommerziell vor allem das λ-Carrageen bedeutsam. κ-Carrageen bildet durch Vernetzung mit zweiwertigen Ionen steife Geliermittel. Verwendet wird es beispielsweise in Marmeladen, Babynahrung und Milchprodukten. Das strukturverwandte λ-Carrageen bleibt bei allen Temperaturen löslich, weil es keine Vernetzung ausbilden kann. Es wird vor allem in Instantprodukten eingesetzt.

Aufbau und Verhalten der Strandkrabbe

Die Strandkrabbe gehört an allen Küsten zu den häufigsten Tierarten. Oft findet man lebende Exemplare, die sich unter Tang oder zwischen Steinen verstecken. Manchmal liegen auch einzelne Bauteile ihres Panzers irgendwo im Spülsaum des Strandes. Strandkrabben sind etwa 6 cm lang und 8 cm breit. Sie können bis zu 30 Jahre alt werden. Allerdings haben sie viele Fressfeinde, darunter Möwen, Austernfischer, Eiderenten und sogar Seehunde.

Aufgaben

Benenne und beschrifte die Körperteile der abgebildeten Krabbe.

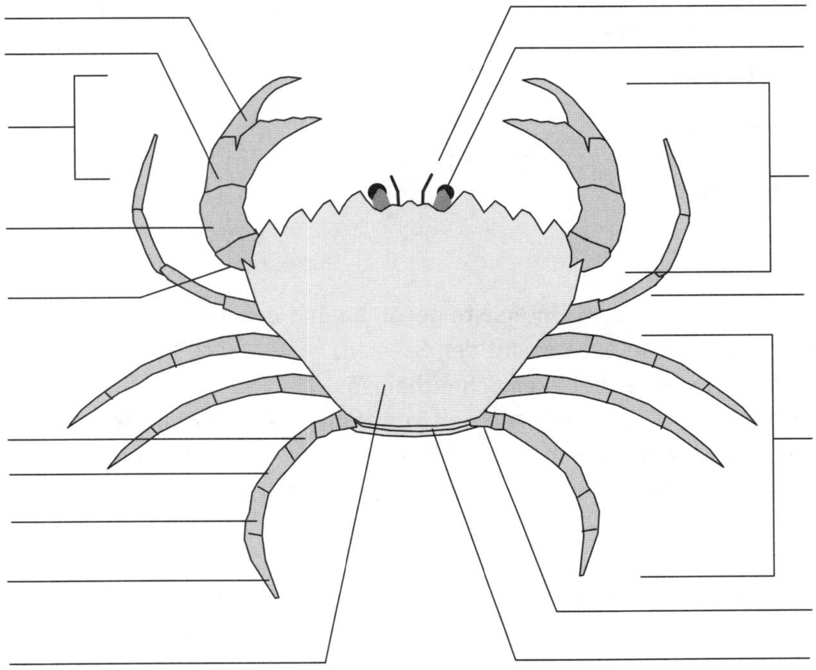

Wenn du eine lebende Strandkrabbe findest, kannst du folgende Forschungsaufgaben erledigen:

1. Vergleiche die beiden Greifscheren und beschreibe.
2. Trifft das auf alle Strandkrabben zu, die du findest?
3. Stelle fest, ob deine Krabbe ein Männchen oder ein Weibchen ist.
4. Beschreibe, wie eine Strandkrabbe über den Sandstrand läuft. Achte dabei genau auf ihre Laufbeine.
5. Beschreibe das Verhalten einer Krabbe, die du auf den Rücken gelegt hast.
6. Wie verhält sich die Krabbe, wenn sie sich bedroht fühlt?
7. Nähere vorsichtig ein Tangstückchen der geöffneten Schere. Beobachte und beschreibe die Reaktion der Krabbe.

Vorsicht: Eine Strandkrabbe fasst man grundsätzlich nur von hinten oder von oben seitwärts an der breitesten Stelle des Panzers an!

S INFORMATIONS- und AUFGABEN-Blatt 4.12

Strandkrabbe von der Unterseite

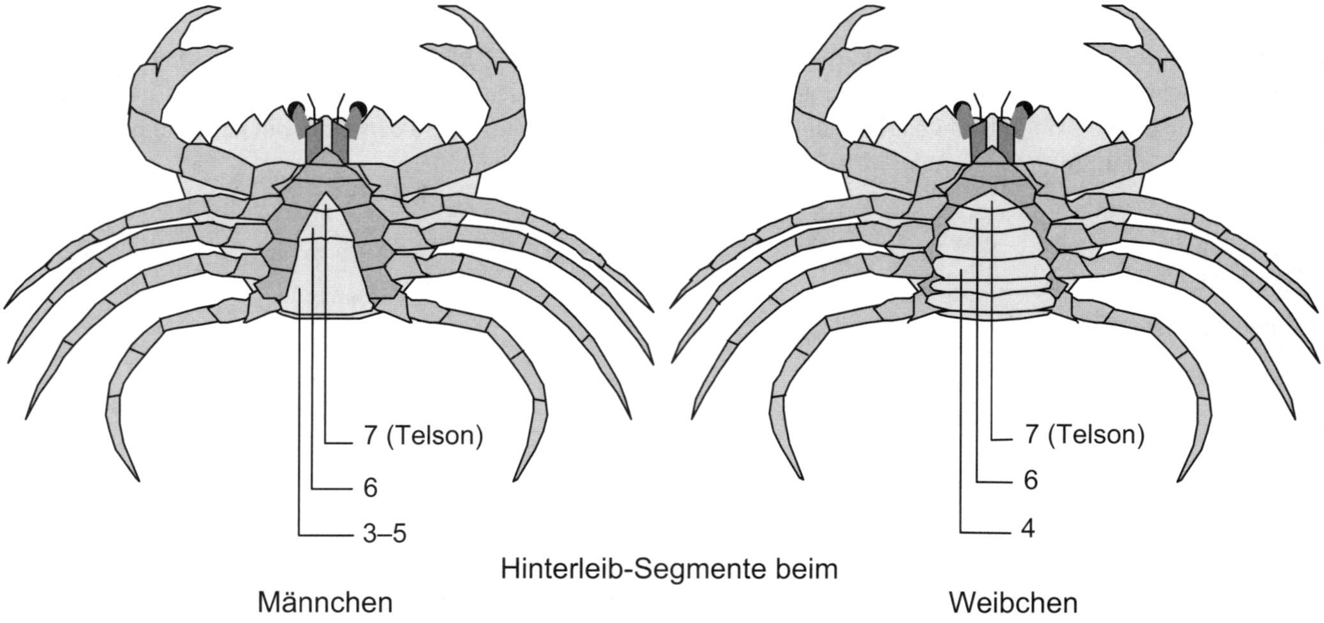

Schau dir die Krabbe von ihrer Bauch- bzw. Unterseite genau an und beantworte folgende Fragen:

1. Nenne die Anzahl der Glieder des Beinpaares mit den Scheren.
2. Vergleiche die Anzahl der Beinglieder bei allen Schreitbeinen.
3. Beschreibe eine wichtige Unterscheidungsmöglichkeit von Männchen und Weibchen.
4. Warum ist der zurückgeschlagene Hinterleib beim Weibchen anders gestaltet als beim Männchen? Begründe.
5. Sind bei der Strandkrabbe im Allgemeinen die Weibchen oder die Männchen größer?

Hier stimmt was nicht!
Wie viele Unterschiede findest du bei der rechten Strandkrabbe? Markiere die Unterschiede bei der rechten Strandkrabbe.

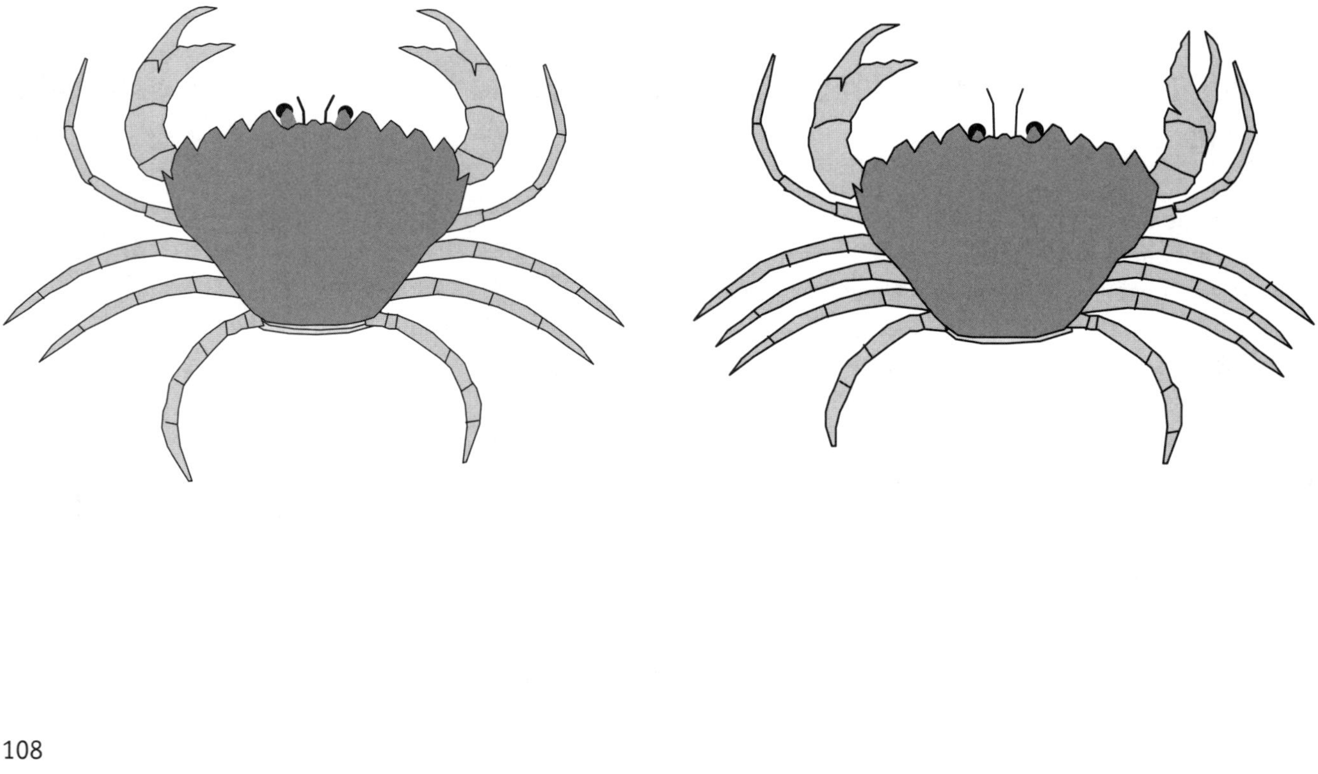

Basisinformation Strandkrabbe (*Carcinus maenas*)

Strandkrabben gehören zu den häufigsten Watttieren an allen Küstentypen der vollmarinen Meere. Unterdessen sind sie als Neozoen auch außerhalb ihrer ursprünglich nur ostatlantischen Verbreitungsgebiete nahezu weltweit anzutreffen. Sie bieten sich insofern als Anschauungsobjekte zum genaueren Kennenlernen eines heimischen Zehnfußkrebses an.
Mit Hilfe der folgenden Skizzen können auch einzelne im Angespül am Strand gefundene Bauteile zuverlässig identifiziert werden. Mitunter handelt es sich dabei um Exuvien – die nach der jährlich ablaufenden Häutung zurückbleibende alte Körperhülle. Je nach Lerngruppe und Erhaltungsgrad des aufgesammelten Materials kann man auch einen vollständigen Strandkrabben-Panzer rekonstruieren und auf Karton aufkleben. Eventuell bietet es sich auch an, die gefundenen Teile genauer zeichnen zu lassen.

Ansicht von der Oberseite

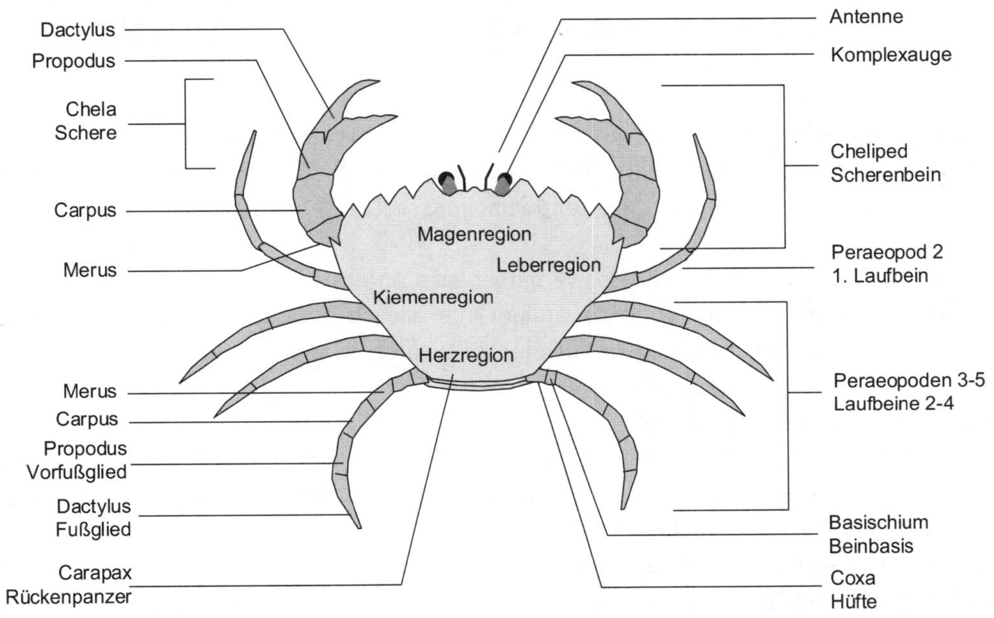

Ansicht von der Unterseite

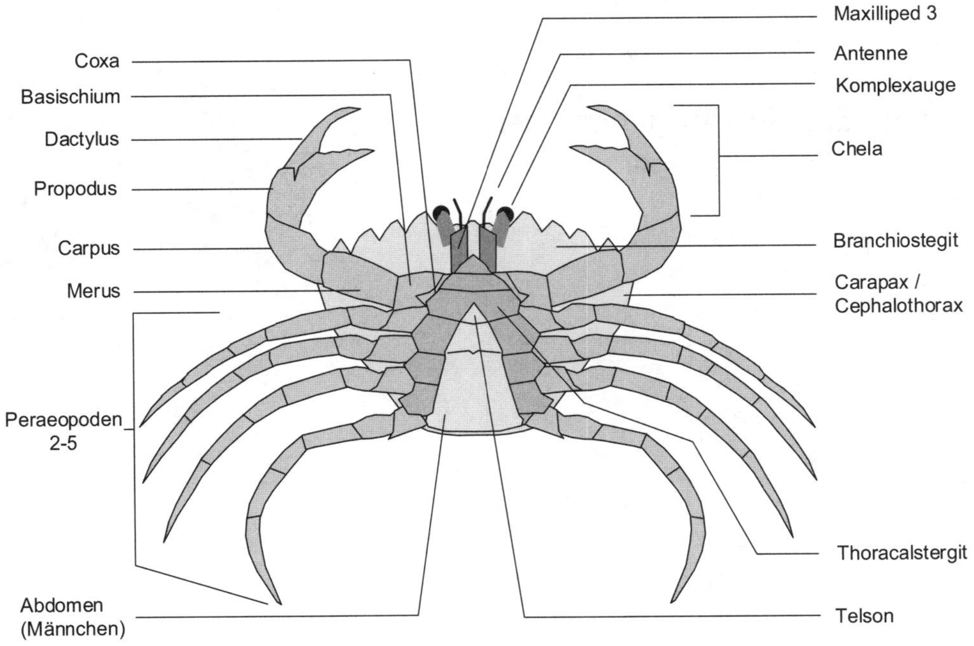

INFORMATIONS-Blatt 4.13

Zu den Crustacea gehören insgesamt 12 verschiedene Klassen. Die „höheren Krebse" umfassen unter anderem die Zehnfußkrebse = Decapoda, die 5 Thorakalfußpaare als Schreitbeine aufweisen. Das erste oder auch das nachfolgende Schreitbeinpaar kann Greifscheren ausbilden.

Die Strandkrabbe ist innerhalb dieser Artengruppe ein Vertreter der früher als eigenes Taxon geführten Gruppe Reptantia. Darunter fasst man überwiegend bodenlebende Formen mit nur einem Scherenpaar (1. Schreitbeinpaar) und einer meist stark verkalkten Cuticula zusammen. Die Echten Krabben (Brachyura) zeichnen sich durch ein kurzes Abdomen (Pleon) aus, das fest unter den Cephalothorax umgeschlagen wird.

Zur genaueren Untersuchung der Körpergestalt hält man eine Krabbe vorsichtig zwischen Daumen und Zeige- oder Mittelfinger an den vorderen Ecken des Carapax oder fasst sie von hinten an (bei den deutlich größeren und kräftigeren Taschenkrebsen wegen der Gefahr des Fingerkuppenquetschens allerdings nicht empfehlenswert!). Die oft etwas ungleich großen Scheren können recht schmerzhaft kneifen und Kinderhände eventuell auch blutig beißen.

An der Form des Pleons lassen sich bei der Strandkrabbe die beiden Geschlechter sicher unterscheiden: Beim Männchen ist es (durch Verschmelzung der Segmente 3–5) 5-gliedrig, ziemlich schmal und relativ lang. Beim Weibchen besteht es dagegen aus 7 relativ kurzen und breiteren Gliedern (Merkhilfe: „Bikini-Slip"). Während der Fortpflanzungsperiode tragen die Weibchen ihre rund 200000 Eier bis zum Schlüpfen der Schwimmlarve unter dem seitlichen Borstenbesatz des Pleons, der sich eigens zu diesem Zweck entwickelt.

An den Körperflanken zeichnet sich oberhalb der Beinansätze eine Pleuralfurche ab. Sie reißt bei der Häutung auf – die Krabbe kriecht im Rückwärtsgang aus ihrem alten Panzer einschließlich der Gliedmaßen. Auch die Kiemen werden gehäutet. An leeren Krabbenpanzern (Exuvien) sind deswegen oft noch die alten Kiemenbüschel zu sehen.

Jungkrabben vergraben sich bei Niedrigwasser im Weichboden oder verbergen sich unter größeren Tangen bzw. in Höhlen, während die adulten Tiere mit dem Tidenwasserstand auf- und abwandern oder sich in Prielen aufhalten. Trockenfallen überstehen die Tiere meist sehr gut, solange ihre Kiemenkammern mit einem Feuchtefilm ausgestattet sind.

Krabben zeigen folgende auffällige Verhaltensweisen (Reflexe):

- Starrereflex: Ein am Rücken gefasstes und hochgehobenes Männchen spreizt die Beine weit von sich nach allen Seiten.
- Abwehrreflex: Bei vermeintlicher Gefahr bäumt sich die Krabbe vorne bei weit geöffneten Scheren auf und weicht langsam mit gespreizten Beinen zurück. Vorsicht: Die Scheren schlagen blitzschnell zu.
- Wendereflex: Eine auf den Rücken gelegte Krabbe krümmt das letzte Beinpaar flach unter den Rücken und das vorletzte Beinpaar auf den Boden. Beide Beinpaare stemmen sich nun gegen die Unterlage: Die Krabbe findet durch Überschlag über das Abdomen wieder zur normalen Bauchlage zurück.
- Fluchtreflex: Bei Gefahr läuft eine Krabbe sehr rasch seitwärts davon. Daher rührt ihr niederdeutsche Bezeichnung Dwarslöper = Schrägläufer.

Auflösung des Suchbildes vom Schüler-Aufgabenblatt:

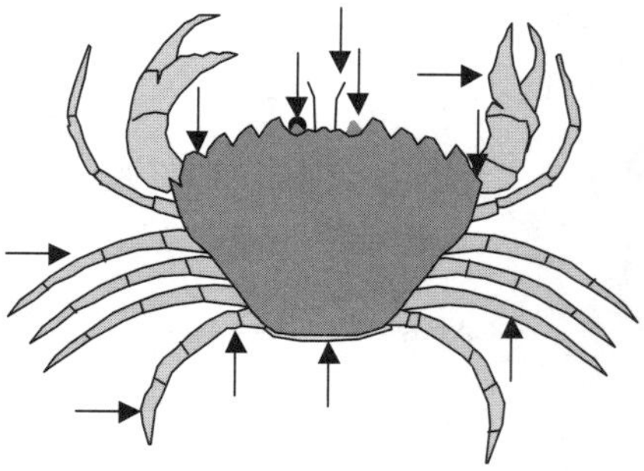

Aufbau einer Sandgarnele

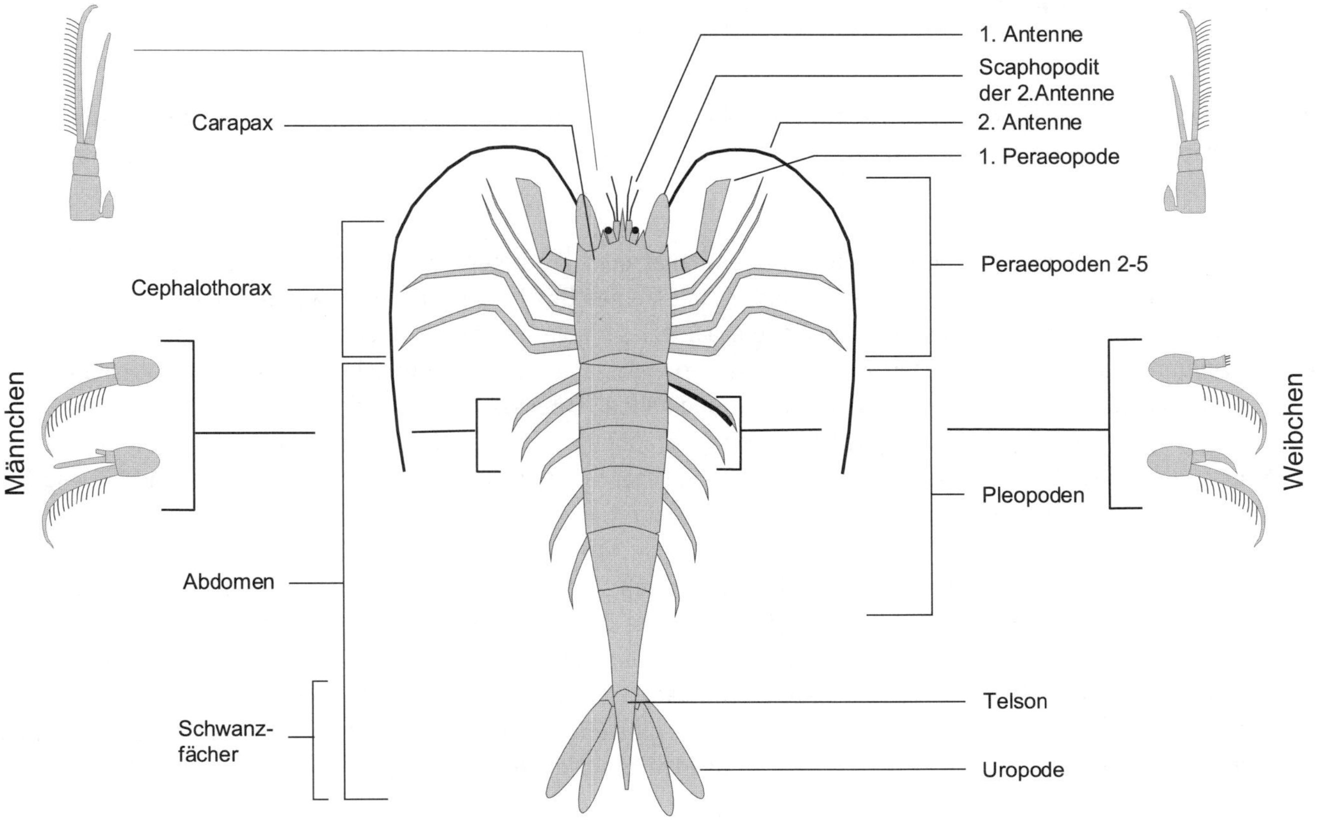

Aufgaben

1. Fange eine Sandgarnele mit einem kleinen Kescher aus einem Strandpriel oder einer Strandpfütze. Du musst den Kescher dazu sehr rasch durch das Wasser bewegen, denn die Garnelen sind außerordentlich flink.
2. Benenne die Körperteile der abgebildeten Sandgarnele mit deutschen Begriffen, soweit dafür welche existieren.
3. Beschreibe die Funktion(en) der einzelnen Körperteile – am besten nach der genaueren Beobachtung einer lebenden Sandgarnele in einem kleinen Glas oder Becken.
4. Erkläre den Unterschied zwischen Cephalothorax und Carapax.
5. Der Sandgarnele fehlen die zangenförmigen Greifscheren. Dafür bildet das erste Beinpaar einen anderen Scherentyp aus. Ziehe daraus Rückschlüsse auf die Ernährung der Tiere. Recherchiere mit Hilfe eines Fachbuchs oder des Internets.
6. Die kulinarische Bezeichnung „Krabbe" ist aus zoologischer Sicht falsch. Begründe. Vergleiche dazu das Aussehen der Sandgarnele mit dem Erscheinungsbild von Strandkrabbe oder Taschenkrebs.
7. Untersuche eine Sandgarnele ganz genau und zeichne einen der Peraeopoden oder einen Pleopoden möglichst exakt.
8. Erkläre den Begriff „Krabbenpulen".
9. Lege unter das Beobachtungsglas mit einer Sandgarnele je eine weiße, gelbe, rote oder schwarze Pappscheibe. Beobachte etwa 10 min und beschreibe deine Feststellungen.

Basisinformation Sandgarnele (*Crangon crangon*)

Zu den Crustacea gehören insgesamt 12 verschiedene Klassen. Die „höheren Krebse" umfassen unter anderem die Zehnfußkrebse = Decapoda, die 5 Thorakalfußpaare als Schreitbeine aufweisen. Das erste oder auch das nachfolgende Schreitbeinpaar kann Scheren ausbilden.

Die Sandgarnele (auch Nordseegarnele, Strandgarnele, Granat oder Porre genannt) ist an den ostatlantischen Sand- und Schlickküsten vom Weißen Meer bis Nordafrika verbreitet, mit kleinen Beständen auch in der westlichen Ostsee, im Mittelmeer und im Schwarzen Meer. Innerhalb der Decapoda ist diese Spezies ein Vertreter der früher auch taxonomisch so bezeichneten Natantia, worunter man Schwimmformen zusammenfasst, die allesamt eine nur sehr schwach verkalkte Cuticula aufweisen und das Abdomen (Pleon) nicht umgeschlagen wie Strandkrabbe (Carcinus *maenas*) oder Taschenkrebs (*Cancer pagurus*), sondern ausgestreckt tragen. Insofern ist die Bezeichnung „Krabbenbrötchen", „Krabbencocktail" oder anderer kulinarischer Zubereitungen, für die *Crangon* herhalten muss, aus zoologischer Sicht unzutreffend. Ähnlich unscharf sind die englischen Bezeichnungen „prawn" für große und „shrimp" für kleine Natantia.

Die 1. Antennen sind kurz, fädig und zweiästig, die 2. Antennen sind sehr lang und einästig. Von den 5 Schreitbeinpaaren werden meist nur die letzten 3 zum Gehen eingesetzt. Das erste Beinpaar trägt eine kräftige Klappschere. Die sehr kleinen Scheren des 2. Beinpaares und die zahlreichen Borsten dienen zum Putzen, beim Weibchen auch des Geleges. Der aus 7 Gliedern bestehende muskulöse Hinterleib (Pleon, Abdomen) trägt 5 Schwimmbeinpaare und einen breiten Schwanzfächer. Bei *Crangon crangon* ist das 6. Pleonsegment auf der Rückenseite glatt. Bei der sehr ähnlichen, aber etwas kleineren Art *Crangon allioni*, die gelegentlich im Fang enthalten ist, fallen dagegen Längsleisten auf, die sich auch auf das Telson erstrecken.

Alle zum Verzehr angebotenen Nordsee-„Krabben" sind Weibchen, erkennbar an einem löffelartigen Anhang am 1. Pleopodenpaar. Offenbar ändern die Männchen, die am 2. Schwimmbeinpaar einen Klammerfortsatz tragen, nach der ersten Laichperiode bei einer Länge von rund 4 cm ihr Geschlecht und werden zu Weibchen. Die Details dieser Geschlechtsumwandlung sind noch wenig bekannt. Die Laichzeit fällt in die wärmeren Monate des Jahres. Eine weibliche Sandgarnele entwickelt in 3–6 Zyklen bis zu 20 000 Eier. Diese werden nach der Befruchtung und bis zum Schlüpfen der Larven auf der Ventralseite des Abdomens getragen. Die Larven durchlaufen etwa 25 Häutungen bis zur Geschlechtsreife. Die Tiere werden etwa 2–3 Jahre alt. In den kälteren Monaten wandert *Crangon* in tieferes Wasser ab.

Sandgarnelen sind – ähnlich wie manche Plattfische – zur Farbanpassung an ihren Untergrund fähig (vgl. Projektseite). Die beteiligten Chromatophoren sind im Schwanzfächer junger Tiere unter der Stereolupe gut zu sehen. In der Grundposition der Farbpartikel erscheinen sie gelb-grau. Beim Farbwechsel wandern sie in die feinen Verästelungen der Chromatophoren ab und erzeugen durch Überlagerung Mischfarben. Wegen der hervorragenden farblichen Tarnung entdeckt man die überwiegend im Sublitoral lebenden Tiere in ihrem Lebensraum nur schwer. Wenn die Jungtiere pfeilschnell durch Strandpfützen flitzen, halten die meisten Strandbesucher die Sandgarnelen für kleine Fische. Mit ihrer unauffälligen Sandfarbe sind sie vor gierigen Verfolgern prächtigst getarnt. Zudem verbergen sie sich gerne im Sediment und lassen nur Augen und Antennen aus dem Boden herausragen. Meist gehen sie erst in der Dunkelheit auf Nahrungssuche.

Abtauchen im Sand – der Sandflohkrebs *Bathyporeia*

Nicht nur im Süßwasser sind Flohkrebse wie der bekannte Bachflohkrebs zu Hause, sondern auch im Meer ist diese Verwandtschaftsgruppe der Kleinkrebse artenreich vertreten. Besonders interessant sind die Flohkrebse der Gattung *Bathyporeia*. Sie erreichen nur wenige Millimeter Länge, sind hell bis fast durchsichtig und haben eine Eigenschaft entwickelt, die bei den Krebsen unserer Region nicht so häufig verbreitet ist: Sandflohkrebse können blitzschnell in das Lockersediment „eintauchen" und sich darin geradezu schwimmend bewegen. Die Gattung *Bathyporeia* ist im Nordatlantik und seinen Randmeeren weit verbreitet. Die im Flachwasserbereich der Nord- und Ostsee häufigste Art ist *Bathyporeia pilosa*.

Dazu bedarf es natürlich ganz bestimmter Bodenverhältnisse und hochgradig angepasster Grabwerkzeuge, die sich aus ihren Beinen entwickelt haben. Als Böden eignen sich nur reine, gut sortierte Feinsande – die Sandkörner müssen eine bestimmte Korngröße (etwa um 0,1 mm) aufweisen und dürfen keinen Schlick enthalten. Solche Sandstrukturen findet man dort, wo Strömungen oder Wellen den Sand auswaschen und ihn zu Rippeln oder zu wandernden Sandbänken formen und die Korngrößen sortieren. Als Grabwerkzeuge dienen die Beine des Vorder- (Peraeopoden) und Hinterkörpers (Pleopoden), die mit differenzierten Borsten zum Fegen und Sortieren der Sandkörner ausgerüstet sind. Ein geringer Schlickanteil würde die Borsten verkleben und das hochspezialisierte System der Beinfunktionen blockieren.

Normalerweise liegen die kleinen Krebse in einer Höhle im lockeren Sand, die keine Verbindung zur Wasseroberfläche hat. Sie liegen auf dem Rücken, und die Hinterfüße pumpen Wasser zur Sauerstoffversorgung durch das lockere Sediment zum Tier. So halten sie sich nahe der Sandoberfläche bis in etwa 10 cm Tiefe auf. Frei schwimmende Sandflohkrebse können sich fast ungebremst – als würden sie weiter schwimmen – mit dem Kopf in den Sand bohren, wobei die wie Pflugschare aussehenden unteren Glieder der Antennen den Weg bahnen. Dann „fegen" die vielförmigen, dem Graben angepassten Beine des Vorderkörpers den lockeren Sand nach hinten. Das Hinterende (Urosom) des Flohkrebses krümmt sich unter den Körper, und die Beine schleudern das lockere Material nach hinten. Diese schnellen Bewegungen sind schon mit bloßem Auge zu erkennen.

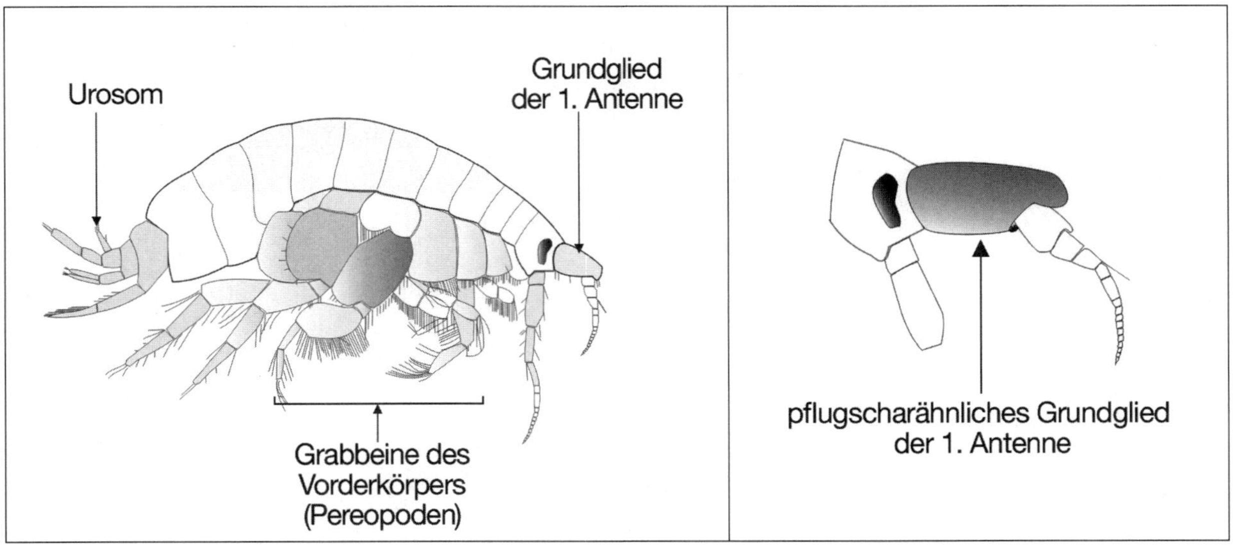

Wie viele Flohkrebse betreiben auch die *Bathyporeia*-Arten Brutpflege. Die Eier werden am Körper getragen, bis die Jungtiere geschlüpft sind. Die leuchtend blauen Eier von *Bathyporeia pilosa* werden am Vorderköper in einem gut geschützten Brutraum getragen und sind gut erkennbar. *Bathyporeia*-Arten sind kurzlebig. Sie erreichen die Geschlechtsreife nach 6 Monaten. In einer Brut werden 6–15 Eier produziert.

Bathyporeia-Arten ernähren sich von Mikroorganismen (z.B. Kieselalgen) und organischem Material von abgestorbenen Pflanzen und Tieren (Detritus), die an den Sandkörnern haften. Das 1. Beinpaar holt Sandkorn für Sandkorn und übergibt es an die Mundwerkzeuge. Auch diese Mundwerkzeuge, ebenfalls abgewandelte Beine, sind an den Prozess des Abnagens von feinen Sandkörnern hoch angepasst. Schon aus diesem Grunde können die Sandflohkrebse ausschließlich in dieser Sandfraktion leben. Größere und kleinere Sandkörner können nicht abgeknabbert werden. Nachdem es alle organischen Substanzen abgeputzt sind, wird das Sandkörnchen „nach hinten" durchgereicht und sauber an den umgebenden Sand überreicht. Tiere, die sich auf diese Art der Ernährung spezialisiert haben werden als „selective depositfeeders" bezeichnet. Sie stellen also den speziellen Ernährungstyp „Sandlecker" dar.

Vorbereitung

- Suche im Flachwasser in Strandnähe einen Sandbereich im Lee (strömungsabgewandte Seite) einer Sandbank auf, die von den Wellen leicht umspült wird.
- Nimm mit einem Glas oder einem Kescher eine kleine Probe und verteile den Sand in einer dunklen flachen Schale.
- Sofort sind die kleinen Krebse zu erkennen, die sich eilig durch den feuchten Sand wühlen.
- Überdecke den Sand mit Standortwasser.
- Kurzzeitig verlassen die Flohkrebse den Sand und schwimmen im Zick-Zack-Kurs durch die Schale, um anschließend schnell wieder in den Sand einzutauchen.

Durchführung

- Verwende zur genaueren Untersuchung ein Binokular (Stereolupe).

Aufgaben

1. **Beschreibe möglichst genau, wie sich die Krebse in den Sand einbohren.**
2. **Stelle fest, welche Beine sie dafür am meisten einsetzen.**
3. **Nimm eine Probe aus einem benachbarten Sandboden, der sich nicht im Strömungsbereich befindet und dessen Sand einen leichten Schlickgehalt aufweist – diese Substrate sind etwas dunkler gefärbt als „sauberer" Seesand.**
4. **Beschreibe, an welchen Gebieten des Außenstrandes Sandflohkrebse vorkommen.**
5. **Schätze die Anzahl der Krebse in einem Bereich mit hoher Besiedlung ab.**

Seepocken fischen mit den Füßen

Seepocken gehören sicherlich zu den eigenartigsten Lebewesen an der Meeresküste. Sie besiedeln in der Gezeitenzone alle festen Unterlagen und finden sich in großer Siedlungsdichte auf Fels, Steinen, Buhnen, Molen, Muschelschalen, Strandschnecken, Strandkrabben. Noch zu Beginn des 19. Jahrhunderts hielt man Seepocken für besonders absonderliche Muscheln – eine Art aus ihrer engsten Verwandtschaft trägt bis heute die Bezeichnung Entenmuschel. Als man jedoch die typischen Larvenstadien der Seepocken entdeckte, war die Sache eindeutig: Wir haben es mit einfachen, erst im Erwachsenenalter festsitzenden Krebsen zu tun.

Wenn die zunächst im Plankton lebende Larve zur festsitzenden Lebensweise übergeht, wandelt sie sich völlig um. Gleichzeitig legt sie ein aus mehreren Kalkplatten bestehendes Gehäuse an, das in der Mitte einen verschließbaren Deckel aufweist. Er ist zwar vierteilig, arbeitet jedoch wie ein rechter und linker Türflügel. Die Abbildung zeigt dir die verschiedenen Gehäuseteile und ihre Fachbezeichnungen. An Form und Größe des Kalkgehäuses kann man die verschiedenen Seepocken-Arten einfach unterscheiden. Am häufigsten ist in der Gezeitenzone der Nordsee die Gewöhnliche Seepocke anzutreffen. In der Ostsee ist es die Brackwasserseepocke *(Balanus improvisus)*.

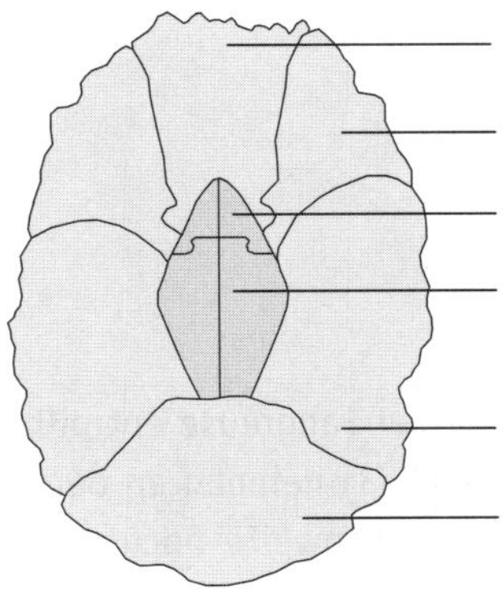

Aufgaben

Vorbereitung

Seepocken kann man nicht von ihrer Wuchsunterlage lösen, ohne sie zu zerstören. Suche daher eine bewachsene Muschelschale, einen kleinen Stein oder ein Zweigstück aus einem Schlickfangzaun im Deichvorland.

Durchführung

Setze die Seepocken mit ihrer Unterlage in ein Glas mit frischem, belüfteten Meerwasser. Wenn das Glas ruhig steht, öffnen die Tiere ihre Deckel, entrollen ihre fein verzweigten Beine, breiten sie fächerartig aus und beginnen mit weitausholenden Bewegungen zu schlagen. Die Schlagbewegung dient der Sauerstoffaufnahme und dem Ausseihen von Nahrungspartikeln.

1. Wie viele Beinschläge in der Minute kannst du feststellen?
2. Nach der besonderen Form dieser Beine nennt man die Verwandtschaft der Seepocken auch Rankenfußkrebse.
3. Wenn du etwas verdünnte Schlick- oder Hefesuspension hinzu pipettierst, kannst du den von den Beinen erzeugten Atemwasserstrom erkennen.
4. Gehe an einem feuchten, windstillen Tag (in Begleitung!) bei Niedrigwasser vorsichtig an eine aus Reisigbündeln aufgeschichtete Lahnung.
5. So bald dein Schatten auf die Seepocken fällt, reagieren sie mit dem kompletten Verschluss ihrer vorher trotz Trockenliegen noch leicht geöffneten Gehäusedeckel. Dabei treten kleine Wasserblasen aus, die ein leises Brausen hervorrufen – ähnlich wie in einem Glas mit Sprudelwasser.

Basisinformation Seepocken (*Semibalanus balanoides*)

Seepocken (Balanidae) gehören zu den Rankenfußkrebsen (Cirripedia). Die Zugehörigkeit zu den Arthropoden ist am adulten Tier allenfalls anhand der gegliederten Rankenfüße zu erkennen. Gewöhnlich liegt die Schlagfrequenz temperaturabhängig bei etwa 20–60/min. Die innere Organisation der Tiere ist nur schwer zu ergründen. Am besten stellt man sich eine Seepocke als einen durch Metamorphose S-förmig gekrümmten und auf den Kopf gestellten Kleinkrebs vor. Die Abbildung unten zeigt, wie die Gestalt der adulten Seepocke aus der Grundform eines frei schwimmenden Kleinkrebses abzuleiten ist.

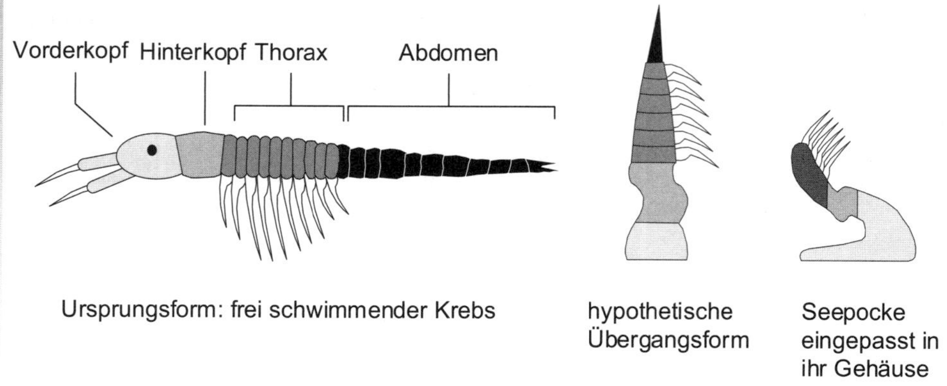

Die Beine dienen nicht mehr der Lokomotion. Die hintersten drei Beinpaare (4–6) werden zu einer Fangreuse entrollt. Ihr dichter Borstenbesatz ergibt eine Maschenweite von etwa 35 µm. Die drei vorderen Beinpaare (1–3) nehmen an der Strudelbewegung nicht teil, sondern bleiben im Gehäuse. Ihr Reusenapparat ist mit etwa 1 µm Maschenweite noch ungleich feiner. Die Schlagbewegungen dienen wie bei allen Filtrierern nicht nur dem Nahrungserwerb, sondern auch dem Austausch des Atemwassers. Der Gasaustausch innerhalb des Gehäuses findet über die gesamte Körperoberfläche statt, die bei manchen Arten durch Falten vergrößert ist. Beim Trockenfallen behalten die Tiere einen kleinen Wasservorrat im Gehäuse zurück. Der Deckel wird nur teilweise verschlossen, so dass O_2 eindiffundieren kann. Geringe Beinbewegungen verteilen das O_2-angereicherte Wasser in der Gehäusekammer. Zur Entrollung der Rankenbeine erhöht die kräftige Muskulatur im Vorderkörper den Blutdruck (Herz und Blutgefäße fehlen). Das muskelvermittelte Rückholmanöver treibt das Blut aus den Rankenfußhohlräumen wieder zurück.

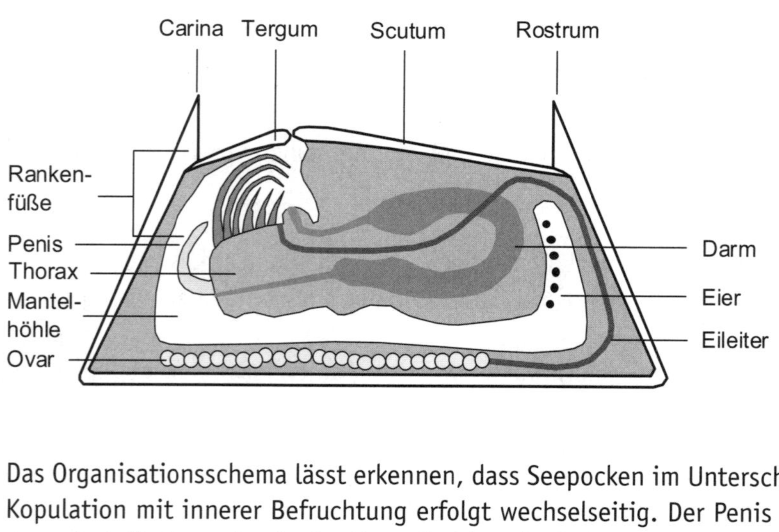

Das Organisationsschema lässt erkennen, dass Seepocken im Unterschied zu den meisten anderen Krebsen zwittrig sind. Die Kopulation mit innerer Befruchtung erfolgt wechselseitig. Der Penis kann sich auf mehrere Zentimeter Länge strecken und deponiert die Spermien in der Mantelhöhle. Hier befinden sich auch die befruchtungsreifen Eier.

Wie Schnecken sich in Schale werfen

Nicht alle, aber doch sehr viele Schneckenarten bauen ein arttypisch gestaltetes Schneckenhaus. Fachmännisch spricht man eher von einer einteiligen Schale – im Unterschied zur zweiteiligen Schale der Muscheln, die jeweils aus zwei Schalenklappen besteht. In manchen Bestimmungsbüchern heißen die Schneckenhäuser oder -schalen aber auch einfach nur Gehäuse.

Schneckengehäuse sind begehrte Sammelobjekte, weil sie so formschön und eigenartig sind. Am Sandstrand, am Mischwatt und natürlich auch an einer Felsküste findet man in den Spülsäumen fast immer eine größere Anzahl Leerschalen. Sofern sie von der Brandung noch nicht lange hin- und hergerollt wurden, sind sie unbeschädigt. Aber auch angeschlagene Leerschalen sind interessante Objekte, weil man daran den inneren Aufbau erkennen kann. Schneckenschalen sind viel komplexer, als man auf den ersten Blick sieht. Die Abbildung links unten zeigt, wie man die einzelnen Bauteile richtig bezeichnet:

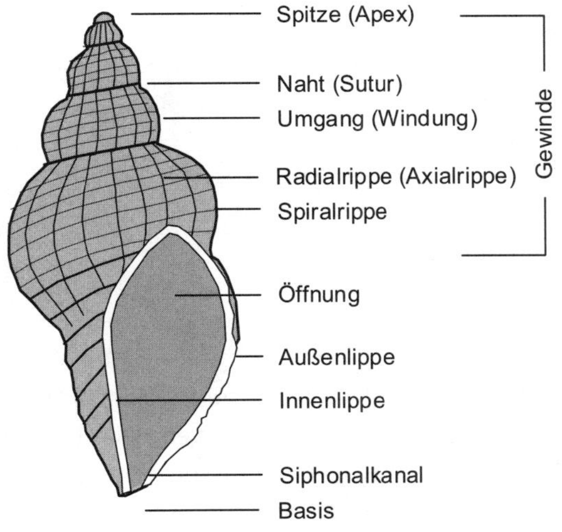

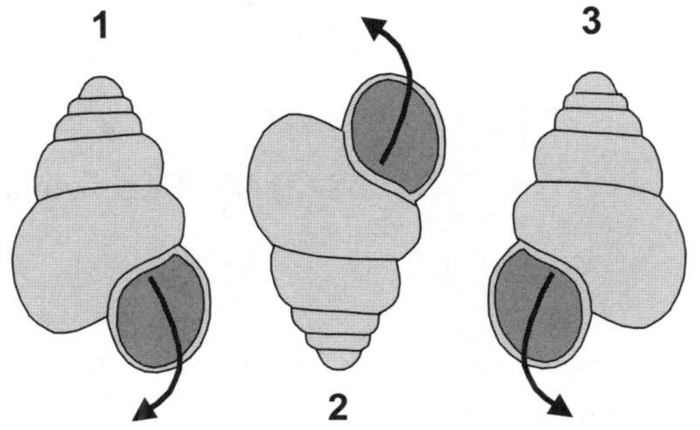

Die Abbildung rechts zeigt, wie es sich mit der Windungsrichtung verhält. Wenn man das Schneckenhaus aufrecht hält und seine Öffnung (Mündung) rechts liegt (wie bei 1), gilt die Schale als rechtsgewunden. Schaut man von oben auf die Spitze, erkennt man, dass die Windungen im Uhrzeigersinn – also rechts herum – verlaufen. Stellt man die Schale durch Drehung um 180° auf den Kopf (wie bei 2), ändert sich der Windungssinn nicht. Erst wenn man das Gehäuse spiegelbildlich darstellt (wie bei 3), ist alles anders: Die Schnecke, die aus diesem Haus kriecht, muss eine leichte Linkskurve beschreiben.

Aufgaben

1. **Sind die Schneckenschalen, die du am Strand findest, rechts- oder linksgewunden?**
2. **Kommen innerhalb der gleichen Art rechts- und linksgewundene Schalen vor?**
3. **Woran mag es liegen, dass die Rechtsdrehung als Uhrzeigersinn festgelegt ist? Denk dabei an die Sonnenuhr mit ihrem Schattenstab ...**
4. **Stell dir vor, du könntest in das links oben abgebildete rechtsgewundene Schneckenhaus kriechen: Müsstest du dich links oder rechts herum bewegen?**
5. **Die Windungsrichtung des Schneckenhauses entspricht der Richtung des Wachstums, mit der es sich während der Entwicklung der Schnecke vergrößert hat. Wo ist daher der jüngste und wo der älteste Teil des Gehäuses?**
6. **Von welchem Gehäuseteil ausgehend legt man also die Windungsrichtung fest?**

Basisinformation Verschrobene Schneckenschale

Die üblicherweise verwendeten Normschrauben (für die genauere Nachprüfung reicht gegebenenfalls auch der Korkenzieher am Taschenmesser) weisen einheitlich ein Rechtsgewinde auf, aber paradoxerweise sind sie dennoch nicht im (rechtsläufigen) Uhrzeigersinn gewunden. Ihre technisch festgelegte Bezeichnung erhielten sie nämlich nach der Steigungsrichtung des Gewindes bzw. nach der Drehrichtung, mit der ein Schraubendreher sie in das jeweilige Werkstück zwingt.

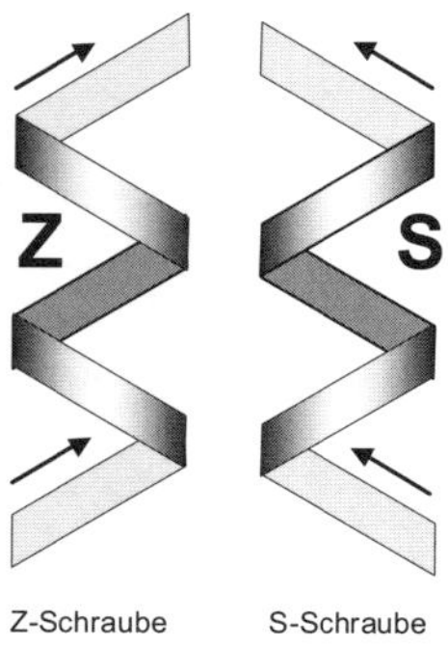

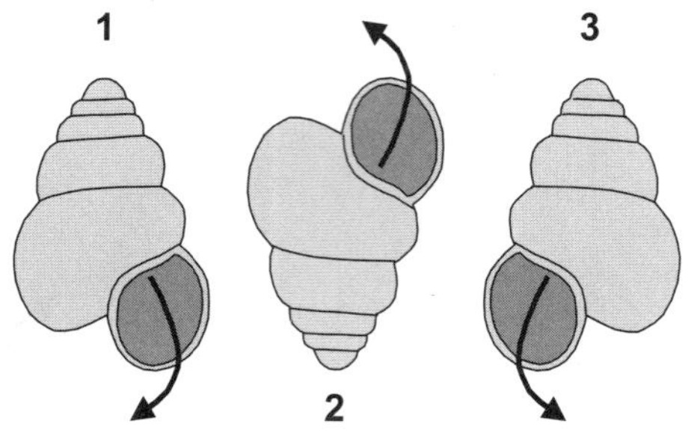

(1) und (2) sind Rechtsgehäuse (S-Spiralen)

In der Textilfasertechnik bezeichnet man die gewöhnliche und rechtsgängige Normschraube oder Wendel (Rechtsschraube) daher als linkswendige S-Spirale – wäre sie eine Wendeltreppe, führte der Aufstieg zwar von rechts unten nach links aufwärts, aber jeweils links herum von der Basis zur Spitze. Die folgende Merkhilfe macht diesen klassischen Hirnverzwirner etwas transparenter: Der Mittelstrich des Buchstabens S weist genau wie die genormte Rechtsschraube von rechts unten nach links oben. Beim Korkenzieher ist es übrigens genauso. Stellt man eine solche Schraube oder Spirale auf die Spitze, ändert sich an Windungssinn oder Gängigkeit nichts, denn der Buchstabe S ist ebenso wie der Korkenzieher oder jede andere Spirale rotationssymmetrisch.

Anders verhält sich dagegen das Spiegelbild von S bzw. Korkenzieher: Die linksgängige, rechtsgewundene Wendeltreppe hat jetzt die Form einer Z-Spirale (Linksschraube). Die Bezeichnung ist wiederum eine zuverlässige Merkhilfe: Im Buchstaben Z weist der Mittelstrich von rechts unten nach links oben. Der Aufstieg über eine solche Wendel(treppe) vollzieht jedoch Drehungen im Uhrzeigersinn. Auch hier ändert sich logischerweise nichts, wenn die Linksschraube auf der Spitze oder auf dem Kopf steht, denn die geometrische Figur Z ist ebenfalls drehsymmetrisch. Mit diesem einfachen Bezeichnungssystem lassen sich sämtliche Spiralen (Schrauben, Gewinde, Wendel) auch in der belebten Natur eindeutig kennzeichnen.

Rechtsgehäuse mit Linksdrall: Der Aufstieg im Gehäuse der Wellhornschnecke vollzieht sich zwar über Linksdrehungen und somit gegen den Uhrzeigersinn, dabei aber kontinuierlich nach rechts oben. Wie die gewählten Beispiele sind die weitaus meisten Schneckenschalen also rechtsgängig und gleichzeitig linksgewunden. Sie stellen demnach klassische S-Spiralen dar. Die mit Abstand häufigste Normalausgabe eines Schneckenhauses ist aber dennoch ein Rechtsgehäuse, weil die Wachstumsrichtung vom Apex zur Basis maßgebend ist und der Eingang bei richtiger Orientierung eben rechts vorne liegt. Nur selten bilden einzelne Individuen aus Arten mit typischem Rechtsgehäuse auch die spiegelbildliche Z-Linksversion aus – als so genannte Schneckenkönige sind sie gesuchte Sammlerobjekte. Bei einigen Schneckengattungen gibt es jedoch planmäßig beide Ausgaben: Das Gehäuse der im Süßwasser verbreiteten Art *Vertigo angustior* ist linksgängig/rechtsgewunden, das ihrer engen Gattungsverwandten *Vertigo antivertigo* dagegen rechtsgängig/linksgewunden.

Versuche mit der Miesmuschel

Die Miesmuschel (*Mytilus edulis*) gehört zu den häufigsten Muscheln im Watt. In der Ostsee kommt auf Hartböden eventuell auch *Mytilus trossulus* vor. Da man fast überall Leerschalen und auch lebende Exemplare findet, lassen sich mit der Muschel vielerlei Untersuchungen anstellen. Folgende Projekte kannst du durchführen:

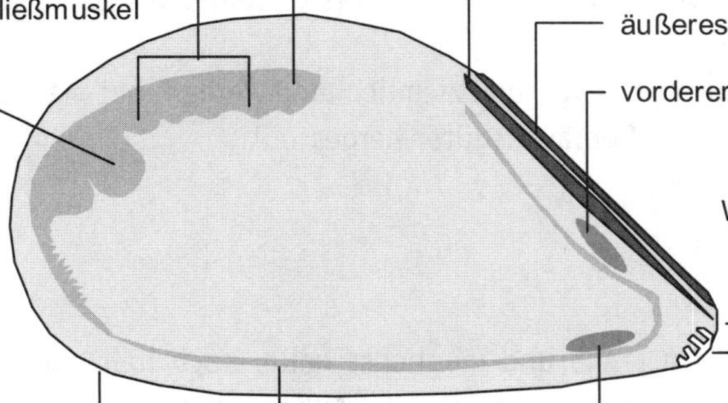

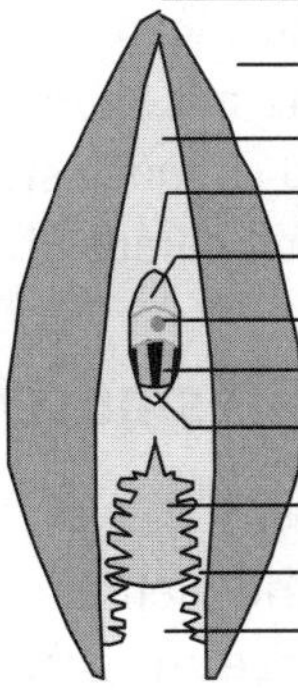

Aufbau einer Schalenklappe

- Die Abbildung oben zeigt die leere linke Schalenklappe einer Miesmuschel. Das runde, stumpfe linke Ende ist das Hinterende, rechts vorne läuft die Schalenklappe schmal zu. Vom Wirbel (Umbo) gehen die auffälligen konzentrischen Zuwachsstreifen der Schale aus.
- Außen ist die Schalenklappe blauschwarz. Innen zeigt sie einen schimmernden Perlmuttbelag. Nur an den Ansatzstellen der Muskeln und am Mantelsaum fehlt sie.
- Die rechte und die linke Schalenklappe werden durch ein äußeres und ein inneres biegsames Schlossband (Ligament) zusammengehalten. Beide liegen in einer Rinne am Schalenrand. Wenn die Muskeln erschlaffen, bewirken die straff gespannten Ligamente das Klaffen der Schalen.
- Das Schloss im vorderen Teil der Schalenklappe ist bei der Miesmuschel verhältnismäßig klein. Rechter und linker Teil greifen exakt ineinander.

Klärwerk Miesmuschel

- Besorge dir bei Niedrigwasser 2–3 größere Miesmuscheln mit geschlossenen Schalenklappen. Außerdem brauchst du
  - kleines Aquarienbecken oder großes Konservenglas mit frischem Meerwasser
  - Tropfpipette
  - Hefe- oder Schlicksuspension
  - Taschenlampe
- Setze die Miesmuscheln in den Meerwasserbehälter und warte, bis sie ihre Schalenklappen öffnen.
- Am Hinterende kannst du jetzt die Ein- und die Ausströmöffnung für den Atemwasserstrom erkennen. Mit feinen Wimpern auf den Kiemen erzeugt die Muschel einen ständigen Wasserstrom, aus dem sie auch Nahrungspartikeln abfiltriert.
- Gib mit einer Tropfpipette ein wenig Hefe- oder Hefe-/Schlicksupension in die Nähe des Hinterendes einer Muschel. Im Licht der Taschenlampe ist der Partikelstrom besonders deutlich. Beobachte die Vorgänge an der Ein- und Ausströmöffnung.
- Unverdauliches wie Schlickpartikeln gibt die Muschel neben der Einströmöffnung ab.

Miesmuscheln kleben sich fest

- Lege 2–3 größere Miesmuscheln auf die Seite auf den Boden eines Aquariums.
- Bald nach Öffnen der Schalenklappen erscheint auf der Bauchseite der Schale der lange, schlanke Fuß und führt kreisende Suchbewegungen aus. Hat er die feste Glasunterlage ertastet, flacht er sich ein wenig ab, saugt sich fest und zieht die Muschel langsam heran.
- Die Fußunterseite gibt ein weißes, schnell erstarrendes Byssus-Sekret ab und bildet daraus an der Unterlage eine kleine Haftscheibe. Beim Zurückziehen des Fußes entsteht ein hochelastischer Byssusfaden. Im Inneren der Muschel führt er bis zur Ansatzstelle der Fußbasis. Mit solchen Byssusfäden befestigen sich die Muscheln innerhalb einer Muschelbank auch an Nachbarn und bilden somit einen festen Verband.
- Dokumentiere die Fußaktivitäten und den Vorgang der Fadenanheftung fotografisch.
- Muscheln können die Byssusfäden auch wieder lösen und einen anderen Ankerplatz wählen, wenn sie beispielsweise an ihrem bisherigen Liegeplatz mit Sediment bedeckt wurden.
- Da die hochelastischen und dennoch erstaunlich zugfesten Byssusfäden eventuell ziemlich lang werden, hat man sie früher als Spinngut gesammelt und daraus Stricke, Bekleidung oder andere Gebrauchsgüter hergestellt.

Der Herzschlag der Miesmuschel

- **Vorbereitung**

  Für dieses Projekt suchst du mehrere sehr kleine, höchstens 1 cm lange und möglichst helle, noch halb durchsichtige Miesmuscheln, beispielsweise aus dem Aufwuchs an einer gefahrlos erreichbaren Buhne. Außerdem benötigst du 2 kleine Petrischalen oder vergleichbare Glasgefäße, eine Stoppuhr und eine gute Stereolupe (Binokular).

- **Durchführung**

  Lege eine kleine Muschel in frisches Seewasser in eine Schale und beobachte sie im Durchlicht der Stereolupe. Die Herzregion der Muschel befindet sich nahe der Rückenseite ungefähr in der Körpermitte. Sobald die Muscheln die Schalenklappen geöffnet haben, kannst du die Herzbewegung erkennen.

- **Aufgaben**

  1. **Bestimme die Schlaghäufigkeit (Herzfrequenz: Herzschläge pro Minute).**
  2. **Lege die leicht abgetrocknete Muschel in eine Schale ohne Seewasser. Die Muschel wird nun ihre Schalenklappen schließen.**
  3. **Bestimme die Zahl der Herzfrequenz alle 2 min neu.**
  4. **Notiere die Ergebnisse in einer Wertetabelle und stelle den Zusammenhang in einem Diagramm dar.**

Zusatzinformation

Die Herzschlagfrequenz zeigt die Stoffwechseltätigkeit der Muschel an. Wenn beim Trockenfallen während der Ebbezeit die Schalenklappen geschlossen sind, kann sie konsequenterweise kein sauerstoffreiches Wasser mehr aufnehmen. Nun verringern sich Atmungstätigkeit und Partikelaufnahme – der gesamte Stoffwechsel wird zurückgefahren. Wenn bei längerem Schalenschluss der Sauerstoffvorrat aufgebraucht ist, geht die Muschel zum Gärungsstoffwechsel über, für den sie keinen Sauerstoff braucht.

Wichtig: Nach Abschluss der Versuche werden alle Tiere wieder in ihren Lebensraum zurückgebracht

Basisinformation Miesmuschel *(Mytilus edulis)*

Vorbemerkung

Die auf dem Arbeitsblatt angeregten Experimente verwenden nur lebende Miesmuscheln und verzichten auf das Töten bzw. Aufschneiden von Tieren, um beispielsweise die innere Anatomie oder die Flimmerbewegung auf dem Kiemenapparat untersuchen zu lassen. Grundsätzlich sind die Lebendbeobachtungen auch im Binnenland durchführbar, wenn man ein paar lebende Exemplare der heimischen Miesmuschel oder der nahe verwandten Mittelmeer-Miesmuschel (*Mytilus galloprovincialis*) aus dem Feinkostladen oder aus der Gastronomie besorgt und mit künstlichem Meerwasser (Aquarienfachhandel) arbeitet. Diese Muscheln könnten anschließend in der Küche der Lehrperson enden ...

Die Miesmuschel (*Mytilus edulis*) lebt als eine der wenigen heimischen Wattmuscheln auf dem Substrat und ist damit ein Element der Epifauna. Auf 1 m^2 können sich bis zu 2000 Individuen in bis zu 30 cm dicker Schicht ansiedeln. Ihre schief dreieckige Form ergibt sich daraus, dass der Wirbel, der sich bei den meisten anderen Arten ungefähr in der Rückenmitte befindet, weit zum spitzen Vorderende verlagert ist. Die Art ist auf beiden Seiten des Atlantiks südlich bis Carolina (USA) bzw. Marokko verbreitet. In der Ostsee kommt sie nur im westlichen Teil vor, bleibt hier aber gewöhnlich deutlich kleiner. Weiter östlich ist die Ostsee-Miesmuschel (*Mytilus trossuens*) verbreitet. Miesmuscheln finden sich zwar an Hartsubstrat überall in der Gezeitenzone, leben aber auch im Sublitoral bis in 25 m Wassertiefe.

Miesmuscheln sind getrenntgeschlechtlich. Etwa von Mai bis Oktober gibt das Weibchen bis zu 12 Mio. Eier ab. Die Befruchtung findet im freien Wasser statt. Zeitweilig befinden sich in 1 L Meerwasser ca. 1000 Muscheleier. Die aus den Eiern schlüpfenden Veliger-Larven leben zunächst planktisch. Nach etwa einem Monat sind sie ungefähr 0,25 mm groß und setzen sich an feinen Hartstrukturen fest: Algen, Hydroidstöckchen und andere Unterlagen sind dann oft von ihnen übersät. Nach einigen weiteren Wochen haben die Kleinstmuscheln eine Länge von etwa 0,6 mm, lassen sich erneut verdriften und setzen sich dann auch an Seegras, Seepocken, Byssusfäden fest. Erst nach etwaigem mehrmaligem Verdriften entscheiden sie sich für den endgültigen Wuchsplatz. Bevorzugter Aufenthaltsbereich ist das untere Eulitoral. Die Verlustraten während der planktischen Zeit sind beträchtlich: Etwa 99% gehen als Nahrung für andere Organismen verloren. Auch erwachsene Muscheln sind eine wichtige Nahrungsquelle für marine Tiere. Eiderenten fressen bevorzugt Miesmuscheln der Größenklassen bis etwa 4 cm Länge. Sie verschlucken die Muscheln komplett und zerdrücken die Schalen mit ihrem stark muskulösen Magen. Unter den Watvögeln schöpft auch der Austernfischer einen Teil des Bestandes ab. Er sucht bei Niedrigwasser gezielt nach Muscheln und öffnet sie mit kräftigen Schnabelhieben entlang der Bauchnaht.

Wie alle Muscheln ernähren sich auch die Miesmuscheln als Filtrierer. Sie strudeln mithilfe des Cilienbesatzes ihres Kiemenapparates Meerwasser in die Mantelhöhle, entnehmen über ihre 4 Kiemenblätter und die Manteloberfläche den Sauerstoff und filtrieren mit den Cilien auf den Kiemen Nahrungspartikeln ab. Eine ca. 3 cm lange Miesmuschel pumpt in einer Stunde etwa 1 L Wasser durch sich hindurch. Einmal im Monat passiert auf diese Weise das gesamte Wattenmeerwasser die Muschelpopulationen auf oder im Wattboden. Die Partikeln werden von Sperrwimpern festgehalten und gegen den Atemwasserstrom auf die Stirnseite der Kiemenfäden befördert. Abwärts schlagende Cilien führen sie dem unteren Rand der Kiemen zu, wo sich eine Art Transportrinne befindet. Die Mundlappen kontrollieren die festgehaltenen Teilchen chemisch und mechanisch und leiten Geeignetes der Mundöffnung zu. Die Größe der aufgenommenen Nahrungspartikeln reicht etwa von 1–100 µm und umfasst damit Bakterien, Detritusteilchen, Phyto- und Zooplankton. Sperrige oder unverdauliche Teilchen schleimt die Muschel ein und gibt sie als Pseudofaeces am Rand der Einströmöffnung ab. Die Verdauungsreste selbst gibt sie über den After in das freie Wasser ab.

Weitere Schüler-Projekte

Ganz cool bleiben

Üblicherweise fühlen sich die den SuS vertrauten Lebewesen warm an, weil sie wie Vögel und Säuger ebenso wie der Mensch zu den Warmblütern gehören. Mit einem einfachen Experiment kann man diese Alltagserfahrung in Frage stellen.

Benötigt werden:

- einige lebende ausgewachsene Miesmuscheln
- eine entsprechende Anzahl ungefähr gleich großer Leerschalen, die mit einem wasserfesten Kleber fest verbunden sind
- ein mit frischem und kühlem Meerwasser gefüllter Behälter

Die lebenden und leeren Muscheln werden solange im Meerwasserbehälter aufbewahrt, bis sie die gleiche Temperatur angenommen haben. Einer Versuchsperson gibt man nun je ein abgetrocknetes lebendes Exemplar in die eine und eine Leerschale in die andere Hand und lässt die Hände schließen.
Nach etwas 5 min fühlen sich die beiden Muscheln unterschiedlich an: Die Leerschalen erwärmen sich, die lebende Muschel bleibt kühl. Die zu einem hohen Prozentsatz aus Wasser bestehende lebende Muschel erwärmt sich in der Hand nur langsam, die luftgefüllte Leerschale dagegen ziemlich rasch. Wärme ist also nicht unbedingt ein zuverlässiges Kennzeichen des Lebendigen, denn die weitaus meisten Organismen sind wechselwarm.

Diagnose mit den Fingern

Im Watt oder am Strand aufgesammelte Muschel- und Schneckenschalen lassen sich schon allein anhand ihrer Form- und Farbmerkmale eindeutig voneinander unterscheiden: Mies- Herz-, Platt-, Sandklaff-, Pfeffer- und Tellmuschel werden sich immer in Aufsammlungen finden. Bei den Gehäuseschnecken ist die Auswahl schon kleiner: Watt-, Strand-, Purpur- und Wellhornschnecke sind jedoch fast immer im Angespül zu erwarten.
Schon im Gelände kann man die verschiedenen Arten durch Anschauen und Einprägen unterscheiden lernen. In einem anschließenden Tastspiel, bei dem die Versuchsperson eine Leerschale aus einer Plastiktüte greift, lässt sich das haptische Erleben auch auf das Ertasten der Formen ausweiten. Diese Aufgabe lässt sich mit S&S ab etwa 10 Jahre auch als Wettbewerb durchführen.

Von der Bildfläche verschwinden

Herzmuscheln leben im Watt höchstens 5 cm tief unter der Oberfläche, meistens weniger, denn ihr Atemröhre, der Sipho, ist nur 1–2 cm lang. Wenn sie aus dem schützenden Sediment freigespült werden, graben sie sich mit ihrem Fuß möglichst rasch wieder ein.
Die SuS graben vorsichtig ein paar lebende Herzmuscheln aus und spülen sie in einer Wattpfütze sauber. Die Muscheln werden dann in eine andere Wattpfütze ohne aufgewirbelte Sedimentteilchen oder in eine kleine Wanne gelegt, die man zuvor mindestens drei Finger hoch mit Wattboden gefüllt hat. Die Bodenfüllung muss komplett mit Meerwasser überschichtet sein. Nach wenigen Augenblicken werden die Herzmuscheln die Schalenklappen ein wenig öffnen, mit dem vorgestreckten Fuß das Umfeld abtasten, sich plötzlich senkrecht stellen und mithilfe von Fuß- bzw. Schalenkontraktionen in das Sediment abtauchen oder auch kurz unter der Oberfläche entlangwandern. Dieser Vorgang dauert nur wenige Minuten. Wenn mehrere Wannen zur Verfügung stehen, kann man den Vorgang als Wettbewerb anlegen. Lohnend ist auch die fotografische Dokumentation. Wiederhole den versuch mit jungen Sandklaffmuscheln. Beachte die Sipholänge.

Wie alt werden Meeresmuscheln?

Wirbellose Meerestiere sind meistens kurzlebig, d.h. sie leben 1–2 Jahre lang. Davor gibt es aber eine Reihe von Ausnahmen. Besonders unter den Weichtieren (Schnecken, Muscheln, Tintenfische u.a.) befinden sich zahlreiche Arten, die ein hohes Alter erreichen können.
Als Beispiel soll hier die Islandmuschel (*Arctica islandica*) angeführt werden, die im Nordatlantik in der arktischen und borealen Zone weit verbreitet ist und auch in beiden deutschen Meeren vorkommt. Schätzungen gehen dahin, dass diese Art ein Alter von 400 Jahren erreichen kann.
In der Nordsee gilt die Islandmuschel als seltene Art. Sie wird in der Helgoländer Rinne, in den Schlickgebieten der zentralen Nordsee und auf der Doggerbank nachgewiesen. Auffällig ist, dass nur große (bis 120 mm lange) Individuen nachgewiesen werden, während Jungtiere meistens fehlen.

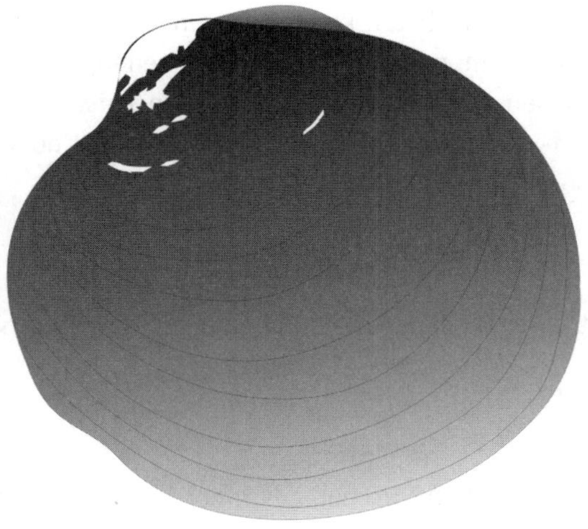

Islandmuschel (Arctica islandica)

Diese marine Kaltwassermuschel dringt nur in die westliche Ostsee vor. Sie kann in der Ostsee jedoch nur Gebiete mit hohem Salzgehalt besiedeln. Das bedeutet, dass sie nur in den Becken der Kieler und Mecklenburger Bucht und bei Salzwassereinstrom im Arkona- und vereinzelt auch im Bornholmbecken anzutreffen ist. Neben dem geringen Salzgehalt stößt die Islandmuschel in den tiefen Becken auf ein zweites Problem: Unterhalb der Sprungschicht kommt es häufig zu Sauerstoffmangel. Alte, große Islandmuscheln können Sauerstoffmangel zwar über einen ziemlich langen Zeitraum (im Laborversuch über 70 Tage) ertragen, jedoch anhaltende und häufig auftretende sauerstofffreie oder -arme Perioden führen auch bei dieser Art zum Absterben. Jungtiere sind nicht resistent gegen Sauerstoffmangel.

Langlebige Arten als Umweltindikatoren

Muscheln sind standorttreu und somit nicht fähig, ungünstigen Umweltbedingungen auszuweichen. So erreichen Islandmuscheln in den Becken der Kieler und Mecklenburger Bucht derzeit oft nur ein geringes Alter, weil häufiger und anhaltender Sauerstoffmangel unterhalb der Sprungschicht zum Absterben führt.
Wachstum und Alter hängen von den Umweltbedingungen ab und sind regional sehr unterschiedlich. Salzgehalt, Temperatur, Nahrung beeinflussen das Wachstum und die Lebensdauer. In der Kieler Bucht erreicht eine Islandmuschel bei einem Alter von 40 Jahren bis zu 84 mm Schalenlänge. In derselben Zeit kommen Islandmuscheln in der östlich gelegenen, salzärmeren Mecklenburger Bucht nur auf 52 mm.
In der westlichen Ostsee (Mecklenburger Bucht) erreichen lebende Islandmuscheln derzeit eine Länge von bis zu 64 mm. Bei dieser Größe haben sie etwa ein Alter von 70 Jahren. In den Becken der Kieler und Mecklenburger Bucht findet man leere Schalen von bis zu 100 mm. Sie weisen darauf hin, dass die Muschel unter günstigen Bedingungen auch in der salzarmen Ostsee größer (älter) werden kann, als sie es jetzt tatsächlich wird. Sauerstoffmangel erweist sich derzeit als begrenzender

Faktor für ihre Verbreitung in der Ostsee. Die Zufuhr von Larven mit Strömungen wird jährlich in der Wassertiefe zwischen 15 und 20 m in der Mecklenburger Bucht dokumentiert. In die Becken der eigentlichen Ostsee östlich der Darßer Schwelle gelangen die Larven jedoch nur, wenn es zu einem Salzwassereinbruch kommt. Dann werden im (nördlichen) Arkonabecken und zeitweise auch im Bornholmbecken Islandmuscheln nachgewiesen. Langlebige Arten sind also wichtige Umweltindikatoren und können Hinweise auf Veränderungen der marinen Umwelt liefern.

Eine Sandklaffmuschel wird in der Ostsee 12–15 Jahre alt – aber woher weiß man das? Die Kalkschale der Muscheln und Schnecken bildet Wachstumsringe, wie sie auch von Bäumen bekannt sind. Bei einigen Arten (z.B. Sandklaffmuschel, Herzmuschel und Baltischer Plattmuschel) sind die Wachstumsringe auch äußerlich gut erkennbar. Genauer ist die Bestimmung des Alters jedoch anhand der Schichten der Schale möglich. Unterschiede im Abstand der Wachstumslinien weisen auf wechselnde Nahrungsbedingungen, auf Unterschiede in der Temperatur und im Salzgehalt hin. Fehlen in einer lokalen Population die Jungtiere, können sich die äußeren Bedingungen für die Reproduktion verschlechtert haben. Fehlen dagegen die Alttiere, ist dies ein Hinweis für Umweltereignisse (Sauerstoffmangel, Temperaturen oder Süßwasserzufuhr u.a.), die zum Absterben der Population zu einem bestimmten Zeitpunkt geführt haben. Muschelschalen stellen also einzigartige Klima- bzw. Umweltarchive dar. Die genauere Untersuchung von Muschelschalen ist das Arbeitsgebiet der Sclerochronologie, einer noch relativ jungen wissenschaftlichen Disziplin. Die sich damit befassenden Spezialisten können an einer Muschelschale nicht nur komplette Serien von Tages-, Wochen-, Monats- und Jahreslinien erkennen, sondern sogar feststellen, ob ob sie bei Voll- oder Halbmond tagsüber oder nachts gesammelt wurden. Außer den Zuwachsstreifen setzen die Forscher auch eine ausgeklügelte Mikroanalytik ein, um die Verteilung stabiler Kohlenstoff- und Sauerstoffisotope im Kalkskelett oder die Mengenverhältnisse bestimmter Spurenelemente herauszufinden.

Wie bestimmt man das Alter einer Muschel?

Zu wissenschaftlichen Zwecken werden die Schnitte durch die Schale mit einer Diamantsäge durchgeführt. Man kann sich aber auch mit einer einfacheren Methode behelfen.

Vorbereitung

- Besorge vom Strand oder aus dem oberen Watt die Leerschale einer möglichst großen Muschel, z.B. einer Sandklaffmuschel oder einer anderen Art, die am Strand oder im Watt häufig vorkommt.

Durchführung

- Schneide die Schale im Bereich des Schlosses mit einer Feinsäge an oder brich sie einfach auf.
- Die Bruchstelle glättest du mit einer Feile und polierst sie mit feinem Sandpapier.
- Bestimme das Alter der Muschel.
- Unter einem Binokular die Bruchstelle kannst du die Jahresringe als feine Schichten erkennen.
- Die Schichten sind besser zu unterscheiden, wenn die Schnittfläche angefeuchtet sind.

Aufgaben

1. **Bestimme zunächst das Alter nach den äußeren Wachstumsringen und danach nach den inneren Schichten der Schale.**
2. **Zerbrich eine kleine und eine große Sandklaffmuschel und zähle die Schichten.**

Untergrundbewegung: Aus dem Leben des Wattwurms

Obwohl der Wattwurm ein verstecktes Leben im Wattboden führt, gehört er zu den häufigsten Urlaubsbekanntschaften der Wattbesucher: Überall sieht man auf der Wattoberfläche die charakteristischen Sandschnüre (Kotschnüre, auch Sandspaghettis genannt), die auf eine beachtliche Besiedlungsdichte hinweisen. Die ausgewachsenen Wattwürmer leben meist in Tiefen bis 30 cm und lassen sich fast nie an der Oberfläche sehen. Um ein Studienobjekt zu gewinnen, müssen wir daher ein Exemplar ausgraben. Die oft dazu eingesetzte Grabgabel (Forke) ist relativ untauglich, weil sie die Tiere meist verletzt. Viel aussichtsreicher ist es, mit einem alten Esslöffel oder einem ausrangierten Salatbesteck seitlich der Verbindungslinie von Sandschnurhaufen und Einsturztrichter zu buddeln und den Wattwurm dabei sozusagen von der Flanke her freizulegen. Der freigelegte Wattwurm wird in einer Wattpfütze von anhaftendem Sediment freigespült und sofort untersucht. Die beiden folgenden Untersuchungsprojekte kannst du im Freiland oder Praktikumsraum zu Hause durchführen. Wird der Wattwurm mitgenommen, transportiert man ihn in einem Konservenglas mit wenig frischem Meerwasser.

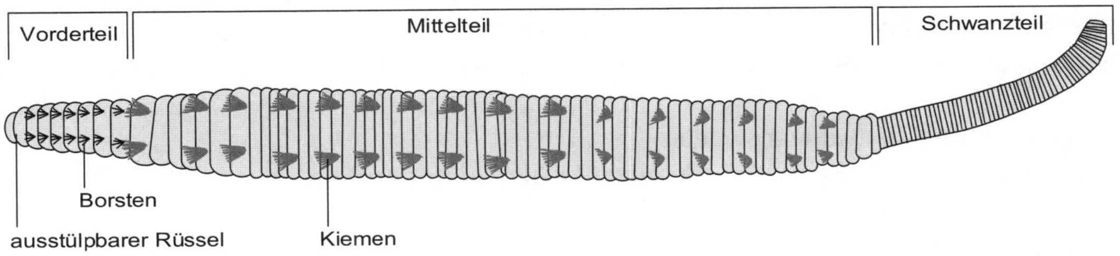

Aufgaben

Wie ist ein Wattwurm aufgebaut?

1. **Setze den Wattwurm in eine genügend große Petrischale mit frischem Meerwasser und betrachte ihn genau unter einer Stereolupe (Binokular).**
2. **Achte dabei besonders auf den ein-/ausstülpbaren Rüssel, die Borsten auf den Körpersegmenten, Anzahl der Kiemenbüschel und Lage der Ausscheidungsöffnungen im mittleren Körperabschnitt sowie die Zahl der Hinterleibssegmente.**
3. **Zeichne und fotografiere die benannten Strukturen.**
4. **Setze den Wattwurm in ein größeres Gefäß mit frischem Meerwasser und achte auf die Bewegungsformen, wenn du ihn mit einem Bleistift oder einem Finger kurz antippst.**

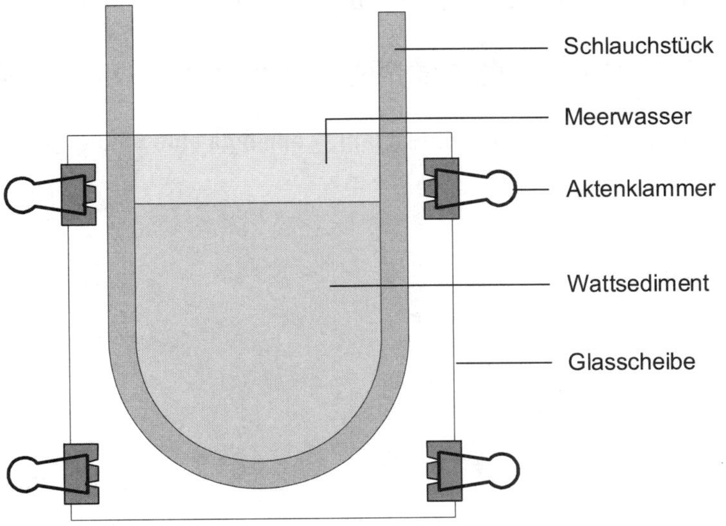

Der Wattwurm gräbt sich ein

1. Stelle aus zwei Glasplatten (etwa 25 x 25 mm, mindestens 4 mm dick), einem 70 cm langen Schlauchstück (etwa 1 cm dick), Schraubzwingen oder Aktenklammern die in der Abbildung dargestellte Schlauchküvette zusammen. Diese gibst du in ein größeres Aquarium mit frischem Meerwasser, das über eine Aquarienpumpe belüftet wird.
2. Setze den Wattwurm in die Schlauchküvette und beobachte: Das Tier stülpt nach kurzer Zeit den Rüssel aus, tastet das Sediment ab und beginnt, sich mit Kontraktionsbewegungen seiner Ring- und Längsmuskeln in die Sedimentfüllung der Küvette einzugraben.
3. Ein kräftiger Wurm schafft es, innerhalb von 2 min im Boden zu verschwinden. Miss die Zeit, die dein Wurm für das Eingraben benötigt.
4. Dokumentiere den Eingrabvorgang mit einer Digitalkamera oder einem Foto-Handy.

Freilandprojekt: Wie dicht siedeln die Wattwürmer?

1. Die Lehrperson legt im Watt zwischen Hochwassermarke und Niedrigwasserlinie mehrere Stationen an Stellen fest, wo die Sandschnüre die Anwesenheit von Wattwürmern verraten.
2. An jeder Station werden mit einem Maßband und Holzstöckchen drei Aufnahmeflächen von je 1 m^2 Grundfläche abgesteckt.
3. Unter der Annahme, dass jedes Kothäufchen auf nur einen Wattwurm zurückgeht, werden die Häufchen (alternativ: auch die Einsturztrichter) auf jeder Probefläche ausgezählt und in einer Tabelle festgehalten.
4. Vergleiche die Ergebnisse von den verschiedenen Probeflächen zwischen Hochwasser- und Niedrigwasserlinie miteinander.
5. Bestimme den Bereich, wo die meisten Wattwürmer siedeln.
6. Ziehe Schlussfolgerungen zum Zusammenhang von Sandstranggröße und Größe der Tiere.

Freilandprojekt: Wie häufig geben die Wattwürmer einen Sandstrang ab?

Wattwürmer sind Sediment- bzw. Substratfresser: In ihrer J-förmigen Wohnröhre nehmen sie das durch den Trichter nachrutschende Sediment auf und verdauen den darin befindlichen organischen Inhalt, vor allem Kieselalgen, Bakterien und organischen Abfall (Detritus). Die unverdaulichen Bestandteile geben die Würmer als Kotschnüre (Sandspaghettis) wieder ab. Diese bestehen tatsächlich nur noch aus mineralischen Teilchen. In diesem Projekt klären wir die Frage, wie oft der Wattwurm ein Kothäufchen auf der Wattoberfläche abgibt.

1. Die Lehrperson weist dir im Watt eine Untersuchungsfläche zu. Zähle hier – wie im vorigen Projekt – zunächst die Anzahl der Kothäufchen auf 1 m^2 Probefläche.
2. Glätte anschließend die abgesteckte Probefläche vorsichtig mit einer Maurerkelle oder einem alten Esslöffel.
3. Halte in deinem Beobachtungsprotokoll fest, wann der erste Wattwurm deiner Probefläche einen Sandstrang abgibt.
4. In welchen Zeitabständen geben weitere Wattwürmer einen Sandstrang ab?
5. Zähle nach 2 Stunden alle neu hinzu gekommenen Sandstränge und vergleiche mit der anfangs festgestellten Kothäufchendichte.
6. Wenn zu Hause eine Laborwaage zur Verfügung steht: Sammle alle Sandstränge/Kothäufchen mit einem alten Esslöffel in eine Plastiktüte und wiege sie aus.
7. Berechne anhand deiner Daten die Menge Sand je Tier und Tag, Monat und einem Jahr, wenn man eine Siedlungsdichte von 25 Tieren auf 1 m^2 annimmt.

Basisinformation Wattwurm (*Arenicola marina*)

Der Wattwurm, gelegentlich auch Köderwurm, Pierwurm oder Sandpier genannt, wird etwa 10–20 (40) cm lang und bis zu 1 cm dick. Jüngere Exemplare sind meist grünlich bis bräunlich gefärbt. Bei älteren Tieren wechselt die Färbung nach kräftig rot (durch höheren Hämoglobin-Gehalt) bis fast schwarz (Abbauprodukte des Hämoglobins sowie zunehmende Melaninbildung). Wattwürmer gehören zum Stamm Ringelwürmer (Annelida und innerhalb dieses Tierstammes zu den überwiegend marin verbreiteten Vielborstern (Polychaeta). Die äußerlich erkennbare Ringelung entspricht nicht der tatsächlichen Segmentierung: Etwa 5 Ringe der Cuticula kommen auf ein inneres Segment. Der Körper ist in charakteristischer Weise dreigeteilt: Der Vorderkörper besteht aus dem ausstülpbaren Rüssel und 6–7 Segmente mit Borsten. Der Mittelteil umfasst die Segmente 8–20. Sie tragen je ein rotes Kiemenbüschelpaar. Der Hinterleib ist deutlich abgesetzt und dünner; er besteht aus bis zu 100 Segmenten ohne Anhänge. Im Unterschied zu anderen Vielborstwürmern sind beim Wattwurm keine füßchenähnlichen Parapodien vorhanden. Außerdem fehlen Mundwerkzeuge und Tentakeln.

Wattwürmer führen in ihrem geschlossenen Blutkreislauf den roten Blutfarbstoff Hämoglobin, der allerdings nicht wie bei den Wirbeltieren an besondere Blutzellen (Erythrozyten) gebunden, sondern frei in der Blutflüssigkeit gelöst ist. Die O_2-Bindefähigkeit des *Arenicola*-Hämoglobins ist deutlich höher als die der Wirbeltiere. Wattwürmer entnehmen den lebensnotwendigen Sauerstoff aus dem Wasser über die gesamte Körperoberfläche und vor allem über die Kiemenbüschel. Im gegebenenfalls anoxischen Sediment pumpen sie durch peristaltische Körperbewegungen einen Wasserstrom (= Irrigationsstrom) durch ihre Wohnröhre an den Kiemen entlang und durch den Fressschacht wieder hinaus. Weil damit auch die Wohnröhrenwände ständig mit O_2 versorgt werden, ist die die unmittelbare Wohnröhrenumgebung oxisch – erkennbar an der deutlich helleren Färbung des Oxidationshofes, die auf Längsschnitten auch im Wattboden klar erkennbar ist und sich vom schwarzen FeS_2 des weiteren Umfeldes kontrastreich abhebt.

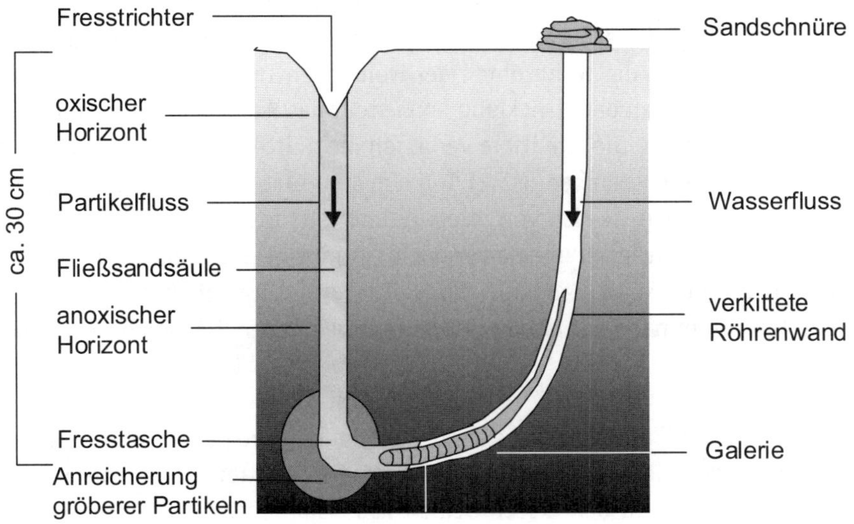

Längsschnitt durch die J-förmige Wohnröhre von Arenicola

Als Substratfresser nimmt der Wattwurm das durch den Fressschacht nachstürzende Material aus der Fresstasche auf (Mikroalgen, vor allem Kieselalgen = Diatomeen, sowie die immer präsenten Bakterien). Da größere Sedimentpartikeln nicht ingestiert werden, reichert sich im Niveau der unteren Wohnröhre ein Horizont aus gröberem Schill und anderen Grobpartikeln an(vgl. Abbildung). Die unverdaulichen, mineralischen Reste des Feinsediments setzt der Wurm in Form der charakteristischen Kot- bzw. Sandschnüre ab – durchschnittlich einmal in 45 min. Als Sedimentfresser sind die Wattwürmer die wichtigste Komponente der Bioturbation im Watt. Durch die Ingestion von Feinsand lagern sie die obersten 30 cm des Wattbodens mindestens einmal im Jahr komplett um. Im *Arenicola*-Watt kann sich daher keine bleibende Feinschichtung im Boden ausbilden. Vielmehr zeigt der Wattboden weithin eine erstaunliche Homogenität der Korngrößenverteilung.

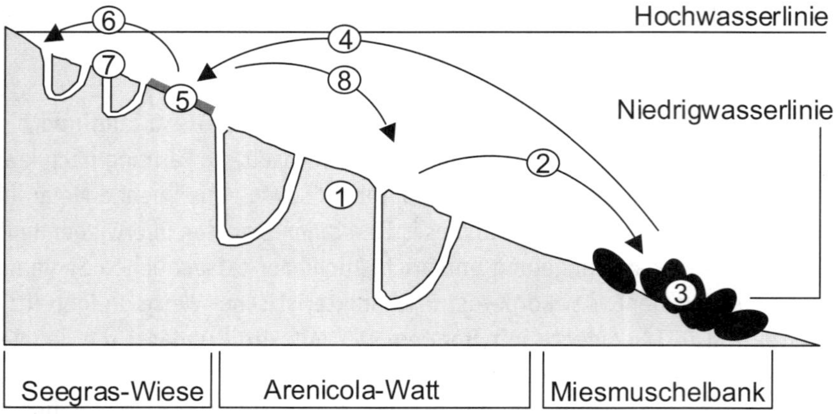

Entwicklung und Wanderbewegungen des Wattwurms: 1 Larvenzeit in der Röhre der Weibchen, 2 Abwanderung der 0,5–1,5 mm langen Jungwürmer in Muschelbänke, 3 Winteraufenthalt zwischen Miesmuscheln 1–6 mm lang), 4 Ansiedlung in der oberen Gezeitenzone, 5 Frühjahrsaufenthalt (Mai – Juni) in der Seegraswiese (2–20 mm lang), 6 Anreicherung auf einem schmalen Streifen an der Hochwasserlinie, 7 Sommeraufenthalt (Juli – Oktober) und erste Anlage J-förmiger Wohnröhren (10–60 mm lang), 8 allmähliche Abwanderung in das eigentliche Arenicola-Watt und Beginn der Adultphase.

Wattwürmer sind getrenntgeschlechtlich – die Unterschiede sind äußerlich nicht erkennbar. Die Gonaden befinden sich im 5.–9. borstentragenden Segment. Die Synchronisation der Abgabe der Gameten wird analog zu vielen anderen Meeresorganismen neben der Temperatur vermutlich lunarperiodisch gesteuert. Laichzeit sind die Herbstwochen. Die ins freie Wasser abgegebenen Spermien gelangen mit dem Irrigationsstrom in die Wohnröhren der weiblichen Individuen, wo eine äußere Befruchtung der bereits abgelegten Eier erfolgt. Während der Larvenentwicklung im Ei stellt das Weibchen für etwa 3 Wochen die Nahrungsaufnahme ein und beugt damit Kannibalismus vor. Die Jungtiere verlassen die mütterliche Wohnröhre als etwa 1 mm große Trochophora-Larven. Sie verbringen den Winter (Dezember – März) 1–6 mm lang eingegraben im Sediment oder angeheftet an Miesmuscheln. Im nachfolgenden Frühjahr lösen sie sich von ihrem Aufenthaltsort und lassen sich – vorwiegend nachts – erneut verdriften. Sie leben danach erneut benthisch und setzen sich – nunmehr 3–20 mm lang – von März is Juni vor allem in den oberen Schlickwatten fest. Ab Juli, spätestens aber im Herbst, nach fast einem Lebensjahr, sind die jungen Wattwürmer etwa 10–60 mm lang und legen nun nahe der Hochwasserlinie ihre eigenen J-förmigen Wohnröhren an (vgl. Abbildung S. 127).

Wattwürmer sind in allen Lebensstadien einem erheblichen Fraßdruck ausgesetzt, den sie nur durch eine hohe Reproduktionsrate ausgleichen können. In den Seegraswiesen werden sie vor allem eine Beute der Strandkrabben, Sandgarnelen und jungen Plattfische. Die Nahrung der jungen Schollen besteht in den ersten beiden Lebensjahren zu fast 70% aus jungen Wattwürmern. Erst die adulten Wattwürmer sind in ihren tiefen Wohnröhren weitgehend geschützt. Die Geschlechtsreife erreichen sie nach zwei Jahren. Sie können dort etwa 5 Jahre alt werden.

Leben in Sandlücken

Es ist fast nicht zu glauben, dass eines der größten Ökosysteme zwischen Festland und Meer erst im 20. Jahrhundert entdeckt wurde: Im Jahre 1929 beschrieb der Kieler Meeresbiologie Adolf Remane das Sandlückensystem, nachdem er herausgefunden hatte, dass in den feinen Porenräume zwischen den Sedimentteilchen eine überraschend arten- und typenreichen Lebensgemeinschaft siedelt. Die beteiligten Organismen sind allerdings durchweg so klein, dass man sie nur unter einer starken Lupe (Binokular) bzw. unter dem Mikroskop zu sehen bekommt. Eine kleine Übersicht über die zu erwartenden Formenkreise zeigt die Abbildung. Viele der benannten Verwandtschaftskreise werden dir möglicherweise noch unbekannt sein.

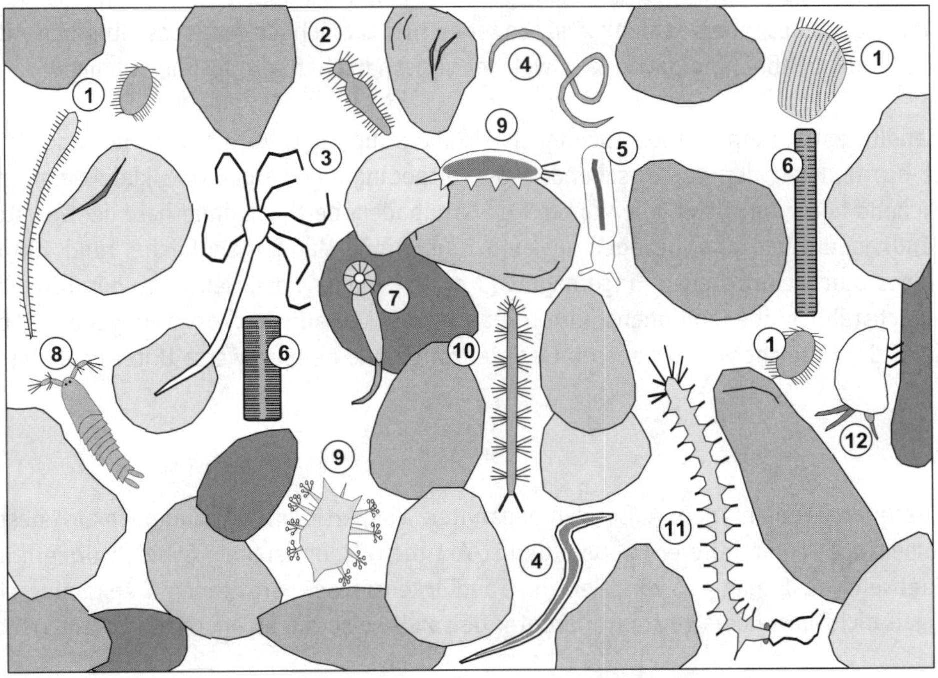

Leben in der Lücke: 1 Wimperntier (Ciliophora), 2 Bauchhärlinge (Gastrotricha), 3 Hydroidpolyp (Cnidaria), 4 Fadenwurm (Nematoda), 5 Nacktschnecke (Opisthobranchiata), 6 Kieselalge (Diatomee, Bacillariophyceae), 7 Priapswurm (Priapulida), 8 Ruderfußkrebs (Copepoda), 9 Bärtierchen (Tardigrada), 10 Urringelwurm (Archiannelida), 11 Vielborsterwurm (Polychaeta), 12 Muschelkrebs (Ostracoda).

Aufgaben

Sammeln am Sandstrand

1. Grabe am Sandstrand nahe der Niedrigwasserlinie ein Loch und warte, bis es sich mit Wasser gefüllt hat.
2. Wühle das Wasser-/Sand-Gemisch mehrfach kräftig auf.
3. Nimm das Wasser mit einem feinmaschigen Planktonnetz (Maschenweite 60 µm) auf.
4. Gib den Fang in ein verschließbares Probenröhrchen.

Sammeln am Schlickwatt

1. Nimm mit einem Probenröhrchen die obersten 2–5 mm Wattsediment auf.
2. Untersuche die Proben in kleinen Petrischalen im Durchlicht oder bei seitlichem Streiflicht unter einer Stereolupe oder im Mikroskop.
3. Informiere dich in einem Fachbuch über die verschiedenen benannten Verwandtschaftsgruppen.

Das Sandlücken-Ökosystem

Die Anwesenheit von Tieren im Wattboden ist an vielerlei Spuren abzulesen. Diese Fraktion der Bohrer, Buddelspezialisten Tunnelgräber und Wühler fasst man fachsprachlich als Makrofauna oder Makrobenthos zusammen. Ein so weitgehend unvermutetes Faszinosum der marinen Weichböden sind jedoch höchst ausgefallene tierische Winzlinge, die so klein sind, dass sie bequem in den Porenräumen zwischen den Sandkörnern leben können. Die entsprechenden Artenensembles fasst man mit dem Begriff Meiofauna zusammen. Sie sind klein genug, um ein Sieb der Maschenweite 0,5 mm ohne Probleme zu passieren Von einem Maschenwerk mit 60 µm Weite werden sie allerdings zurückgehalten. Wegen ihres ungewöhnlichen Lebensraumes zwischen den Sandkörnern, d.h. im Interstitium, nennt man die Meiofauna auch interstitielle Fauna oder Mesopsammon Aufgrund der besonderen Geometrie der Lückenräume zwischen den Sandpartikeln finden nur solche Tiere genügend Bewegungsfreiheit, die nicht nur klein, sondern auch besonders schlank sind. So leben hier tatsächlich fast ausschließlich Arten mit langgestreckter bis fadenförmiger Gestalt, unabhängig davon, aus welcher Verwandtschaftsgruppe sie stammen.

Nun könnte man die Bewohner der Sandlücken für eine kuriose ökologische Randgruppe halten, die sich hier und da im Weichsediment wohnlich eingerichtet hat und mit den vorherrschenden Umweltbedingungen irgendwie klar kommt. Die Besiedlungsdichten sind sogar überraschend hoch: Im Mittel leben unter 1 m^2 Sandbodenoberfläche innerhalb der Gezeitenzone mindestens etwa 1–2 Millionen Individuen. Das sind, bezogen auf eine 2 dm^2 große Männerhandfläche, rund 400 000 Kleinsttiere oder – unter der Fläche eines durchschnittlichen Fingernagels (1 cm^2) – immer noch deutlich über 1000. Bei jeder Strandwanderung schreitet man buchstäblich über Millionenstädte ... Das Sandlückenfaunen-Ökosystem gehört zu den ausgedehntesten Lebensraumtypen der Erde. Es reicht von der oberen Gezeitenzone ohne nennenswerte Unterbrechung bis zu den Tiefseeböden.

Weites Spektrum

Erstaunlich ist die Vielfalt der hier vertretenen Bauplantypen. Außer den benannten Wimpertieren, die man noch am ehesten als solche erkennt, kommen auch Kammerlinge (Foraminiferen) neben Kleinst-Aktinien, Moostierchen, Strudelwürmern und einer großen Typenfülle von Kleinstkrebsen vor. Einige der vor allem im Sandlückensystem vertretenen Tierstämme sind selbst einem durchschnittlichen Biologen nicht besonders vertraut, darunter beispielsweise die eigenartigen Gastrotrichen, Gnathostomuliden und Kinorhynchen.

Das hier vorgeschlagene Projekt steuert aus naheliegenden Gründen nur eine qualitative Untersuchung des Meiobenthos an. Dafür sind allerdings Stereolupe/B inokular und Mikroskop unerlässlich. Für die genauere Untersuchung sind aufwändige Verfahren entwickelt worden. Die hier versammelten Formen sind eine wichtige Nahrung für die Vertreter des Makrobenthos (größere Polychaeten, Garnelen u.a.). Angesichts der Kleinheit und der Vielzahl der einzelnen Vertreter ist leicht vorstellbar, dass die genaue Artbestimmung selbst für Spezialisten nicht einfach ist.

Begnügen wir uns daher mit der ohnehin schon erstaunlichen Feststellung, dass weiter unten an der Wasserlinie im feuchten Sand ungeahnte Kleinwelten zu Hause sind.

Neobiota sind Aliens

Als Neobiota oder umgangssprachlich Aliens bezeichnet man in der Verbreitungsökologie solche Arten, die plötzlich in einem Gebiet auftreten, in dem sie bisher nicht bekannt waren. Die aus der Literatur und aus Filmen bekannten Aliens reisen aus dem Weltraum ein. Soweit her kommen unsere Neozoen und Neophyten gewiss nicht. Sie stammen aus benachbarten Ländern oder auch von anderen Kontinenten bzw. Meeresgebieten. Da viele Arten aus Nordamerika eingedrungen sind, hat man sich darauf geeinigt, Arten, die nach 1492 (Entdeckung Amerikas durch Kolumbus) den europäischen Kontinent erreicht und besiedelt haben, als Neophyten oder Neozoen zu bezeichnen. Archäophyten und -zoen sind solche Arten, die in den Jahrhunderten oder Jahrtausenden davor in mitteleuropäische Lebensräume gelangten.

Für die marinen Arten, die erst in den letzten Jahrzehnten in Nord- und Ostsee eingedrungen sind, wird vor allem das Ballastwasser von Schiffen als Transportmittel verantwortlich gemacht: Schiffe, die nicht unter Volllast fahren, bunkern im Ausgangshafen Meerwasser in spezielle Tanks, damit sie besser im Wasser liegen. Im Zielhafen wird dieses Ballastwasser wieder abgepumpt (gelenzt). Somit gelangen die Verbreitungsstadien fremdländischer Arten in unsere Gewässer: In den letzten 30 Jahren machten etliche Arten wie die aus Nordamerika stammende Amerikanische Scheiden- oder Messermuschel (*Ensis directus*) oder der Polychaet *Marenzelleria viridis* durch massenhaftes Vorkommen von sich reden. Beide Arten besetzen allerdings unterschiedliche Biotope: Die Messermuschel siedelte sich auf dem sandigen Sublitoral der Nordsee an, während der Polychaet vorrangig die Brackwasserzonen besetzte. In der Nordsee suchte er die Brackwasserzonen der Flussmündungen (Ästuare) auf, während er sich den gesamten Flachwasserbereich der Ostsee und ihrer Randgewässer als neuen Lebensraum erschloss.

Ein weiterer Weg nach Europa führt über das Kanalsystem zwischen dem Schwarzen Meer und der Nord- und Ostsee, das im letzten Jahrhundert ausgebaut wurde. Das Epitheton im Artnamen mancher Einwanderer erinnerte häufig an deren Herkunft, beispielsweise der Namenzusatz „*caspia*", d.h. aus dem ponto-kaspischen Bereich (Schwarzes und Kaspisches Meer). Ein prominentes Beispiel ist der Keulenpolyp *Cordylophora caspia*.

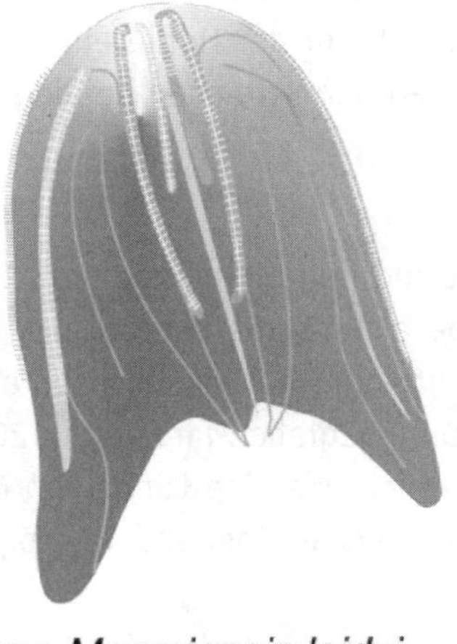

Meer-Walnuss *Mnemiopsis leidyi*

Rundkrabbe *Rhithropanopeus harrisii*

S INFORMATIONS- und AUFGABEN-Blatt 4.28

Fährt man bei Dunkelheit und ruhiger See über die küstennahe Ostsee oder ein Boddengewässer, so ist seit wenigen Jahre ein eigenartiges grünes Aufleuchten im Heckwasser zu erkennen – man fühlt sich geradezu in die Tropen versetzt. Ein Kescherprobe fördert 3–10 cm große gallertige, stachelbeerartige Gebilde zu Tage, die hier bisher nicht bekannt waren: E handelt sich um eine Rippenqualle (Ctenophora), nämlich die Art *Mnemiopsis leidyi*, die erstmals 2006 von Forschungstauchern in der westlichen Ostsee entdeckt wurde. Im Schwarzen Meer wurde sie schon 1989 nachgewiesen. Ihre Heimat sin die subtropischen Gewässern an der Atlantikküste von Nord- und Südamerika. Auch diese Art gelangte mit Ballastwasser i unsere Gewässer. In kurzer Zeit eroberte sie die salzarme Ostsee bis in den Bottnischen Meerbusen. Das stieß nicht so seh auf Verwunderung, da sie in ihrer Heimat in Flussmündungen mit geringem Salzgehalt zu Hause ist. Erstaunlich war jedoch dass sie die niedrigen Temperaturen der Ostsee tolerierte und sich auch vermehrte.

Wie der Artname schon ausdrückt, weist die Rippenqualle *Mnemiopsis* Ähnlichkeiten mit den bekannten Quallen (Medusen auf. Sie sind aber nicht deren unmittelbare Verwandte, weil sie keine Nesselzellen besitzen, und bilden daher einen eigener Tierstamm Ctenophora. Weil sie garantiert nicht nesseln, kann man die Schönheit dieser seltsamen Tiere problemlos gan: aus der Nähe betrachten. Die Meer-Walnuss ernährt sich von Zooplankton, mikroskopisch kleinen Lebewesen der Weltmeere verschmäht jedoch auch keine Fischlarven und Fischeier.
Einwanderer verbreiten sich oft in einer neu „entdeckten" Nische explosionsartig und können für das Ökosystem katastrophale Folgen nach sich ziehen. Nicht selten wird aber beobachtet, dass nach der erfolgreichen und schnellen Besetzung eines neuen Lebensraumes der Neuankömmling einen Rückzieher macht. Entweder zieht er sich ganz zurück oder er passt sich ir das vorhandene System ein. Wie sich unser hübscher neuer Gast nun in der Ostsee benehmen wird, bleibt abzuwarten.

Rundkrabbe, Zuiderseekrabbe *(Rhithropanopeus harrisii)*

Auch dieser Einwanderer stammt vom amerikanischen Kontinent. Die kleine Rundkrabbe lebt im Brackwasser und wurde Ende des 19. Jahrhunderts erstmalig in europäischen Gewässern in der Zuidersee (Niederlande) nachgewiesen. Erfolgreich eroberte sie den Nord-Ostseekanal, drang aber nicht weiter in die Ostsee vor. Erst 1952 tauchte sie in der Martwa Wisla (Tote Weichsel) bei Danzig auf. Dort baute sich eine isolierte, stabile Population auf, die weder östlich noch westlich expandierte. Erst Anfang der 1990er Jahre trat sie plötzlich im Greifswalder Bodden und im Strelasund zwischen Rügen und Stralsun d auf und erreichte hier bald hohe Dichten. Es liegt nahe anzunehmen, dass diese Einwanderung aus der Weichsel-Population stammt. Diese Population der vorpommerschen Bodden erweist sich wiederum als stabil. Eine weitere Ausbreitung nach Westen wurde nicht beobachtet. Der vormals ebene Weichboden der vorpommerschen Bodden wurde nun umgestaltet. Die kleine Krabbe gräbt Wohnhöhlen in den Schlick und fertigt aus dem dabei anfallenden Aushub vor der Höhle einen kleinen Hügel. Der Hügel dient als Lockmittel für die Weibchen: Je höher, desto größer die Chancen der Männchen bei den Krabbendamen.

Schon vor Kolumbus eingewandert?

Sandklaffmuscheln findet man am Strand von Nord- und Ostsee. Am Ostseestrand fällt sie als die größte Muschel auf, und sie ist in beiden Meeresgebieten auch eine der häufigsten Muscheln. Man bezeichnet die Ostsee auch nach dem wissenschaftlichen Namen der Sandklaffmuschel *Mya arenaria* als Mya-Meer. Sie kommt vom Flachwasser bis in etwa 50 m Tiefe vor und besiedelt sandige und schlickige Sedimente. Die erwachsenen Tiere leben eingegraben im Sand in 20–30 cm Tiefe. Der klaffende Spalt, das Vorderende zeigt nach oben. In der westlichen Ostsee erreicht sie eine Länge von 6 cm und ein Alter von etwa 12 Jahren. In der Nordsee wird sie in den tieferen Wattgebieten gefunden. An Prielrändern freigespülte Sandklaffmuscheln können sich nicht wieder selbst eingraben.

S INFORMATIONS- und AUFGABEN-Blatt 4.28

Die bemerkenswert wechselhafte Verbreitung der Sandklaffmuschel gibt uns immer noch einige Rätsel auf: Als ursprüngliche Heimat der Sandklaffmuschel gilt heute die Pazifikküste Nordamerikas. Von dort breitete sie sich im Pliozän (vor ca. 2,5 Millionen Jahren) über den Atlantik aus und besiedelte dabei auch die europäischen Küsten.
Während der letzten Eiszeit starb sie jedoch im Pazifik und in Europa aus.
Die Wiederbesiedlung der Westküste Nordamerikas und der europäischen Küste übernahm der Mensch: Nach den Eiszeiten ist sie offensichtlich an die Pazifikküste über die Aquakultur und nach Europa mit Schiffen zurückgekehrt.

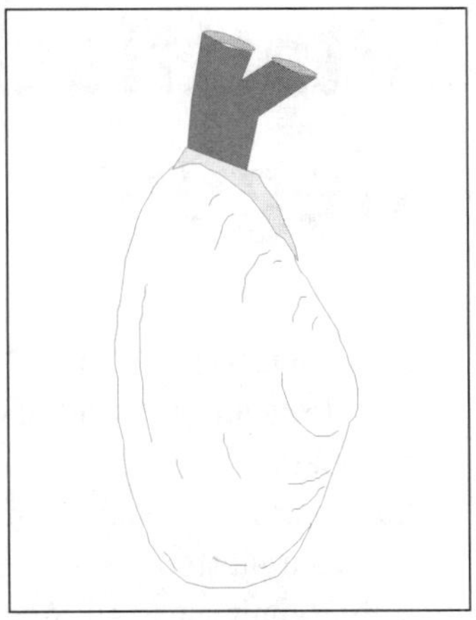
Sandklaffmuschel

Die Rückkehr nach Europa ist etwas spektakulär. Sicher ist, dass die Sandklaffmuschel spätestens seit dem 16. oder 17. Jh. wieder an den Küsten Europas vorkommt. In diesem Falle würde sie als neozoische Art gelten. Interessanter sind jedoch Funde von fossilen Schalen aus Dänemark, die auf das 13. Jahrhundert datiert wurden. Sie haben zu Vermutungen geführt, dass die Wikinger die Muschel als Proviant im 13. Jh. von der Küste Nordamerikas mitgebracht haben. Dann allerdings würde die Sandklaffmuschel nicht als neozoische Art anerkannt, denn nur Arten, die nach der Entdeckung Amerikas durch Kolumbus am 12. Oktobers 1492 Europa eroberten, gelten als Neozoen.

Aufgaben

Migranten der Meere

1. **Recherchiere im Internet unter dem Stichwort „Neobiota" weitere marine Arten, die unterdessen in Nord- und Ostsee heimisch geworden sind. Aussichtsreiche Arten wären Riesenauster, Schwertmuschel, Pantoffelschnecke, Beerentang oder Wurmblattalge.**
2. **Woher stammen die betreffenden Arten?**
3. **Wie stellt sich ihre Einwanderungsgeschichte dar?**
4. **Welche anderen Verschleppungswege von Neobiota sind bekannt?**
5. **Entwickle als Poster eine Kartendarstellung, aus der man Beispielarten, Herkunftsgebiete und (mutmaßliche) Ausbreitungswege ablesen kann.**

Plattfische: ganz ruhig auf der Seite liegen

Sie liegen flach auf dem Meeresgrund, können ihre Farbe dem Untergrund anpassen und sich auch mit einigen wellenartigen Bewegungen Sand über den Körper streuen. Sie sind also ideal an das Leben auf dem flachen, sandigen Meeresgrund angepasst.
Dazu müssen sie sich nach der Geburt von einem „normal", d.h. symmetrisch gebauten Fisch mit einem Auge auf jeder Seite erst zum platten, asymmetrischen Fisch umwandeln. Die Augen befinden sich bei den erwachsenen Tieren auf der Rückenseite. Somit muss ein Auge auf die zukünftige (meist rechte) Oberseite wandern. Kiemenspalten und Flossensaum passen sich ebenfalls dieser neuen Lage an. Der umgewandelte Plattfisch schwimmt bzw. liegt nun auf der Seite.
Eigenartigerweise findet sich nun neben den rechtsäugigen bzw. linksliegenden Individuen (Rechtsflundern) immer auch ein gewisser Anteil linksäugiger und konsequenterweise auf der rechten Körperseite liegender Exemplare (Linksflundern). Im großen Verbreitungsgebiet dieser Art nimmt der Anteil der Linksflundern nach Westen und Norden zu. Im Schwarzen Meer sind es nur etwa 2%, in der Nord- und Ostsee aber schon etwa 20% und in der Barentssee sogar bis über 50%. Die Gründe für diese Unentschlossenheit in der Wahl der bei (fast) allen anderen Arten familientypisch festgelegten Blind- und Augenseite sind noch weitgehend unklar.
Weltweit gibt es etwa 400 Arten Plattfische. Im deutschen Teil der Nordsee kommen 7 Arten recht regelmäßig vor. In die eigentliche Ostsee östlich von Rügen dringen nur Steinbutt und Flunder ein. Die Flunder hält sich auch in den Flussmündungen bis weit in den Brackwasserbereich hinein auf. Alle größeren Arten sind beliebte Speisefische. Plattfische ernähren sich vorrangig von Würmern, Muscheln und Krebsen des Meeresbodens.
Die Bestimmung der Arten ist schwierig, und so manche Scholle, die euch in der Gaststätte serviert wird, kann eine Flunder oder eine Kliesche sein. Ihre Farbgebung ist kein sicheres Artmerkmal, denn – wie schon gesagt – sie ist sehr variabel.

Vier häufige Arten

Auf den Fischmärkten in den Häfen an Nord- und Ostsee findet man am häufigsten Scholle und Flunder. Zunächst ist die Scholle von der Flunder durch auffällige orange-rote Flecken über den gesamten Körper einschließlich der Flossen zu unterscheiden. Jedoch trifft dieses spezielle Unterscheidungsmerkmal nicht immer zu. Auch manche Flunder zeichnet sich durch ähnliche Flecken aus. Ein nicht so gut sichtbares, aber sicheres Merkmal sind deutlich fühlbare Höcker auf der Oberseite der Flunder, die entlang der Seitenlinie und der Brustflosse angehäuft sind. Insgesamt fühlt sich die Flunder deshalb auf ihrer Oberseite rauer an als die Scholle. Diese trägt eine Reihe von 4–7 Höckern hinter dem Auge entlang der Seitenlinie.

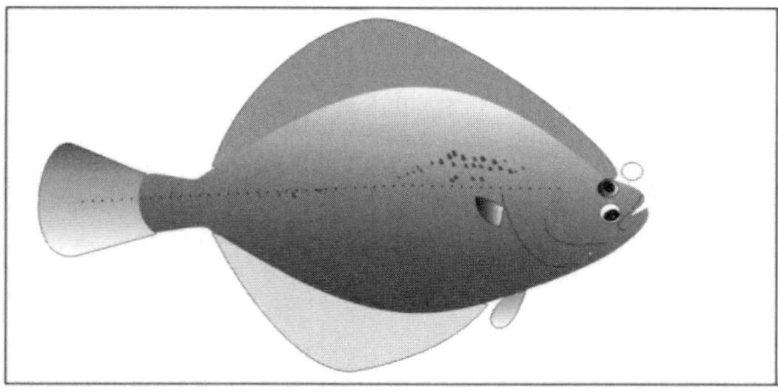

Flunder

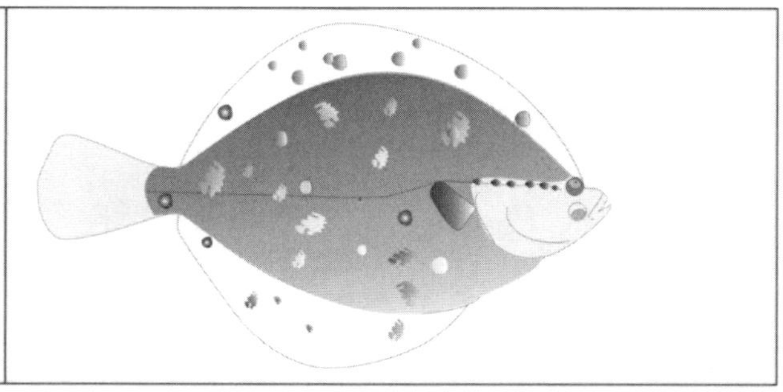

Scholle

Die Scholle kann eine beachtliche Größe von bis zu 70 cm erreichen, während die Flunder nur selten auf 40 cm Länge kommt. Beide Arten laichen von Januar bis April ab. In dieser Zeit besteht an den deutschen Küsten Fangverbot für Plattfische. Ein Tipp am Rande: Nicht die großen, sondern die dicken (Höhe von der Unter- zur Oberseite) Plattfische sind aus kulinarischer Sicht die besten.

Es gehört einige Übung dazu, beim Schnorcheln einen Plattfisch zu erkennen. Hat man den ersten entdeckt, findet man auch bald den nächsten. Sie halten sich nicht selten im Flachwasser auf. Der ovale Umriss des Fisches, der sich zur Tarnung meistens mit Sand bedeckt hat, und die aus dem Sand herausragenden Augen verraten das Tier. Beim Waten durch einen

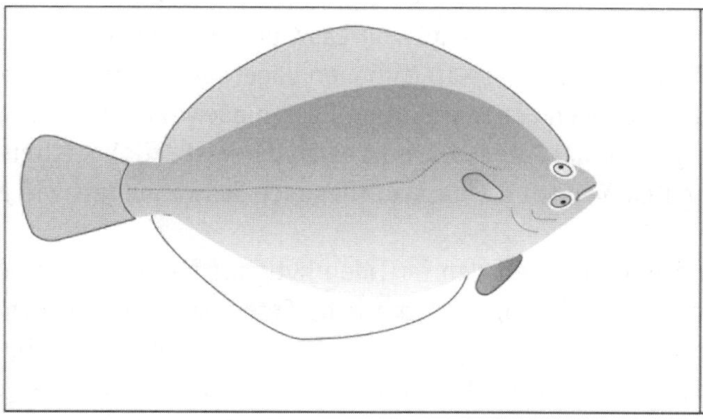

Kliesche

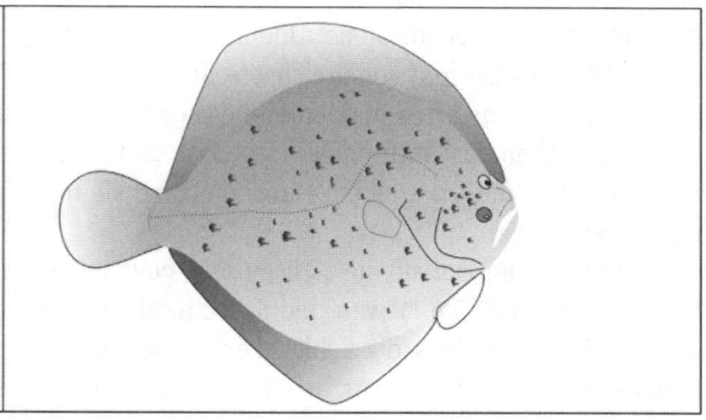

Steinbutt

flachen Priel kann es passieren, dass man auf einen Jungfisch tritt. Das findet der natürlich nicht so toll und wühlt sich sofort davon.
Die Kliesche ist ein fahlbrauner, länglicher, glatter erscheinender Plattfisch. Selten ist sie mit dunklen Punkten gemustert. Die Seitenlinie ist oberhalb der Brustlinie deutlich halbkreisförmig gebogen. Im Gegensatz zur Scholle fühlt sich eine Kliesche beim Streichen mit den Fingern von hinten nach vorne rau an. Im Unterschied zur Scholle hat sie keine Knochenhöcker an der Oberseite. Als eine der häufigsten Plattfischarten ist die Kliesche in der gesamten Nordsee und in der Ostsee östlich bis in die Pommersche Bucht (Usedom) verbreitet.

Der mächtigste der heimischen Plattfische ist der Steinbutt – er erreicht eine Länge von 1 m. Die Oberseite ist mit Knochenhöckern versehen, die wie kleine Steine aussehen. Davon erhielt der Fisch seinen Namen. An seinem fast eckigen Körperumriss und der sehr rauen Oberseite ist er gut von den übrigen genannten Arten zu unterscheiden. Gewöhnlich ist er hell gelblich gefärbt und mit zahlreichen dunklen Punkten gemustert. Jedoch sind auch andere Färbungen möglich, weil er wie die anderen Plattfische die Farbe dem Untergrund anpassen kann.

Aufgaben

1. **Beobachte die Tiere vom Strand aus bei der Nahrungsaufnahme, beim Schwimmen und beim „Eingraben".**
2. **Beschreibe, an welchen Stellen des Gewässers sich die jungen Plattfische bevorzugt aufhalten.**
3. **Dokumentiere die Standortparameter Exposition durch Wellen oder Strömungen, Korngrößen des Sedimentes und Wassertemperatur.**
4. **Schätze die Anzahl der Jungfische in unterschiedlichen Strömungsbereichen und unterschiedlichen Sedimenten ab.**
5. **Mit dem Kescher kann man leicht ein Tier fangen, es in eine Küvette setzen und die Beobachtungen vertiefen.**
6. **Fülle genügend Sand in das Beobachtungsgefäß, damit sich der Fisch damit überdecken kann.**
7. **Beschreibe, mit welchen Bewegungen sich der Fisch in den Sand einwühlt.**
8. **Setze den Jungfisch anschließend wieder ins Freiwasser zurück.**

S INFORMATIONS- und AUFGABEN-Blatt 4.30

Von Wat- und Wattvögeln

Auf den ersten Blick sehen das Vorland vor dem Deich und erst recht das Watt vielleicht ziemlich eintönig und leer aus. Beim genaueren Hinsehen entdeckt man dort je nach Tageszeit und Tidenstand dennoch eine Menge Tiere, und das sind vor allem Vögel. Für zahlreiche Vogelarten sind die Wattgebiete an der Nordsee sowie die vergleichbaren Küstensäume an der Ostsee unentbehrliche Lebensräume. Überall auf der Welt findet man im Grenzgebiet von Land und Meer viele Vögel. Das Wattenmeer ist eines der fünf vogelreichsten Gebiete überhaupt: Schätzungsweise 10 Millionen Vögel suchen jährlich dieses Gebiet auf. Manche Vogelarten bleiben hier das ganze Jahr, andere kommen nur zum Brüten, Rasten oder Überwintern. Auch Durchzügler besuchen das Wattenmeer in großer Zahl. Unabhängig von der Jahreszeit gibt es an der Küste für Vogelfreunde immer viel zu sehen und zu erleben. Manchmal sind sie in so großen Mengen da, dass auffliegende Schwärme fast wie eine Wolke aussehen.

Wattvögel sind sie alle, sobald sie sich einzeln oder scharenweise an oder auf den im Tidenrhythmus freigefallenen Sedimentflächen aufhalten. Die Möwen und Seeschwalben gehören natürlich dazu, ebenso etliche Enten-Arten und manchmal auch Gänse oder neuerdings die schmucken Löffler. Die Hauptmenge der Wattvögel sind allerdings die Watvögel. Dieser Begriff bezeichnet eine besonders artenreiche Verwandtschaftsgruppe – nämlich eine Ordnung mit dem etwas sperrigen Namen Charadriiformes (Regenpfeiferartige). Viele in diese Verwandtschaft gestellten Arten fallen durch lange Beine und spitze, lange Schnäbel sowie ihre Lebensraumbindung an Wasser oder Feuchtgebiete auf. Die eigentliche Begründung zur Abgrenzung dieser Ordnung sind jedoch anatomische, an der äußeren Vogelgestalt nicht sichtbare gemeinsame Merkmale, beispielsweise des Stimmapparates, der Brustbeinausformung oder der Sehnenführung am Fuß.

Watvögel im Watt

Früher teilte man die Ordnung der Regenpfeiferartigen in die drei Unterordnungen der Möwenvögel, der Alkenvögel und der eigentlichen Watvögel (Limikolen) ein. Neuere Untersuchungen zur Abstammung und Verwandtschaft zeigen jedoch, dass man drei Hauptlinien trennen muss, nämlich die Lari (Möwen und ihre Verwandten wie die Alken, Raubmöwen und Seeschwalben), die Scolopaci (Schnepfenvögel und ihre Verwandten, darunter Ufer- und Pfuhlschnepfe, Wasserläufer, Strandläufer und Brachvogel) sowie die Charadrii (Regenpfeifer, Kiebitze, Säbelschnäbler und Austernfischer). Mit dem Begriff bei vielen Ornithologen beliebten Ausdruck Limikolen bezeichnet man alle Arten der Regenpfeiferartigen außer der Möwenverwandtschaft.

Brüten in Randgruppen

Etwa zwei Dutzend Arten der Wattvögel sind Brutvögel. Die regelmäßig überfluteten Wattflächen scheiden als Brutplätze natürlich aus. Die Nistplätze liegen deshalb in den sicheren Wattrandbereichen oberhalb der MThw-Linie: Rotschenkel und Säbelschnäbler, Silber- und Lachmöwe, Küsten- und Flussseeschwalbe legen ihre Nester in der oberen Salzwiese an. Auf den Sandinseln und in den Dünen richten sich Sand- und Seeregenpfeifer sowie Zwergseeschwalben ein. Der Austernfischer ist nur wenig wählerisch – er brütet eventuell auch im binnendeichs gelegenen Kulturland. Seeschwalben und Lachmöwen brüten in größeren Kolonien und genießen daher einen gewissen Schutz vor Nesträubern. In Gesellschaft der Lachmöwen siedeln sich auch Brandseeschwalben an. Alpenstrandläufer, Kampfläufer sowie Sandregenpfeifer sind dagegen Einzelbrüter. Ausgesprochene Felsbrüter sind Dreizehenmöwe, Tordalk, Lumme, Eissturmvogel und Basstölpel. Man findet sie im Bereich der Deutschen Bucht nur auf Helgoland.

Nahrung satt

Ihre Nahrung suchen fast alle Wattvögel an der Wasserlinie oder auf den freien Wattflächen. Deshalb finden sie sich hier während der Niedrigwasserstände in hellen und dunklen, auf jeden Fall individuenreichen Scharen ein. Besonderer Hochbetrieb herrscht während der Zugzeiten im Frühjahr und im Herbst. Dann rasten und ruhen im Watt auch solche Arten, deren Brutgebiete im hohen Norden liegen, während die Überwinterungsräume sich bis nach Südafrika erstrecken (vgl. Abbildung). Das Watt ist dann eine unentbehrliche Proviantstation für die gesamte Vogelwelt aus einem Verbreitungsraum, der mehr als 100 Mal so groß ist wie das Watt selbst. Ein großer Teil der Biomasseproduktion im Watt wandert jährlich durch hungrige Vogelschnäbel. Die Nordsee-Anrainerstaaten tragen deshalb eine besondere Verantwortung für diesen wichtigen Naturraum und seine beeindruckenden Vogelansammlungen, und unter anderem deswegen ist er auch seit 2009 UNESCO-Weltnaturerbe.

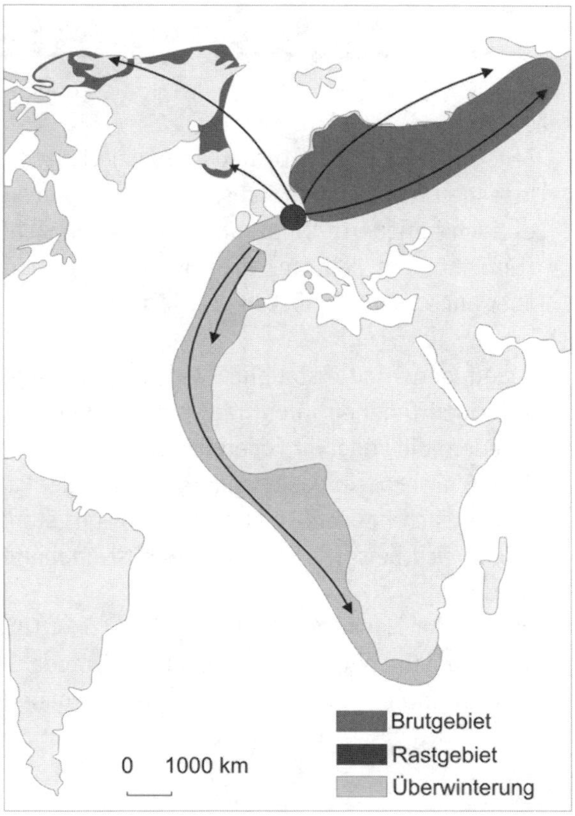

Aufgaben

1. **Begründe anhand der Abbildung, warum die Nordseewatten auch als Drehscheibe des Zugbetriebs bezeichnet werden.**
2. **Stelle für einzelne Arten anhand der Verbreitungskarten in Vogelbestimmungsbüchern die Lage der Brut- und Überwinterungsgebiete fest, beispielsweise für Küstenseeschwalbe, Goldregenpfeifer, Sanderling, Grünschenkel, Steinwälzer, Uferschnepfe, Knutt und Kiebitz.**
3. **Ermittle für diese Arten anhand einer Karte im Atlas die durchschnittlichen bzw. maximalen jährlichen Zugstrecken zwischen Brut- und Überwinterungsgebiet.**
4. **Recherchiere anhand von Fachbüchern oder aus anderen Quellen, wann etwa die lang- und Mittel-Streckenzieher im Watt eintreffen (getrennt für Hin- und Rückzug).**
5. **Wie viele verschiedene Vogelarten kannst du im Watt bei einem halb- oder einstündigen Beobachtungsausflug entdecken?**
6. **An den Küsten der westlichen Ostsee überwintern etliche Arten, die man in den Wattgebieten der Nordsee nicht oder kaum antrifft. Recherchiere.**

Fundsache Feder

Federn sind die mit Abstand kompliziertesten Gebilde, welche die Haut warmblütiger Tiere hervorbringt. Unter den heut lebenden Wirbeltieren sind sie typisch für alle Vögel. In früheren Epochen der Erdgeschichte (vor allem in der Kreidezeit) ga es auch befiederte Dinosaurier, aus denen sich die heutigen Vögel entwickelt haben. Federn bestehen aus Strukturprotei (Hornsubstanz, Keratin) wie unsere Haare und Nägel. Federn sind zuständig für die Wärmeisolation, natürlich zum Fliegen aber auch zum Schmücken und Tarnen.

Vogelfedern sind erstaunlich widerstandsfähig. Man findet sie in der Natur selbst dann noch, wenn von der Haut oder der sonstigen Organen ihres Trägers schon lange nichts mehr vorhanden ist. Da sie im Laufe der Zeit aber dennoch abnutzen erneuern die Vögel ihr Federkleid regelmäßig. Den Federwechsel nennt man Mauser. Manche Vogelarten mausern mehrfach im Jahr. Sie wechseln dabei vom Prachtkleid der Paarungszeit in das Schlichtkleid der übrigen Monate. Pracht- und Schlichtkleic können sich bei verschiedenen Arten sehr stark unterscheiden. Während eine Blaumeise ganzjährig immer gleich aussieht zeigen sich beispielsweise bei Alpenstrandläufer und Knutt erhebliche jahreszeitliche Unterschiede.

Die bei der Mauser im Rastraum Nord- oder Ostseeküste nach und nach abgestoßenen Federn findet man an der Küste vo allem in den Spülsäumen entlang der Strände. Während man die Vogelarten anhand des Gesamtbildes ihres Gefieders relativ einfach unterscheiden kann, ist die artgenaue Bestimmung einzelner Federn oft nicht so einfach.

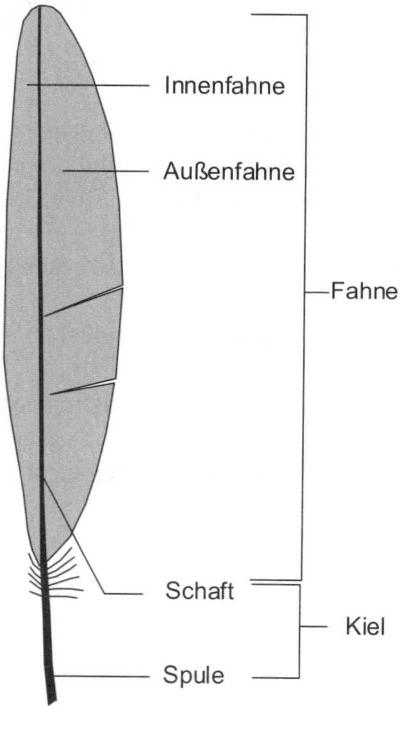

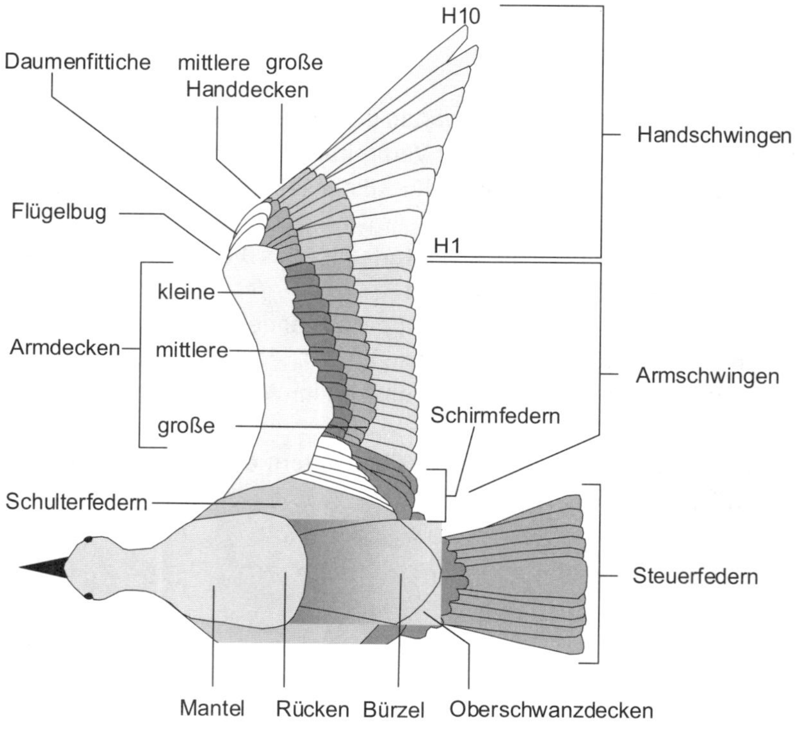

Die linke Abbildung zeigt dir den Aufbau einer typischen Vogelfeder. Man nennt sie wegen ihres klaren Umrisses auch Konturfeder. Es sind die Federn, die am Vogelkörper außen zu sehen sind. Bei den Konturfedern unterscheidet man nach Groß- und Kleingefieder. Zum Großgefieder gehören die großen Schwungfedern der Flügel und die langen Steuerfedern des Schwanzes. Diese Teile des Vogelgefieders sind meist sehr auffällig und draußen am ehesten zu finden. Am Kopf und am Rumpf tragen die Vögel ihr vielteiliges Kleingefieder, zu dem auch das Deckgefieder der Flügel gehört.
Die Konturfedern sind allesamt nach dem gleichen Bauplan konstruiert. Eine meist recht stabile Federachse, der Federkiel, durchzieht die gesamte Feder. Dessen in der Vogelhaut sitzender Teil ist die Federspule. Der außerhalb der Haut sitzende

Federteil ist der Schaft. Er trägt auf beiden Seiten die dünne Federfahne, welche die Federfläche bildet. Mit einer stark vergrößernden Lupe kann man erkennen, wie die zahlreichen Federäste sich mit feinen Fortsätzen untereinander so raffiniert verhaken, dass eine geschlossene Federfläche entsteht.

Die rechte Abbildung zeigt, wie man die Konturfedern des Großgefieders im Einzelnen benennt. Wenn du am Strand eine Feder oder gar ganze Federansammlungen findest, gehören sie fast immer zu den Flügeln oder zu den Steuerfedern im Schwanz. Meist tragen die größeren Vogelarten wie Möwen, Enten oder Gänse 10–12 Handschwingen. Sie heißen deswegen so, weil sie im äußeren Flügelteil sitzen, der anatomisch unseren Händen entspricht. Weiter nach innen folgen die Armschwingen. Bei Singvögeln sind es meist nur 7–9, bei den Küstenvögeln aus der näheren Verwandtschaft der Regenpfeifer, Brachvögel, Strandläufer und Kiebitze dagegen 11–15. Bei vielen Strandvögeln sind die inneren Armschwingen anders gefärbt als der Rest. Sie liegen schützend über dem zusammengefalteten Flügel und heißen deswegen auch Schirmfedern. Die meisten Vogelarten besitzen 10–12 Steuerfedern.

Aufgaben

1. **Sammle am Strand im Angespül Vogelfedern.**
2. **Informiere dich in Vogelbüchern über die Mauserzeiten der verschiedenen Arten.**
3. **Welche an der Küste häufige Möwenart weist im Kopfbereich verschiedene Jahreszeitenkleider auf? Beschreibe.**
4. **Informiere dich mit Hilfe eines Vogelbestimmungsbuches über die verschiedenen Jugendkleider der Silbermöwe.**
5. **Vogelfedern sind selten einfarbig. Meist zeigen sie in der Fahne ein arttypisches Muster oder zumindest sonstige verräterische Färbungen. Zeichne deine gefundene Feder möglichst genau ab und benenne ihre Teile.**
6. **Versuche, deine Federfunde entsprechend der rechten Abbildung den verschiedenen Regionen eines Vogelflügels zuzuordnen.**
7. **Gelingt es dir, mit deinen Federfunden einen gewissen Teil eines Vogelflügels zu rekonstruieren?**
8. **Mit einem guten Bestimmungsbuch und etwas Übung kannst du deine Federfunde artgenau zuordnen. Die Größe der Federn und auffällige Farbmerkmale der Fahne liefern wichtige Bestimmungsmerkmale. Für das sichere Erkennen und das Zuordnen von Vogelfedern des Großgefieders zu einzelnen Vogelarten des Küstenraumes gibt es spezielle Bestimmungsbücher.**
9. **Bedenke jedoch, dass an den Küsten in der Rast- und Überwinterungszeit von Herbst bis Frühjahr ungefähr 100 verschiedene Arten vorkommen.**
10. **Mit Federfunden kann man wunderbar auch Fantasievögel basteln.**

Vorsicht: Sammle keine Federn von Vogelkadavern, die eventuell am Strand oder in Strandnähe liegen!

Literatur

Brandt, T. u.a.: Die 50 besten Vogelbeobachtungsplätze in Deutschland. Aula Verlag, Wiebelsheim 2011

Braune, W.: Meeresalgen. Ein Farbbildführer zu verbreiteten Grün-, Braun- und Rotalgen der Weltmeere. Gantner Verlag, Ruggell 2008

Bruns, H., Stromberg, S., Wolff, S.: Naturführer Eidermündung. Husum Druck- und Verlagsgesellschaft, Husum 2008

Emschermann, P., Hoffrichter, O., Körner, H., Zissler, D. (Hrsg.): Meeresbiologische Exkursion. Gustav Fischer Verlag, Stuttgart 1992

Gray, J.S.: Ökologie mariner Sedimente. Springer, Heidelberg 1984

Hecker, K., Hecker, F.: Steine, Federn, Muscheln. Naturkunst mit Kindern. Haupt Verlag, Bern 2010

Janke, K., Kremer, B.P.: Das Watt. Tiere und Pflanzen im Weltnaturerbe Wattenmeer. 3. Aufl., Franckh-Kosmos, Stuttgart 2011

Janke, K.: Schnecken, Muscheln und Tintenfische an Nord- und Ostsee. Quelle & Meyer Verlag, Wiebelsheim 2010

Kalusche, D., Kremer, B. P.: Biologie in der Grundschule. Spannende Projekte für einen lebendigen Unterricht und für Arbeitsgemeinschaften. Schneider Verlag Hohengehren, Baltmannsweiler 2009

Kremer, B. P.: Das Strandkorb-Sammelsurium. Natur-Wissen für die schönsten Tage des Jahres. Hirzel, Stuttgart 2009

Kremer, B. P.: Mikroskopieren ganz einfach. 3. Aufl., Franckh-Kosmos, Stuttgart 2011

Kremer, B. P.: Wasser! Naturstoff – Lösemittel – Lebensraum. Schneider Verlag Hohengehren, Baltmannsweiler 2010

Kremer, B. P., Bannwarth, H.: Pflanzen in Aktion erleben. 100 Experimente und Beobachtungen zur Pflanzenphysiologie. Schneider Verlag Hohengehren, Baltmannsweiler 2008

Lampe, R., Lorzenz, S. (Hrsg.): Eiszeitlandschaften in Mecklenburg-Vorpommern. Exkursionsführer zur 35. Hauptversammlung der Deutschen Quartärvereinigung Greifswald 2010

Landesinstitut Schleswig-Holstein für Praxis und Theorie der Schule (IPTS) / Landesamt für den Nationalpark Schleswig-Holsteinisches Wattenmeer (NPA) (Hrsg.): Erlebnis Wattenmeer. Bausteine für ganzheitliches Lernen zur Natur- und Umwelterziehung. Kiel 1998

Landesinstitut Schleswig-Holstein für Praxis und Theorie der Schule (IPTS) / Landesamt für den Nationalpark Schleswig-Holsteinisches Wattenmeer (NPA) (Hrsg.): Tiere im Wattenmeer. Schmitt & Klauning, Kiel 1990

Meyer, H. U., Twenhöven, F. L., Kock, K.: Lebensraum Wattenmeer. Biologische Arbeitsbücher Bd. 47, Quelle & Meyer Verlag, Wiesbaden 1994

Moning, C., Weiß, F.: Vögel beobachten in Norddeutschland. Die besten Beobachtungsgebiete zwischen Sylt und Niederrhein. Franckh-Kosmos, Stuttgart 2010

Nietermeyer, R.O. u.a.: Die deutsche Ostseeküste. Sammlung Geologischer Führer 105. Bornträger, Berlin/Stuttgart 2011

Newig, J., Theede, H.: Das Wattenmeer. Landschaft im Rhythmus der Gezeiten. Ellert & Richter, Hamburg 2001

Probst, W. (Hrsg.): Algen. Unterricht Biologie, Heft 365. Friedrich Verlag, Velber 2011

Reise, K.: Tidal Flat Ecology. Springer, Heidelberg 1985

Riecken, G.: Die Halligen im Wandel. Husum Druck- und Verlagsgesellschaft, Husum 1985

Sindowski, K.-H.: Das ostfriesische Küstengebiet. Insel, Watten, Marschen. Sammlung Geologischer Führer 57. Bornträger, Berlin/Stuttgart 1973

Storch, V., Welsch, U.: Kükenthal Zoologisches Praktikum. 25. Aufl., Spektrum Akademischer Verlag, Heidelberg 2006

Strasser, M., Buschbaum, C., Reise, K., Thieltges, D.: Warum ist die Scholle platt? Windstärke Sylt Verlag, List 2005

Surey-Gent, S., Morris, G. Seaweed – A User's Guide. Whittet Books, London 1997

Toussaint, B., Toussaint, F., Hünsch, M.: Deutsche Leuchtfeuer. Edition Maritim, Hamburg 2005

Wieland, P.: Küstenfibel. Ein Abc der Nordseeküste. Boyens & Co., Heide 1990

Wohlenberg, E.: Die Halligen Nordfrieslands. Westholsteinische Verlagsanstalt, Heide 1985

Wagner, C., Moning, C.: Vögel beobachten in Ostdeutschland. Franckh-Kosmos-Verlag, Stuttgart 2009

Register